Shucaigong

职业技能培训鉴定教材

蔬菜工

(高级)

主　编　陆新德

编　者　陈远良　金玮玲

　　　　季文龙　冉　颢

审　稿　张利淇

中国劳动社会保障出版社

图书在版编目（CIP）数据

蔬菜工：高级/劳动和社会保障部教材办公室，新疆生产建设兵团劳动和社会保障局、农业局组织编写．—北京：中国劳动社会保障出版社，2008

职业技能培训鉴定教材

ISBN 978-7-5045-6867-0

Ⅰ．蔬…　Ⅱ．①劳…②新…　Ⅲ．蔬菜园艺-职业技能鉴定-教材　Ⅳ．S63

中国版本图书馆 CIP 数据核字（2008）第 011823 号

中国劳动社会保障出版社出版发行

（北京市惠新东街 1 号　邮政编码：100029）

出 版 人：张梦欣

*

北京北苑印刷有限责任公司印刷装订　新华书店经销

787 毫米×960 毫米　16 开本　11.75 印张　223 千字

2008 年 1 月第 1 版　2016 年 2 月第 9 次印刷

定价：21.00 元

读者服务部电话：（010）64929211/64921644/84626437

营销部电话：（010）64961894

出版社网址：http：//www.class.com.cn

教材编审委员会

主　任　李勇先（新疆生产建设兵团副秘书长、农业局局长）

副主任　曲德林（新疆生产建设兵团劳动和社会保障局副局长）

彭玉兰（新疆生产建设兵团劳动和社会保障局副局长）

刘景德（新疆生产建设兵团农业局副局长）

苗启华（新疆生产建设兵团农业局总畜牧师）

委　员　多　林（新疆生产建设兵团劳动和社会保障局就业培训处处长）

杜之虎（新疆生产建设兵团农业局种植业管理处处长）

黄国林（新疆生产建设兵团职业技能鉴定中心主任）

丁卫东（新疆生产建设兵团农业局乡镇企业产业指导处处长）

张利淇（新疆生产建设兵团农业局园艺处副处长）

宋安星（新疆生产建设兵团职业技能鉴定中心副主任）

李宏健（新疆生产建设兵团兽医总站畜牧科科长）

尤满仓（原新疆生产建设兵团农业局处长）

教材编审委员会办公室

主　任　多　林

副主任　杜之虎　黄国林

成　员　宋安星　冉　颢　尤满仓　陈纪顺

李晓梅　唐晓东

内容简介

本教材依据《国家职业标准——蔬菜园艺工》，以新疆生产建设兵团蔬菜种植为基础，邀请长期从事新疆地区蔬菜种植研究的人员进行编写。教材从职业能力培养的角度出发，力求体现职业培训的规律，满足职业技能培训与鉴定考核的需要。

本教材在编写中贯穿“以职业标准为依据，以企业需求为导向，以职业能力为核心”的理念，采用模块化的编写方式。全书按职业功能分为三个模块单元，主要内容包括：农业基础知识，介绍了农业设施的结构、性能及覆盖材料，以及农业生产与市场变化分析的知识；苗期与生长期管理，介绍了苗期、肥水管理，植株调整与环境调控，病虫害种类及其防治；采后质量管理，介绍了蔬菜采后处理，以及畸形果的防治。每一单元内容在涵盖职业技能鉴定考核基本要求的基础上，详细介绍了本职业岗位工作中要求掌握的最新实用知识和技术。

为便于读者迅速抓住重点、提高学习效率，教材中还精心设置了“培训目标”等栏目。每一单元后附有单元测试题，全书最后附有理论知识考核试卷，供读者巩固、检验学习效果时参考使用。

本教材可用于高级蔬菜工职业技能培训与鉴定考核教材，也可供中、高等职业院校相关专业师生参考，或供相关从业人员参加在职培训、岗位培训使用。

前　言

为满足各级培训、鉴定部门和广大劳动者的需要，劳动和社会保障部教材办公室、中国劳动社会保障出版社在总结以往教材编写经验的基础上，联合新疆生产建设兵团劳动和社会保障局、兵团农业局和兵团职业技能鉴定中心，依据国家职业标准和企业对各类技能人才的需求，研发了农业类系列职业技能培训鉴定教材，涉及农艺工、果树工、蔬菜工、牧草工、农作物植保员、家畜饲养工、家禽饲养工、农机修理工、拖拉机驾驶员、联合收割机驾驶员、白酒酿造工、乳品检验员、沼气生产工、制油工、制粉工等职业和工种。新教材除了满足地方、行业、产业需求外，也具有全国通用性。这套教材力求体现以下主要特点：

在编写原则上，突出以职业能力为核心。教材编写贯穿“以职业标准为依据，以企业需求为导向，以职业能力为核心”的理念，依据国家职业标准，结合企业实际，反映岗位需求，突出新知识、新技术、新工艺、新方法，注重职业能力培养。凡是职业岗位工作中要求掌握的知识和技能，均作详细介绍。

在使用功能上，注重服务于培训和鉴定。根据职业发展的实际情况和培训需求，教材力求体现职业培训的规律，反映职业技能鉴定考核的基本要求，满足培训对象参加各级各类鉴定考试的需要。

在编写模式上，采用分级模块化编写。纵向上，教材按照国家职业资格等级编写，各等级合理衔接、步步提升，为技能人才培养搭建科学的阶梯型培训架构。横向上，教材按照职业功能分模块展开，安排足量、适用的内容，贴近生产实际，贴近培训对象需要，贴近市场需求。

在内容安排上，增强教材的可读性。为便于培训、鉴定部门在有限的时间内把最重要的知识和技能传授给培训对象，同时也便于培训对象迅速抓住重点，提高学习效率，在教材中精心设置了“培训目标”等栏目，以提示应该达到的目标，需要掌握的重点、难点、鉴定点和有关的扩展知识。另外，每个学习单元后安排了单元测试题，每个级别的教材都提供了理论知识考核试卷，方便培训对象及时巩固、检验学习效果，并对本职业鉴定考核形式有初步的了解。

本系列教材在编写过程中得到新疆生产建设兵团劳动和社会保障局、兵团农业局和兵团职业技能鉴定中心的大力支持和热情帮助，在此一并致以诚挚的谢意。恳切希望各使用单位和个人对教材提出宝贵意见，以便修订时加以完善。

劳动和社会保障部教材办公室

目录

第1单元

农业基础知识

第一节 设施的基本结构、性能及覆盖材料

一、园艺设施的基本结构、性能

1. 阳畦的基本结构、性能

（1）阳畦的结构。阳畦，因利用太阳光能提高畦温，没有人工加温设施，故又称冷床。阳畦由风障畦发展而成，把畦埂加高、加宽而成为畦框，并进行严密防寒保温，其性能优于风障畦，在华北和西北应用广泛。阳畦东西延长、北高南低、结构简单、成本低、使用效果好。其由畦框、风障、覆盖材料组成，如图 1—1 所示。

1）畦框。畦框是阳畦的外框，起防风、保温、支撑覆盖物的作用。畦框有土框、砖框两种，土框一般为活动畦框，每年打框；砖框为固定畦框。地址应选择背风向阳、地势高燥、水源方便、排水良好的地块。

阳畦南框地平下挖 15～25 cm，北框地平下挖 15～20 cm，地上加高 30～60 cm，总高度为 45～80 cm。北框下宽 30～40 cm，上宽 20～30 cm，畦长 7 m 左右，畦面下宽 1.5 m，东西两框与南北两框相连，厚度与南框相同。为方便排水，于南框外地面上15 cm处挖一道排水沟。

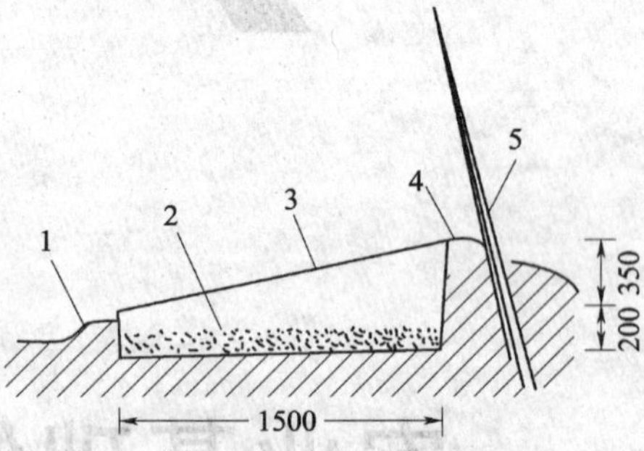

图 1—1 冷床（阳畦）图（单位：cm）

1—南墙 2—培养土 3—玻璃或塑料薄膜 4—北墙 5—风障

2）风障。冬春季节北风多，多在阳畦北侧加一道风障，风障多为芦苇和蒲草编制而成，下部埋入土中约 30 cm。为了提高风障的保温性，下部要加厚即形成“披风”。为了提高风障的强度和整体性，横向用竹竿或苇子加三道“肋把”，在风障北侧培成土梁，称为“土牛子”，如图 1—2 所示。

3）覆盖材料

①透明覆盖材料。盖在床面白天起透光保温作用，用玻璃或塑料薄膜均可。玻璃厚度为 3 mm，但必须用窗框安装玻璃，窗框又分为固定窗框及活动窗框两种。固定窗框为木制，宽 1 m，长 2 m（见图 1—3a）。活动窗框为 30 mm × 30 mm 等边角钢或 30 mm×10 mm的丁字钢，或者用木条、水泥条均可，但应做成倒 T 形，以便支撑玻璃，但玻璃面不应小于 10 mm，如图 1—3b 所示。

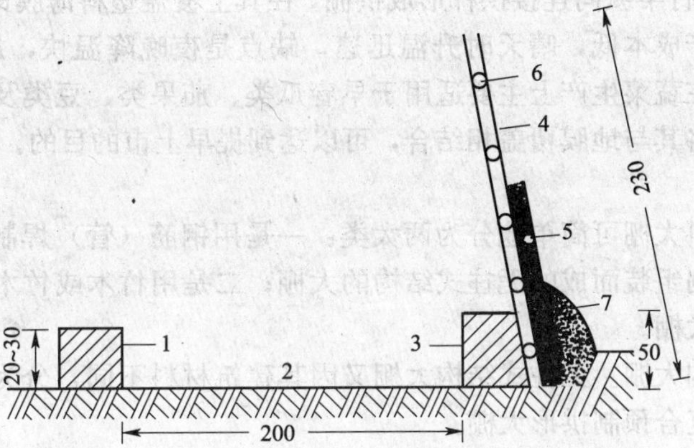

图 1—2　阳畦结构图（单位：cm）

1——南墙　2—畦面　3—北墙　4—风障　5—披风　6—肋把　7—土牛子

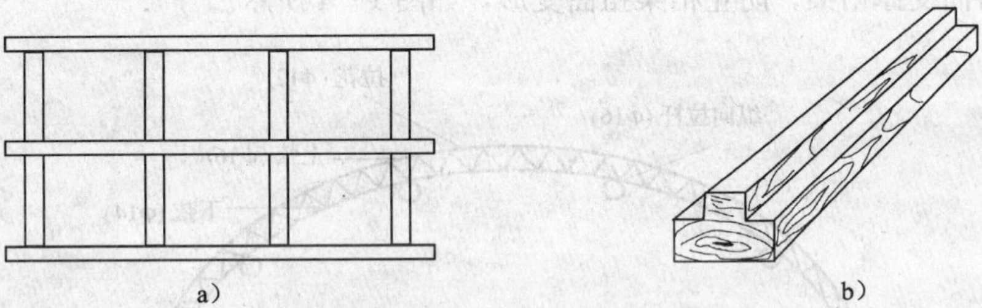

图 1—3　玻璃窗框结构图

a）固定玻璃窗框　b）活动玻璃窗框

如用薄膜，其厚度为 0.075～0.10 mm，宽度以大于畦宽为度。用塑料薄膜可以不用窗框，在南北向每隔 30 cm 左右，用一根 1～2 cm 粗的竹竿或木棒即可，以塑料薄膜不下垂形成水包为宜。

②保温覆盖材料。为了提高阳畦保温效果，夜间要在透明覆盖材料上加盖一层保温材料。可以用稻草、麦草、蒲草编制而成的草帘。用稻草、麦草制草帘多为小草帘，宽 1 m，长 3 m，厚 3 cm；用蒲草制的草帘，宽 2 m，长 5 m，厚 5 cm。

（2）阳畦的性能。阳畦除具有风障能力外，同时可保持较风障高的气温和低温。但要注意防止低温霜冻和高温为害。阳畦内昼夜温差可达 20℃左右，局部温差也大，北框和中部温度较高，南框和东西部温度较低。可用于冬季耐寒蔬菜防寒越冬，春秋季可进行喜温菜育苗和栽培。

2. 小拱棚的基本结构、性能

一般采用毛竹、冷拔丝等材料按 80～100 cm 的间距插一拱架，棚高 50～80 cm，棚宽100～130 cm，用竹竿纵向连接拱杆形成拱棚，在其上覆盖塑料薄膜即为塑料小棚。这种设施的特点是生产成本低，晴天时升温迅速，缺点是夜晚降温快，加上棚比较矮小，不利于农事操作，在蔬菜生产上主要适用于早春瓜类、茄果类、豆类及速生绿叶蔬菜类的提早栽培，通常将其与地膜覆盖相结合，可以达到提早上市的目的。

3. 塑料大棚

目前我国的塑料大棚可简单地分为两大类：一是用钢筋（管）焊制，或用钢筋水泥及其他复合材料预制组装而成的无柱式结构的大棚；二是用竹木或竹木与水泥柱结合建成的有柱式结构的大棚。

（1）无柱式结构大棚。无柱式结构大棚又因其建筑材料不同，分为钢架式大棚、镀锌管组装式大棚、复合预制拱形大棚。

1）钢架式大棚。跨度 10～12 m，棚高 2.5～2.7 m。每间隔 1 m 设置一个用钢筋焊接而成的桁架。桁架的上弦用直径 16 mm、下弦用直径 14 mm、中间拉花用直径 12 mm 的钢筋焊接而成。桁架下用 5 道 16 mm 的钢筋作纵向拉杆，拉杆上用 2 根直径 14 mm 的小立柱斜向支撑桁架，防止桁架扭曲变形，如图 1—4 所示。

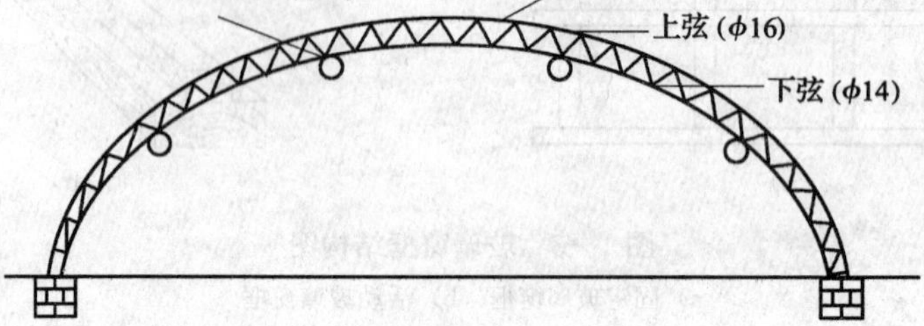

图 1—4　钢架式大棚（单位：mm）

钢架式大棚室内无柱，光照条件好，作业方便，整体牢固性好，防风能力强，但造价较高，可以在大风频繁且经济条件较好的地区发展。

2）镀锌管组装式大棚。跨度 6～8 m，棚高 3～3.5 m，长度 30～50 m。其拱架多用直径 22 mm、壁厚 1.5 mm 的薄壁钢管作拱杆、拉杆和棚两头的立杆。拱杆、拉杆和立杆通常由厂家提供的配套卡具和套管进行连接；有专用的卡槽进行固定，拆卸比较方便。薄壁钢管由于采用镀锌或涂料处理，使用寿命一般在 10 年以上。

钢架结构大棚的优点是大棚比较规范，使用寿命长，其缺点是成本相对较高，一般每亩地（1 亩＝667 m^2）投入 1.5 万～1.8 万元。

3）复合预制拱形大棚。复合材料组装式拱形大棚其特点是材料刚性强、拱形截面小、坚固耐用、造价较低。

此外，还有钢筋玻璃纤维增强水泥作为骨架结构的大棚，成本介于竹木大棚和钢管大棚之间，使用寿命也很长，但因自重较大，运输比较困难。塑料大棚在建造时一般采用南北朝向。

（2）有柱式结构大棚

1）竹木结构大棚。跨度一般 8～14 m，棚高 2.2～2.4 m，长度 50～60 m，以直径 3～6 cm 的竹竿为拱，每一米左右设一道拱架，每个拱架有 6 个木头或水泥支柱支撑。前后排拱架之间的同排支柱是用拉杆连接起来的，拉杆一般是在支柱距顶端 30～40 cm 处与之连接固定。

拱架上覆盖棚膜，两拱之间用 12 号铁丝或专用压膜线压牢，铁丝或专用压膜线的两端连接在大棚两侧的地锚上，通过几次拉紧，最终压至横拉杆上，从而使棚膜形成了瓦塄样的起伏。南北两头或一头设置密闭的大门。

这种大棚建造费用低，易建造，牢固性较好，在大多数地区容易推广。缺点是棚内支柱多，遮荫严重，作业不便。目前这一结构的大棚仍占有较大的面积。

2）悬梁吊柱竹木结构大棚。跨度一般为 11～13 m，棚高 2.2～2.4 m，长度不超过 60 m。每 1.5 m 左右设一道拱杆，每 3 米东西设一排支柱，同一拱杆也是由 6 根支柱支撑，即每隔 2 道拱杆才有一排立柱支撑。支柱为木杆或水泥柱。前后同排支柱之间的拉杆用木杆或竹竿，在 2 个没有支柱的拱杆下，设置顶柱。顶柱的下端固定在横杆上，上端顶着各自的拱杆，如图 1—5 所示。

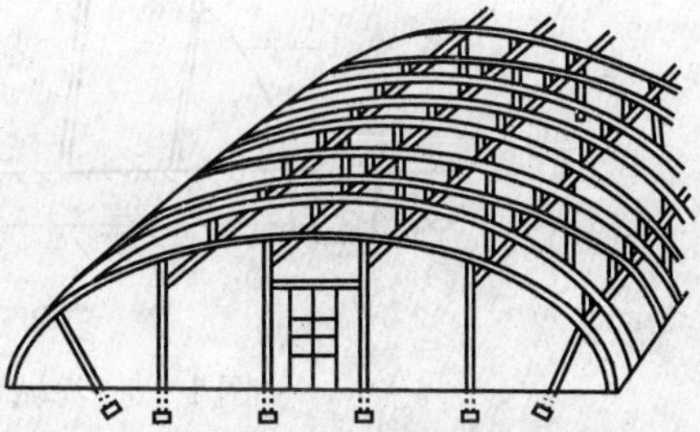

图 1—5　竹木结构大棚

悬梁吊柱竹木结构大棚减少了 2/3 的支柱，作业较为方便，造价较低，整体的牢固性也比较好。

3）拉筋吊柱大棚。跨度一般为 12 m，棚高 2.2 m，肩高 1.5 m，长度 40～60 m。水泥预制支柱纵向间距 2.5～3 m，用直径 6 mm 的钢筋纵向连接。在纵向拉杆上用高 20 cm的吊柱支撑拱杆，拱杆用直径 3 cm 左右的竹竿来充当，间距 1 m。这种结构的大棚建造简单，支柱较少，遮光较轻，棚内作业比较方便。

4. 日光温室

日光温室是我国特有的园艺设施类型，由后墙、后屋面、前屋面和保温覆盖物四部分组成。根据结构又可分为普通日光温室和节能日光温室两大类型。其中普通日光温室包括长后坡矮后墙日光温室、短后坡高后墙日光温室、琴弦式日光温室等多种结构类型。由于这类日光温室的保温性较差，冬季需要进行加温才能进行蔬菜生产，能耗较大，近年来已经被新一代节能型日光温室所代替。和普通日光温室相比，节能型日光温室对前屋面的角度、后墙和后屋面的结构进行了优化设计，温室的保温性能有了大幅度提高，冬季不加温可以实现蔬菜生产。节能型日光温室的主要特点是保温性好，主要适合冬季寒冷的北方地区。缺点是设施土地利用率不高，夏季通风比较困难。

（1）长后坡矮后墙日光温室。辽宁海城普通式日光温室和河北永年三分之二式日光温室属于该类温室。温室跨度为 6 m 左右，顶高 2.3～2.4 m，前面有两排前柱，分别为 1.9 m 和 1.4 m，拱架用直径 3 cm 以上的竹竿，后墙厚度 70～90 cm，前屋面的角度底角一般为 60°左右，中部为 30°左右，上部为 25°～30°，后屋坡用玉米秸捆、麦草、草泥等构成，总厚度为 50～60 cm。这种温室成本低，保温性强，适于冬季不加温进行蔬菜生产，但 3 到 10 月间后坡下为弱光区，如图 1—6 所示。

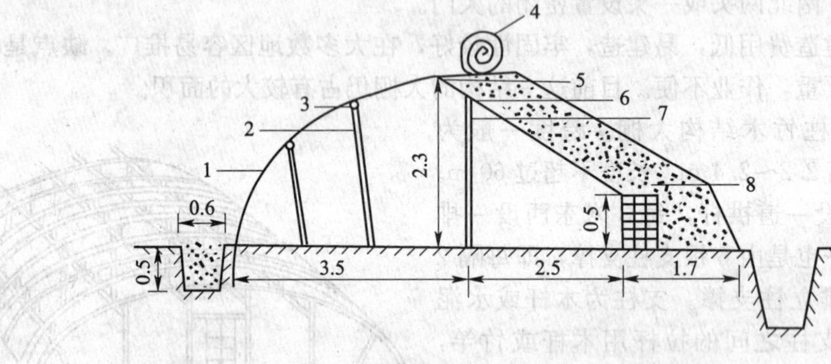

图 1—6　海城普通式日光温室（单位：m）

1—塑料及竹劈子　2—支柱　3—横梁　4—草苫及纸被　5—檩子　6—柁　7—中柱　8—整捆秫秸

（2）短后坡高后墙日光温室。陕西咸阳秦都 3 号日光温室、高后墙感王式日光温室等都属于这种结构。该温室跨度为 6 m 左右，脊高 2.5～2.8 m，后墙高 1.8 m，后坡长 1.5～1.7 m，后屋仰角 30°以上，后屋坡在地面水平投影宽度 1.2～1.5 m，后墙厚 0.8～1.0 m。这种温室加长了前坡，提高了顶高，加大了采光面，室内光照好，温度高，当时推广应用较快，起到了很好的效果，如图 1—7 所示。

（3）琴弦式日光温室。琴弦式日光温室的跨度为 7 m 左右，中柱高 2.8～3.1 m，后墙高 1.5～1.8 m，前立窗高 0.8 m，后坡长 1.5～2.0 m，墙厚 0.8～1.0 m，前屋面的角度为 25°～30°，每 3 m 安一道 5～7 cm 粗的钢管或粗竹竿，在拱架上每 40 cm 间隔横拉 8 号铁丝固定于东西山墙。在铁丝上每隔 60 cm 设一道细竹竿作骨架，上面盖薄膜。这种温室跨度大，空间也大，但前屋面采光角度难以增加，如图 1—8 所示。

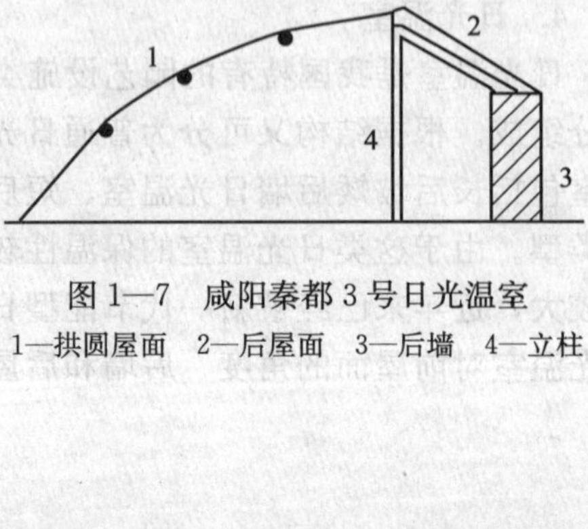

图 1—7　咸阳秦都 3 号日光温室

1—拱圆屋面　2—后屋面　3—后墙　4—立柱

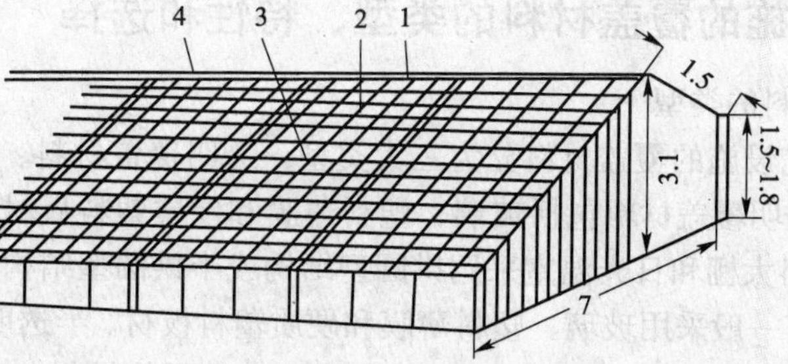

图 1—8 琴弦式薄膜日光温室图（单位：m）

1—钢架桁架 2—铁丝 3—中柱 4—竹竿骨架

(4) 无立柱钢管结构日光温室。由于普通日光温室（包括长后坡矮后墙日光温室、短后坡高后墙日光温室、琴弦式日光温室等类型的日光温室），保温性较差，在一些地区冬季需要加温才能进行蔬菜生产，能耗较大，近年来已经被新一代节能型日光温室所代替。这类设施的代表包括辽沈Ⅰ型日光温室、改进冀优Ⅱ型日光温室、鞍山Ⅱ型日光温室和西北农业大学园艺系设计的 GJ—6.5 型日光温室等。以 GJ—6.5 型日光温室为例，其温室跨度 6～8 m，中脊高 2.8～3.1 m，后墙高 1.8～2 m，为砖砌空心墙，即外 24 cm＋中空 12 cm＋内 12 cm，内填珍珠岩、炉渣、蛭石等保温材料。前屋面为钢结构一体化半拱形拱架，上弦为直径 6 mm 的钢筋。底角 65°，前沿 70 cm 处角度 23.5°，后屋角 36°，后坡长 1.52 m，水平投影 1.2 m。后坡面用油毡、麦草、草泥及水泥沙浆等材料组成，厚度在 40 cm 以上，如图 1—9 所示。

这类温室和普通日光温室相比，节能型日光温室对前屋面的角度、后墙和后屋面的结构进行了优化设计，温室的保温性能有了大幅度提高，冬季不加温可以实现蔬菜生产。节能型日光温室的主要特点是保温性好，主要适合冬季寒冷的北方地区。缺点是设施土地利用率不高，夏季通风比较困难。

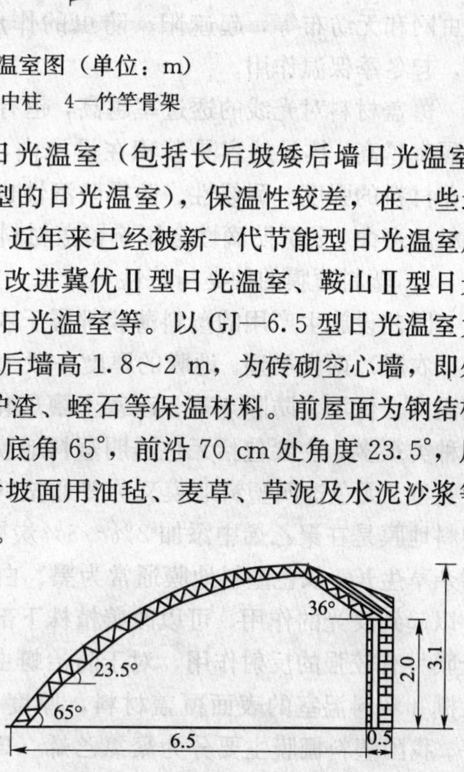

图 1—9 西农 GJ—6.5 型日光温室（单位：m）

5. 现代化温室

这类温室的特点是内部空间高大，温室顶高 4～4.5 m，设施的环境调控能力强，加温、降温、遮阳、灌溉、施肥等配套设施齐全，可以实现蔬菜的周年生产。缺点是设施昂贵，每 666.7 m^2 的投资至少在 10 万元以上，多用于高档果蔬类的栽培、技术示范、旅游观光等目的。主要分布于大中城市的现代农业园区，如武汉现代蔬菜园、上海孙桥现代农业园区等地。

二、园艺设施的覆盖材料的类型、特性和选择

1. 覆盖材料的类型

一般将园艺设施的覆盖材料分为三大类型：透明覆盖材料、半透明覆盖材料和不透明覆盖材料。透明覆盖材料包括玻璃、塑料薄膜和硬质塑料板材，主要起透光作用，塑料中小棚、塑料大棚和日光温室采用拱圆型结构或半拱圆型结构，覆盖材料采用塑料薄膜；现代化温室一般采用玻璃、塑料薄膜和硬质塑料板材。半透明覆盖材料包括遮阳网、防虫网和无纺布等，起遮阳、防虫的作用。不透明覆盖材料包括草苫、草帘、保温被等，起冬季保温作用。

覆盖材料对光线的透过率越高，越有利于蔬菜的生长；覆盖材料夜晚对长波辐射的阻隔率越高，热量越容易蓄积在设施内，设施的保温性越好。除了透光性和保温性外，覆盖材料的强度、耐候性、防雾防滴性也是常用的评价指标，强度和耐候性决定了覆盖材料的寿命，防雾防滴性会影响覆盖材料的透光率。

2. 塑料薄膜的种类与特性

园艺设施生产用的塑料薄膜都属于农用塑料薄膜，一般将其分为塑料地膜和塑料棚膜（农膜）两大类型。地膜的厚度一般为 0.005～0.015 mm，覆盖土壤可以起到增加土壤温度、保墒、防除杂草、改善土壤理化性状的作用，已被广泛应用于蔬菜生产。地膜的种类很多，主要包括无色透明塑料地膜、黑色塑料地膜、双色塑料地膜、银灰色薄膜等类型。无色透明塑料地膜又称普通塑料地膜，是蔬菜生产上最常用的地膜类型。黑色塑料地膜是在聚乙烯中添加 2%～3%炭黑色或黑色母料制得的。这种地膜不透光，可抑制杂草生长。双色塑料地膜通常为黑、白两色，铺设时白色在上，黑色在下，白色在上可以起到反光的作用，可以改善植株下部的光照，黑色在下可以抑制杂草生长。银灰反光膜具有较强的反射作用，对于防治蚜虫有特效。塑料棚膜主要作为塑料中小棚、塑料大棚和塑料温室的表面覆盖材料，厚度一般为 0.08～0.15 mm，耐候性和强度较地膜好。我国塑料棚膜主要分为聚氯乙烯（PVC）、聚乙烯（PE）和乙烯-醋酸乙烯（EVA）三大类型，由于这三种材料的透光性、耐候性和使用寿命等尚不能满足蔬菜生产的需要，以此为基础又开发出 PVC 双防膜 PE、多功能薄膜 EVA、多功能薄膜，主要是在原基础母料中加入了防老化剂、保温剂、防雾滴剂等多种助剂，大大提高了薄膜的保温性、耐候性和使用寿命。近年来又开发出一种新型的聚乙烯/EVA 三层共挤复合薄膜（又称 PEP 三层共挤薄膜），在生产上应用取得了良好效果。

3. 塑料棚膜的选择

目前大棚温室的覆盖材料主要是塑料薄膜，其中最常用的棚膜按树脂原料可分为 PVC（聚氯乙烯）薄膜、PE（聚乙烯）薄膜和 EVA（乙烯-醋酸乙烯）薄膜 3 种。这 3 种棚膜的性能不同：PVC 棚膜保温效果最好，易粘补，但易污染，透光率下降快；PE

棚膜透光性好，尘污易清洗，但保温性能较差；EVA 棚膜保温性和透光率介于 PE 和 PVC 棚膜之间。在实际生产中为增加棚膜的无滴性，常在树脂原料中添加防雾剂，PVC 棚膜和 EVA 棚膜与防雾剂的相容性优于 PE 棚膜，因而无滴持续时间较长。据调查，目前我国生产的 PE 多功能膜的无滴持续时间一般为 2～4 个月，PVE 和 EVA 棚膜可达 4～6 个月。当前，PE 棚膜应用最广，数量最大，其次是 PVC 棚膜，EVA 棚膜也开始使用。

生产中按薄膜性能特点棚膜又分为普通棚膜、长寿棚膜、无滴棚膜、长寿无滴棚膜、漫反射棚膜、复合多功能棚膜等。其中普通棚膜应用最早，分布最广，用量最大，其次是长寿棚膜和无滴棚膜，近年来长寿无滴棚膜也有了较快的发展。目前我国生产的棚膜主要有以下 11 种。

(1) PE 普通棚膜。这种棚膜透光性好，无增塑剂污染，尘埃附着轻，透光率下降缓慢，耐低温（脆化温度为－70℃）；相对密度小（0.92），相当于 PVC 棚膜的 76%，同等质量的 PE 膜覆盖面积比 PVC 膜增加 24%；红外线透过率高达 87%～90%，夜间保温性能好，且价格低。缺点是透湿性差，雾滴重；不耐高温日晒，弹性差，老化快，连续使用时间通常为 4～6 个月。日光温室上使用基本上每年都需要更新，覆盖大棚越夏有困难。

(2) PE 长寿（防老化）棚膜。在 PE 膜生产原料中，按比例添加紫外线吸收剂、抗氧化剂等，以克服 PE 普通棚膜不耐高温日晒、易老化的缺点。目前我国生产的 PE 长寿膜厚度一般为 0.12 mm，宽度规格有 1.0 m、2.0 m、3.0 m、3.5 m 等，可连续使用 2 年以上。其他性能特点与 PE 普通膜相似。PE 长寿棚膜是我国北方高寒地区扣棚越冬覆盖较理想的棚膜，使用时应注意减少膜面积尘，以保持较好的透光性。

(3) PE 双防膜。在聚乙烯树脂中加入防雾滴和防老化助剂吹制而成。使用寿命较长（1 年以上），具有流滴性，其他性能同普通 PE 膜基本一致。但流滴性持效期短，均匀性较差，有效使用期也不及 PE 长寿膜。

(4) PE 紫光膜。在 PE 双防膜的基础上添加紫颜色，可以将 0.38 μm 以下的短波光转化为 0.76 μm 以上的长波光。其余性状同 PE 双防膜。

(5) PE 漫反射膜。在 PE 树脂中加入对太阳光透过率高、反射率低、化学性质稳定的漫反射晶核，使棚膜具有抑制垂直入射光透过的作用，降低中午前后棚室内的光照和温度的峰值，防止高温伤害。同时又能随太阳高度角的降低，使阳光的透过率相对增加，早晚太阳光尽量多地进入棚室，增加光照，提高温度，促进光合作用。这种薄膜保温性能较好，应注意放风强度不宜过大。

(6) PE 复合多功能膜。在 PE 普通棚膜中加入多种特异功能的助剂，使棚膜具有多种功能。如北京塑料研究所生产的多功能膜，集长寿、全光、防病、耐寒、保温为一体，在生产中使用反应效果良好，同样条件下，夜间保温性比普通 PE 膜提高 1～2℃，每亩棚室使用量比普通棚膜减少 30%～50%。复合多功能膜中如果再添加无滴功能，效果将更为全面突出。

(7) PVC 普通棚膜。透光性能好，但易黏吸尘埃，且不容易清洗，污染后透光性严重下降。红外线透过率比 PE 膜低（约低 10%），耐高温日晒，弹性好，但延伸率低。透湿性较强，雾滴较轻；密度大，同等质量的覆盖面积比 PE 膜小 20%～25%。PVC 膜适于作夜间保温性要求高的地区和不耐湿作物设施栽培的覆盖物。

(8) PVC 双防膜（无滴膜）。PVC 普通棚膜原料配方中按一定配比添加增塑剂、耐候剂和防雾剂，使棚膜的表面张力与水相同或相近，薄膜下面的凝聚水珠在膜面上可形成一薄层水膜，沿膜面流入棚室底部土壤，不至于聚集成露滴久留或滴落。由于无滴膜的使用，可降低棚内的空气相对湿度；露珠经常下落的减少可减轻某些病虫害的发生；更为重要是，由于薄膜内表面没有密集的雾滴和水珠，避免了露珠对阳光的反射和吸收，增强了棚室光照，透光率比普通膜高 30% 左右。晴天升温快，每天低温、高温、弱光的时间大为减少，对设施中作物的生长发育极为有利。但透光率衰减速度快，经高强光季节后，透光率一般会下降到 50% 以下，甚至只有 30% 左右，旧膜耐热性差，易松弛，不易压紧。同时，PVC 无滴棚膜与其他棚膜相比，密度大，价格高。

单元 1

(9) PVC 无滴耐候防尘膜。在 PVC 双防膜生产工艺的基础上增加一道表面涂抹防尘工艺。既具有双防膜的优点，又可减少增塑剂的吸尘，透光率下降缓慢，无滴持效期较长。

(10) EVA 多功能复合膜。针对 PE 多功能膜雾度大、流滴性差、流滴持效时间短等问题研制开发的高透明、高效能薄膜。其核心是用含醋酸乙烯的共聚树脂，代替部分高压聚乙烯，用有机保温剂代替无机保温剂，从而使中间层和内层的树脂具有一定的极性分子，成为防雾滴剂的良好载体，流滴性能大大改善，雾度小，透明度高，在日光温室上应用效果最好。

(11) 光转换膜。通过添加光转换助剂，把太阳光中的紫外光变为光合作用的可见光，促进植物的光合作用，在高原地区应用还可防止过强的紫外线对植物的伤害。

目前，我国生产的主要棚膜性能见表 1—1。

表 1—1　目前我国生产的主要棚膜性能

类别	连续覆盖防老化期（月）	防滴膜持效期（月）	保温性	透光性	漫反射性	防尘性	转光性
PE 普通膜	4～6	无	差	前良后中	无	良	无
PE 防老化膜	8～12	无	差	前良后中	无	良	无
PE 长寿膜		无	差	前良后中	无	良	无
PE 双防膜	12～18	2～4	中	前良后中	弱	良	无

续表

类别	连续覆盖防老化期（月）	防滴膜持效期（月）	保温性	透光性	漫反射性	防尘性	转光性
PE 多功能膜	12～18	无	优良	前良后中	中	良	无
PE 多功能膜复合膜	12～18	3～4	优良	前良后中	中	良	无
PE 漫反射膜	12～18	无	中	中	强	良	无
PE 防雾滴转光膜	12～18	2～4	中	前良后中	弱	良	有
PVC 普通膜	4～6	无	优	前优后差	无	差	无
PVC 防老化膜	10～18	无	优	前优后差	无	差	无
PVC 双防膜	10～12	4～6	优	前优后差	无	差	无
EVA 多功能膜复合膜	15～20	6～8	优	前优后中	弱	良	无

第二节　生产与市场变化分析

一、生产环节记录

建立蔬菜产品生产记录，以便对整个生产过程、可能存在的问题的追查以及质量安全问题的追溯。具体要求蔬菜生产者要详细记录产地基本情况、生产的全过程、生产资料购买情况、产量与质量情况、主要病虫害、销售情况，特别要记录田间操作过程中化肥、农药的使用情况和天气状况，记录资料应当保存 2 年以上。当年的生产环节记录可能反映一年来生产的农时操作、产量与销售状况和出现的主要问题，有利于安排下一年的生产。而有了多年的生产记录资料，就可对比分析生产安排中存在的问题、生产成本的变化和产量与销售的变化情况。

二、蔬菜上市期的观察与分析

1. 主作蔬菜上市规律。要了解全年市场需求情况、市场容量、消费量大的蔬菜种类，特别是要了解本地菜规模上市的时间。以新疆石河子垦区为例，地产大棚番茄，5 月底前后开始大量上市；地产大棚辣椒，5 月 20 日前后开始大量上市；地产小拱棚韭菜，4 月 20 日前后开始大量上市；地产小拱棚西葫芦，5 月 20 日前后开始大量上市；地产小拱棚西瓜，6月中下旬开始集中上市。

2. 新疆南疆和吐鲁番日光温室蔬菜的上市情况。新疆吐鲁番地区和南疆库尔勒地区由于其特殊的地理位置和气候条件，利用日光温室种植蔬菜，上市早，效益高。一般冬春季，在1～2月初开始定植幼苗，蔬菜种类有茄果类（茄子、辣椒、番茄）、瓜类（黄瓜、西瓜、甜瓜、西葫芦、冬瓜、丝瓜、苦瓜等）、豆类（豇豆、菜豆、泰国架豆等），还间套种植生菜、小白菜、茼蒿、芹菜等，叶菜类蔬菜一般在2月上旬开始上市，黄瓜、西葫芦在3月上旬上市，茄果类在4月上旬上市，西瓜、甜瓜在4月中旬开始上市。而吐鲁番的露地蔬菜，在3月中旬就开始种植，早熟甘蓝和莴笋在4月底开始上市，早熟菜豆在5月上旬开始上市，小拱棚西瓜一般在5月20日左右开始上市。

3. 每个种类蔬菜的市场缺口。比如番茄，集中上市通常在5、6月份，在4月份以前和8～10月份往往有一个需求缺口。芫荽，在7～8月往往也有一个需求缺口。在新疆的北疆地区，9月初霜来临后，露地蔬菜被霜冻死，出现一个需求缺口。在品种布局时，千万不能只盯着上年的行情或左邻右舍的菜地，对市场、菜情、节日需求及可能发生的灾害性天气等，都要有一定的考虑。

三、西运蔬菜市场的上市期与分析

新疆北疆的蔬菜从国庆节过后就开始出现需求缺口，部分蔬菜从南疆调运。冬季蔬菜主要是西运蔬菜，如甘肃菜、山东菜、四川菜、云南菜和海南、广东等地的蔬菜，冬季番茄、辣椒、黄瓜、西葫芦等主要来自山东寿光和甘肃，芹菜主要来自四川，西瓜主要来自海南、山东、云南等地。

1. 海南省

（1）主要种类和品种。辣椒有美国西园椒、中椒五号、京椒五号、新丰五号、俞椒五号、海椒五号、湘研四、五号。黄瓜有津研系列。茄子主要是圆茄。其他还有日本南瓜、西葫芦等。

（2）种植期。少部分蔬菜是在8月底播种育苗，大部分是在9～11月播种。

（3）采收期。12月底至翌年1月初期为采收始期，一直可采到5月上旬。

2. 山东省

（1）主要种类和品种。辣椒有羊角黄，苏椒五号，有少量湘研系列。番茄有毛粉802，L402，少量以色列144。黄瓜有新泰密刺，津春三号。茄子主要是74-1等紫长茄。还有西葫芦、丝瓜、冬瓜、苦瓜、佛手瓜、菜豆等。

（2）种植期。果菜类一般都是保护地种植，辣椒和茄子在7月上、中旬育苗，番茄于8月中下旬育苗，黄瓜于9月中、下旬育苗。

（3）采收期。从12月上、中旬陆续上市。

3. 广东省

(1) 主要种类和品种。辣椒有湘研系列、中椒系列、宁椒系列。番茄有益农 101、粤红玉、新星 101。茄子主要是紫长茄。黄瓜有津研系列、津春系列、津杂系列。

(2) 种植期。提早种植在 9 月播种，延后种植在 10 月底播种。

(3) 采收期。从 12 月可采收到翌年 4 月。

4. 四川省

(1) 主要种类和品种。辣椒有湘研 5 号、二筋条、新一号。茄子有蓉杂线茄系列、三叶茄、墨茄。番茄有西粉系列、红俞、毛粉 802。黄瓜有津研系列、津春系列。

(2) 种植期。川西平原简易大棚种植育苗始期为 10 月，3 月栽苗。成都市远郊于 2 月直播。

(3) 采收期。采收始期在 4 月底至 5 月中旬。

5. 甘肃省和其他地区

甘肃省西部是“西运”蔬菜的次生产区，一般在早春填补本地市场。新疆东部和南疆等个别地区也是“西运”蔬菜的次生产区，一般在早春填补本地市场。通过分析表明：

(1) 12 月至翌年 4 月都有各种果菜类蔬菜可以西运。本地温室大棚蔬菜竞争性最强的空间在 5 月中旬至 6 月中旬。

(2) 本地采用温室极早熟种植在量上没有优势，但在品种上选用适合当地消费习惯的品种，如南方运来的菜椒大多辣味较淡，本地的老品种不但辣味强，而且较为新鲜，仍可卖个好价钱。

(3) 夏末秋初虽在生产上有空缺，深秋到初冬是精细菜的淡季，价格趋升。另外，由于南方多雨潮湿、土地少、倒茬难和寄主生活持续周期长等因素，容易造成严重的病虫害流行，蔬菜质量可能劣于本地。但在那里的主栽品种其抗病性、耐运输性等综合性状一般较强，可以借鉴。

单元测试题

1. 简述温室的基本结构。

2. 简述生产与市场变化观察的要点。

第2单元

苗期与生长期管理

第一节　苗期管理

培训目标

→ 能分析判断苗情，识别主栽品种苗期常见生理性病害，并制定防治措施

→ 能识别主栽品种苗期常见病虫害，并确定综合防治措施

一、主栽品种苗期常见生理性病害及其防治措施

生理性病害无传染性，亦称非传染性病害。多由营养物质和水分的过多或过少，温度过高或过低，日光过强或过弱，以及土壤通气不良或空气中存在有毒气体等周围环境因素；或种子本身质量；或种子遗传基因发生变异引起，使幼苗表现不正常。此类病害虽无传染性，但在同一条件下常成片发生，并能诱发和加重传染性病害的发生和为害程度，造成一定损失。蔬菜苗期常见的生理性病害及其防治措施如下：

1. 烧根

（1）症状。受害轻或病害初起，根前端黄褐色水浸状，严重者根及幼茎基部水浸状黄褐至粟褐色腐烂。病苗易拔起，子叶较正常苗略小而厚，暗绿色，有时子叶边缘或前端出现黄褐色干枯坏死，受害后生长缓慢或死亡。在发病苗床中往往发生普遍或点片发生较重，常需重播。

（2）病因。“烧根”也称肥害。由营养土中使用未腐熟的有机肥，有机肥继续发酵而伤根；或肥料施用不均、施用过量，使土壤中肥料溶液浓度始终保持较高，产生负向渗透压，导致根系不能正常吸收土壤中的水分而引起。

（3）防治方法

1）使用充分腐熟的有机肥配制营养土；用肥适量并充分拌匀。

2）肥害发生时，及时适量洒水，以降低肥料溶液浓度，尽可能减轻受害程度。

2. 沤根

在早春季节，黄瓜、茄子、番茄、青椒等果菜类的苗期很容易出现沤根现象。沤根苗在茎基部和根部不发生病斑，也不长霉状物，但易拔苗，以此与猝倒病、立枯病等土传病害相区别。

（1）症状。不发根或很少发新根，根皮呈锈褐色，逐渐腐烂；地上部叶片变黄，叶缘枯焦，生长缓慢；病苗容易拔起，严重时幼苗成片枯死。

（2）病因。苗床温度过低或过高，再加上浇水过多或连续阴雨天气，光照不足，幼苗过密，从而使幼苗根系呼吸作用和吸水困难，造成根系功能和组织破坏。在土温12℃

以下，空气相对湿度高于85%时发病严重。

（3）防治方法

1）掌握好不同蔬菜类型的温度管理，如黄瓜白天温度为25～30℃，夜间为13～15℃；番茄分苗时的适宜温度白天为25～28℃，夜间为15～20℃。在幼苗期适宜的地温为20℃左右，最低不低于10℃。

2）适于蔬菜育苗的含水量一般为土壤最大持水量的60%～75%。采用电热线育苗、育苗箱育苗、塑料钵育苗及营养土育苗等，便于温湿度管理，可保证幼苗茁壮成长。床土施用腐熟的优质肥料和细菌肥料，利于土壤的透气和保湿。

3）分苗移栽时，一般要选择在晴天进行，分苗不宜深，严禁大水漫灌，分完苗后要上盖塑料薄膜保温保湿。

3. 徒长

（1）症状。幼苗下胚轴细而长，节间间距大，易倒伏，俗称"疯长"。叶柄和叶身变长，叶色淡，叶片薄，组织柔嫩，根系衰弱。其抗逆性差，易受冻、易发生日灼及猝倒病等；因营养不良致花芽分化期延迟，花芽数量少、易落花，造成早熟性差且产量低。

（2）病因。主要原因是由光照不足、温度偏高、湿度过大引起。昼夜温差小，播种过密，通风不良，氮肥过多等也能导致幼苗徒长。刚出土幼苗的下胚轴对温度很敏感，管理不当，常造成徒长。

（3）防治方法

1）合理配制营养土，避免掺入尿素等速效氮肥，即使使用也要适当。

2）选用透光性好的塑料薄膜，加强苗床温湿度管理，尽量增加光照强度和光照时间，促使幼苗健壮生长。

3）幼苗出土后控制好夜间床温，针对不同的蔬菜类型，保持一定的昼夜温差，预防幼苗下胚轴生长过快。

4）播种密度适当，防止大苗相互拥挤引起徒长。对根系发生快、易成活的蔬菜幼苗要及时分苗，防止秧苗过于拥挤，保证幼苗充足的营养供应。苗床内养分既要充足，还要注意氮、磷、钾的配合使用。

5）秋延后茄果类、瓜类等蔬菜幼苗由于光照不足，发生徒长，可使用植物生长调节剂如矮壮素、B9、多效唑等控制生长，培育壮苗，增强植株抗性。

4. 老化苗

（1）症状。幼苗老化，一般表现为苗小茎矮，根系老化不易再生新根，叶小而厚，色深绿，俗称"小老苗"。

（2）病原。导致幼苗老化的主要原因是苗龄过长，蹲苗时间过长。

（3）防治方法。在生长中育苗期不要过长，幼苗要给予适温，不可使幼苗长期在低温条件下生长。要保证水分供应，特别是成苗期，要给予充足的水分，浇水后要及时通风，防止幼苗徒长。蹲苗时间不可过长。

5. 花打顶

(1) 症状。在冷凉季节培育的黄瓜苗或种植的黄瓜，经常会出现花打顶现象，即植株顶端不形成心叶而出现花抱头现象。不但延迟黄瓜的生长发育，而且影响其产量和品质。

(2) 病原

1) 烧根花打顶。由于定植时穴施或沟施的有机肥过量，且定植后浇水不及时，土壤相对含水量低于 65%，土壤溶液浓度高，导致根尖成铁锈色或枯死，使根系吸收困难而产生花打顶。

2) 沤根花打顶。当棚室内的地温低于 10℃，土壤相对含水量高于 75%时，黄瓜根系生长受限，导致沤根，从而出现花打顶现象。

3) 障碍型花打顶。因夜温低于 10℃，会导致叶面凹凸不平或皱缩，植株矮小而出现营养障碍型花打顶。

4) 伤根花打顶。有少量瓜苗或植株根系受到伤害，长期未能恢复，造成植株吸收养分受抑，出现花打顶。

(3) 防治方法

1) 对于烧根引起的花打顶，应及时浇水，土壤相对含水量达到 65%以上，浇水后要及时中耕。

2) 对于沤根型花打顶，应将棚室地温提高 10℃以上，当发现根系出现灰白色水浸状时，要停止浇水，及时中耕，必要时可扒沟晒土。同时，摘除结成的小瓜，保秧促根。当新根长出后，即可转为正常管理。

3) 对于夜温低而导致的花打顶，要设法提高夜温，前半夜气温要求达到 15℃，后半夜保持在 10℃上下即可。

4) 对伤根造成的花打顶，中耕时要尽量少伤根，以提高根系活力。

6. 出苗不齐

(1) 症状。播种后有些种子长时间不出苗，导致苗床缺株；或出苗时间长，造成瓜苗大小不一的现象均称为出苗不齐。

(2) 病因。种子未经催芽即播种，施用未腐熟的有机肥或化肥使用过量，播后即遇长期雨雪、低温天气致使床温偏低，床土水分过高（造成烂种）或过低（影响对水分的吸收）等，以及种子本身质量问题（如陈籽、种子成熟度不高和瘪籽）等多种因素都能造成出苗不齐。

(3) 防治方法。针对不同病因，采取相应措施预防。

7. 黄（白）化苗

(1) 症状。育苗中偶尔出现，对生产无影响。出土后病苗始终保持黄（白）色，因光合作用严重受阻或根本不能进行光合作用，故幼苗生长缓慢，最后萎蔫死亡。

（2）病因。主要是遗传基因发生变异，幼苗不能进行正常的生理活动。

（3）防治方法。不需进行针对性防治，在进行苗床管理时拔除病苗即可。

8. 烟害

（1）症状。植株叶片通常由下向上显症，初期呈水渍状，渐变黄白色或淡褐色，叶缘灼伤，或叶片呈青枯状枯干，严重时全株死亡。

（2）病原。育苗时用煤加温过程中，在使用炉子时不慎使煤烟进入育苗室中，造成为害。

（3）防治方法。严防跑烟，如果不慎使煤烟进入育苗室，要及时通风通气，并喷施叶面肥，增强抵抗力。

9. 低温障碍及冻害

低温障碍和冻害是冬春黄瓜育苗期间经常出现的生产问题。管理不当或遇长期雨雪、低温天气易于发生，严重时往往需重播，明显影响生产。

（1）症状。受害轻或较轻，子叶前端、边缘或部分子叶褪绿，呈黄至白色。重时可导致部分子叶或部分真叶萎蔫干枯甚至死亡。冻害发生时，子叶边缘（叶背尤其明显）或真叶上出现水浸现象，甚至幼苗水浸状萎蔫倒伏，最后干枯死亡。长时间持续低温往往造成不发新根，生长缓慢，可导致弱寄生物侵染，甚至成片死亡。

（2）病因。黄瓜耐寒力弱，0～10℃就会受害，低于3～5℃生理机能出现障碍造成伤害。当温度降到黄瓜幼苗能忍受的低温界限以下时，依低温程度和时间长短不同，引起生理障碍的程度也不相同，从而表现出多种受害症状。

（3）防治方法

1）加强苗床管理与保温措施，推广电热线育苗，适时通风透光并谨防冷风侵入。

2）育苗期间密切关注天气预报，特别对突然来临的寒流做好预防准备，备好覆盖物，以防受害。

3）做好定植前炼苗，提高幼苗的适应性与抗逆性。

4）受冻后，特别要注意使苗床的温度缓慢上升，日出后用草帘适当遮荫，使黄瓜生理机能慢慢恢复，不可猛见阳光，尽量减少损失。

10. 热害

（1）症状。夏秋季蔬菜育苗时，温度过高，致使幼苗叶片或生长点灼伤，短时间难以恢复。

（2）病因。经常发生在利用避雨设施培育的秧苗上，主要是由于雨过天晴揭膜不及时，棚内温度超过40℃，有时达到50℃以上，造成热害。

（3）防治方法。在育苗时，加强温度管理，及时通风降温，或采取其他降温措施。

二、主栽品种苗期常见病虫害及其综合防治措施

1. 常见苗期病害及防治方法

（1）猝倒病。猝倒病俗称卡脖子病、秃疮头等，可为害茄子、番茄、辣椒、甘蓝、芹菜、洋葱等多种蔬菜幼苗。常引起幼苗成片死亡，露出床面似秃疮头，甚至造成毁种。

1）症状。种子发芽到幼苗出土前染病，造成烂种、烂芽。幼苗出土后子叶展开至两片真叶最易发病，茎基部出现水渍状黄褐色病斑，绕茎扩展而变为褐色，收缩成线状称卡脖子，幼苗依然青绿而折倒，本病由此得名。床面湿度高时病部表面生有白色棉絮状霉层。

2）发病规律。本病由瓜果腐霉菌等侵染所致。病菌在土壤中或病残体上越冬，条件适宜时产生芽管，从根部、茎基部侵染幼苗发病。病菌随灌溉水、雨水溅附、带菌的堆肥或农具等传播蔓延。喜温果菜苗床内低温高湿条件不利于菜苗生长，抗病力降低，而有利于病菌生长繁殖。土壤温度 15～16℃时病菌繁殖很快，超过 30℃时病菌受到抑制，土温 10℃左右最适发病。最初常在苗床灌水后积水窝或棚顶滴水处，幼苗出现发病中心，然后向四周扩散蔓延。甘蓝、洋葱、芹菜等喜低温菜苗，在床温较高和湿度大时发病较多。一般在苗期阴雨天多、光照不足，播种过密，分苗、间苗不及时，苗床通风差、土壤湿度过大，猝倒病发生为害重。

3）防治方法。防治猝倒病等苗期病害，应以栽培管理为主，药剂保护为辅。

①严格选择营养土，精心备好苗床。要选择地势高，背风向阳，排水方便，土壤肥沃的田块设苗床，不用带菌的旧床土，菜园土和庭院土；选用桎石、草炭营养土或无病菌新土，施足腐熟基肥。播种前苗床应充分翻晒，床面平整，覆土要平。应把喜高温和喜低温的菜苗分别培育，否则不容易管理。

②采用新法育苗。改冷床育苗为地热线和营养盘、营养钵、营养袋、穴盘等方法培育壮苗，可明显减轻猝倒病为害。

③播前对培养土、苗床土壤进行消毒。如苗床建在重茬地或使用旧苗床时。须用药剂处理床土。具体方法是：

a. 药土盖种。每平方米苗床施用 40％拌种双可湿性粉剂 7 g，或 70％五氯硝基苯可湿性粉剂 4～5 g，或五代合剂（五氯硝基苯＋代森锌 1∶1 混合）或 60％多菌灵可湿性粉剂 8～10 g，对细土 15 kg 拌匀。施药前先把苗床一次浇透底水，水渗下后取 1/3 药土铺底，另 2/3 药土盖种，覆土后酌量洒水，保持土面湿润，避免发生药害。

b. 福尔马林消毒培养土、苗床土壤。按每平方米床土用 40％甲醛（福尔马林）30 mL，对水 100 倍喷洒，然后用塑料薄膜将床土表面盖严，闷 4～5 天后除去覆盖物，耙松放气 2 周以上进行播种。

④种子消毒。播种前用55℃温水浸泡10～15 min，经催芽后播种，或用25%甲霜灵可湿性粉剂与70%代森锰锌可湿性粉剂9∶1混合，再加水1 500倍液浸种，待风干后播种，或用40%拌种双可湿性粉剂，或用50%福美双可湿性粉剂拌种，用药量为种子质量的0.3%～0.4%。

⑤加强苗床管理体制。播前苗床灌足底水，一般在分苗之前不需浇水。苗期浇水时一定选晴天喷洒或小水勤浇，防止大水漫灌。播种后或刚分苗的苗房（床）温度应控制在20～30℃，地温保持在16℃以上。果菜苗房（床）做好保温，防止冷风吹入，雨雪天谨防漏水。芹菜、甘蓝、洋葱要防止高湿和23℃以上高温。及时通风换气，阴天也要适时适量放风排湿，严防幼苗徒长染病。

⑥药剂防治。一旦苗床发病，应及时拔除病苗，并尽快提高地温，撒干土或草木灰，降低土壤湿度。及时喷药，可选用75%百菌清可湿性粉剂600倍液，或64%杀毒矾米8可湿性粉剂500倍液，或25%甲霜灵可湿性粉剂300倍液，或70%代森锰锌可湿性粉剂500倍液，或40%疫霉灵可湿性粉剂200倍液，或72.2%普力克水剂400倍液，或15%恶霉灵（土菌消）水剂450倍液。应注意喷洒幼苗嫩茎和发病中心附近病土。严重病区可用上述药剂对水50～60倍，拌适量细土或细沙在苗床内均匀撒施。

（2）立枯病。立枯病俗称死苗、霉根。主要为害茄子、辣椒、番茄、黄瓜、豆类、芹菜、洋葱、茼蒿、甘蓝、油菜等多种菜苗。

1）症状。刚出土或中后期菜苗，茎基部产生暗褐色椭圆形病斑，病苗白天萎蔫，夜晚恢复。病斑逐渐凹陷，扩展后绕茎一周，最后病部收缩干枯，病苗直立死亡而不倒伏，故称为立枯病。潮湿时病部常有褐色蛛丝状霉，有别于猝倒病。

2）发病规律。本病由立枯丝核菌侵染所致。病菌在土壤中或病残体上越冬。在适宜条件下，病菌从伤口或表皮侵入根部、幼茎引起发病。病菌通过雨水、灌溉水和带菌的农具、堆肥传播。病害12～30℃均可发生，尤以18～27℃发病最重。一般分苗后床温较高，土壤水分忽高忽低，通风不良，播种过密等，引起幼苗徒长易感病。

3）防治方法。苗床发现病株应及时拔除、松土和注意通风换气；发病初期要立即打药，详见菜苗猝倒病的防治方法，还可用20%甲基立枯磷乳油1 200倍液喷雾。

（3）灰霉病。灰霉病是冬春季苗床各种蔬菜幼苗的常发病，可造成局部死苗。

1）症状。病苗色浅，叶片、叶柄发病呈灰白色、水渍状，组织软化至腐烂，高湿时表面生有灰霉。幼茎多在叶柄基部初生不规则水浸斑，很快变软腐烂、缢缩或折倒，最后病苗腐烂枯死。

2）发病规律。本病由灰葡萄孢菌侵染所致。病菌在土壤中越冬。适宜条件下产生分生孢子，经气流、灌溉水和农事作业等传播。育苗室温度为15～23℃，弱光，相对湿度90%以上或幼苗表面有水膜时最易发病。春季如遇连阴雨或寒流大风天气，放风不及时，密度过大，幼苗徒长，分苗时伤根、伤叶，都会加重病情。

3）防治方法

①备好苗床和苗床土消毒。参照菜苗猝倒病。

②加强苗床管理，控制发病条件。幼苗密度适宜，防止过密；注意适当提高育苗室温度（尤其是夜间），预防冻害，增加幼苗抗病力；经常通风换气，降低床内湿度。

③清除病苗。发现病苗应及时拔除，放入塑料袋内携出育苗室烧毁，并喷药保护。

④药剂防治。发病初期选用10%速克灵烟剂每亩用药量250 g，或45%百菌清烟剂每亩180～200 g，密闭苗房熏烟一夜，每7～8天熏1次，连续2次，或5%灭克粉尘剂，或用5%百菌清粉尘剂，每亩每次用药量1 kg，于傍晚喷粉，每隔7天喷1次，也可用10%速克灵可湿性粉剂1 200倍液，或50%扑海因可湿性粉剂800倍液，或65%抗霉威可湿性粉剂1 000～1 500倍液，或65%甲霉灵可湿性粉剂1 000～1 500倍液，或50%多霉灵可湿性粉剂1 000～1 500倍液喷雾。但喷药后要注意通风换气，避免增加育苗室湿度。

（4）根腐病。根腐病是黄瓜、菜豆、番茄等菜苗常见的病害之一，常造成局部或成片死苗。

1）症状。幼苗根部和根茎浅褐色至深褐色腐烂，后期多呈糟朽状，其维管束变褐色，但不向上发展，有别于枯萎病。初发病时菜苗中午萎蔫，后因不能恢复而枯死。

2）发病规律。本病由镰孢霉菌侵染所致。病菌在土壤内越冬或长期营腐生生活。在苗床内传播主要靠带菌土壤、肥料、工具及灌溉水等，从伤口侵入寄主。苗床连茬，床土潮湿，局部积水，施用未腐熟的肥料，地下害虫或农事作业造成伤根等，病害发生重。

3）防治方法。参照猝倒病和立枯病，根据本病发生特点还应采取以下措施。

①苗床管理。适当浇水，注意勤松土，增强床土的通透性。适当缩短蹲苗期，农事作业不要伤根，做好地下害虫防治工作。

②苗床施药。发病前期或发病初期，可用10%双效灵水剂200～300倍液，或50%多菌灵可湿性粉剂400倍液，或75%敌克松可湿性粉剂800倍液喷洒苗床。

2. 蔬菜苗期病害的综合防治技术

只有采取综合防治病害的措施，才能真正控制苗期病害的发生和为害，目前，通常采取以下综合措施。

（1）苗床地的选择。苗床地应选择地势高、排水通畅、土质疏松肥沃的无病地块。冬春季育苗苗床最好避风向阳，夏秋季育苗苗床最好选择易通风散热的地块。

（2）苗床土和肥料的选择。床土最好选用无病新土，旧床土或旧菜园土很可能带菌，通常应进行床土消毒，目前，使用最普遍的方法是每平方米苗床施用50%多菌灵或50%甲基托布津可湿性粉剂5 g，对细土5 kg拌匀，施药前苗床先浇底水，一次性浇透，水下渗后，取1/3充分拌匀的药土撒于畦面，播种后将其余2/3药土盖在种子上面，种子夹在药土中间，防效明显且药效时间长，但应严格把握药量，不能过多，否则容易发生药害，此法对苗期猝倒病和立枯病有很好的防效。也可用40%甲醛（福尔马林）对培养土、苗床土壤进行消毒，按每平方米床土用40%甲醛（福尔马林）30 mL，对水100倍喷洒，然后用塑料薄膜将床土表面盖严，闷4～5天后除去覆盖物，耙松放气2周以上进行播种。用于苗床的有机肥最好在高温下充分发酵后使用，这样不仅可杀死病原菌，还能杀死虫卵和草籽。

（3）种子消毒

1）温汤浸种。这是种子消毒处理最常用的方法，茄果类和瓜类种子一般用55℃温水浸种10～15 min，其间不断搅拌，待水温降至25～30℃以下，黄瓜再浸4 h，番茄、辣椒和茄子浸6 h，温水浸种时应严格掌握浸种温度和时间，以免影响种子发芽。

2）干热处理种子。黄瓜、西瓜、甜瓜或番茄的干种子用70℃干热处理3天，可杀死种子表面及内部的病菌。

3）药剂处理种子。用0.1%的60%多菌灵盐酸盐超微粉液浸种50～60 min，捞出后冲洗干净催芽，有利于出苗及防止苗期菌核病和炭疽病；用0.4%的克菌丹拌种可预防猝倒病和立枯病；用10%的磷酸三钠（Na_3PO_4）水溶液浸番茄、辣椒、甜椒、西瓜种子20～30 min后再用清水漂洗干净，可预防病毒病。

（4）加强苗床管理

1）冬春季提倡电热温床育苗或工厂化穴盘快速育苗，夏秋季提倡防虫、遮阳、避雨育苗，尽量减少育苗过程中遭受不良天气的影响，同时要便于科学管理。

2）冬春季育苗应采取防冻保温措施，适时揭盖覆盖物，苗床温度过高过低都容易降低幼苗的抗病力。只要苗床温度许可，就应及时揭去覆盖物，增加光照，以提高幼苗抗病能力。

3）夏秋季育苗应采取防虫降温避雨措施，三个环节缺一不可。防虫不及时幼苗易发生病毒病，秧苗一旦感染病毒就很难治好；降温措施不力则幼苗生长不良且易被灼伤；避雨措施跟不上，幼苗很容易受大风大雨的为害造成伤口，有时遇到暴雨可能把幼苗冲刷掉。同时要注意雨过天晴后及时揭去防雨薄膜，以防止幼苗灼伤。

4）严格控制好苗床水分。无论是冬春季还是夏秋季育苗，苗床土壤湿度和空气湿度是苗期病害发生轻重的关键因素，特别是冬春季育苗，苗床浇水以晴天上午10：00—12：00为宜，浇水后中午应放风降湿。

5）降低土壤湿度，提高土温是减轻冬春季蔬菜幼苗沤根的根本性措施。

6）加强苗床检查，发现病毒病、灰霉病、菌核病、立枯病零星病株应及时去除，通过减少菌源也能达到控制病害蔓延的目的。

（5）药剂防治。发病初期用15%恶霉灵水剂400倍液，或用40%达科宁悬浮剂500倍液，或用50%甲基托布津可湿性粉剂500倍液，或用60%多菌灵盐酸盐超微粉600倍液晴天上午喷雾对猝倒病有较好的防治效果。用58%雷多米尔可湿性粉剂800倍液，或

单元 2

用25%甲霜灵可湿性粉剂600倍液，或64%杀毒矾米8以500倍液喷雾，对苗期立枯病防治效果较好，喷药时应注意喷幼苗的茎基部。对苗期灰霉病可用50%速克灵可湿性粉剂1 000倍液，或30%农利灵可湿性粉剂2 000倍液晴天上午喷雾效果较好。如遇连阴雨天气，可采用10%速克灵或农利灵烟剂或15%速克灵—百菌清复合烟剂每亩育苗棚（房、室）250 g，分4～5次点燃，密闭熏一夜，对灰霉病防治效果比喷雾更好。用15%腐霉利烟剂每亩250 g对猝倒病、立枯病防治效果较好。视天气情况，烟剂和喷雾交替使用，有利于提高防效，视病情连续施药2～3次，便可控制病害的蔓延。对夏秋季育苗注意防治蚜虫是预防病毒病发生的关键措施，目前防蚜较好的药剂有90%万灵可溶性粉剂2 000倍液，10%除尽悬浮剂2 000倍液，21%灭杀毙乳油5 000倍液，10%吡虫啉可湿性粉剂1 500倍液，50%抗蚜威（辟蚜雾）可湿性粉剂1 500倍液。对于轻症病毒病秧苗，喷施20%病毒A可湿性粉剂500倍液，或1.5%植病灵乳剂800倍液有一定效果。

3. 苗期常见虫害及其防治措施

(1) 地老虎。别名土蚕、黑地蚕、切根虫。主要有五种，以小地老虎和黄地老虎为主。为害各种蔬菜幼苗。幼虫将蔬菜幼苗近地面的茎部咬断，使整株死亡，造成缺苗断垄，严重的甚至毁种。

1）形态特征

①成虫。体长16～23 mm，翅展42～54 mm。触角深黄褐色，头、胸褐色，前翅、前缘及外横线间呈黑褐色，内横线、外横线均为双线黑色，波浪形。在内横线和外横线之间有明显肾状纹、剑状纹，各纹均环以黑边。后翅灰白色，翅脉及边缘呈黑褐色，腹部灰色。

②幼虫。老熟幼虫体长37～47 mm。头黄褐色，体灰褐色，背面有淡色纵带。体表皮粗糙，布满圆形黑色小颗粒。腹部1～8节背面各有2对毛片，呈梯形排列，且前面1对小臀板黄褐色，有2条黑褐色纵带。

2）发生规律。每年发生2代。成虫夜间活动，交配产卵，卵产在5 cm以下矮小杂草上，尤其在贴近地面杂草的叶背或嫩茎上较多。幼虫共6龄，3龄前在地面、杂草或寄主的幼嫩部位取食。3龄以后白天潜伏在表土中，夜间出来为害。小地老虎喜温暖潮湿的条件，最适发育温度为13～25℃，在河流、湖泊地区或低洼内涝、雨水充足及常年灌溉区，土质疏松，团粒结构好，保水性强的壤土、黏壤土、沙壤土均适于发生。

3）防治方法

①农业防治。早春清除菜田及周围杂草；秋季进行土壤深翻，使土壤暴晒2～3天。

②诱杀防治。

a. 黑光灯诱杀成虫。

b. 糖醋液诱杀成虫。用糖6份、醋3份、白酒1份、水10份、90%敌百虫1份调匀，或用泡菜水加适量农药，在成虫发生期设置均有效。某些发酸的食物，如胡萝卜、烂水果等加入适当的药剂均可诱杀成虫。

c. 毒饵诱杀成虫。先将饵料（秕谷、豆饼、玉米碎粒、小米等）5 kg炒香，而后用40%乐果乳油10倍液0.15 kg拌匀，适当加水，拌潮为度，亩施用1.5～2.5 kg，在无风闷热的傍晚撒施效果最佳。也可用90%敌百虫30倍液或50%辛硫磷乳油50 mL或其他杀虫剂拌制饵料。

d. 堆草诱杀幼虫。在菜苗定植前，地老虎仅以田间杂草为食，因此，可选择地老虎喜食的灰菜、刺儿菜、苜蓿、艾蒿、鹅儿草等杂草堆放诱集幼虫，或人工捕捉，或加入药剂毒杀。

③药剂防治。地老虎1～3龄期抗药性差，且暴露在寄主植物或地面上，是药剂防治的适期。可喷2.5%的溴氰菊酯乳油2 000～3 000倍液；2.5%天王星乳油3 000～4 000倍液；21%灭杀毙乳油8 000倍液，20%氰戊菊酯3 000倍液；3龄之后可用灌根防治：农药可用80%敌百虫可湿性粉剂800倍液，或50%辛硫磷乳油1 500倍液，每株连灌药液250 mL。

（2）地蛆。地蛆是双翅目花蝇科的幼虫，俗称根蛆。全世界各地均有发生。我国菜区常发生的有种蝇、葱蝇、萝卜蝇和小萝卜蝇，主要为害瓜类、茄果类、豆类、葱蒜类、菠菜及十字花科蔬菜。幼虫蛀食种子和幼芽，造成腐烂缺苗。幼苗出土后地下根茎被害，可使菜苗萎蔫死亡。剥开被害部位皮层，可见白色小蛆或被蛆蛀空的痕迹。

1）形态特征。成虫体长约5 mm，体灰黄或至褐色，两复眼间的距离约为头宽的1/3，触角黑色。中足胫节上方有1根刚毛。腹部背面中央纵纹不明显。雌虫略小，体暗褐色。后足胫节内下方密生1列短毛。胸部背面有3条黑色纵纹，腹部背面中央有1条黑色纵纹。

①卵。长约1 mm，长椭圆形，稍弯，乳白色，表面有网状。

②幼虫。老熟时体长7～8 mm，前端细后端粗呈蛆形，乳白色略带淡黄色。头退化，仅有1条黑色口钩。尾节有7对肉质凸起，第1、2对等高，第5、6对等长，第7对很小。

③蛹。长4～5 mm，长椭圆形，红褐色，尾部有7对凸起。

2）发生规律。蛹主要在土中越冬，温暖地区成虫也可越冬。翌年早春越冬蛹开始羽化。南方3月上旬、北方3月下旬成虫在苗床出现，4、5月上旬为第一代为害盛期，盛夏及秋季数量较少。成虫对未腐熟的粪肥、发酵的饼肥及葱、蒜味有明显的趋性。晴天活动频繁，常集中在苗床活动并大量产镟。镟多产在植株根部附近潮湿的土壤里或寄主的根部，每头雌虫产镟数十粒至百余粒。蛆孵出后几小时即可钻入种子里食害胚乳或钻入嫩茎为害，还可转株为害。幼虫具腐食性，喜湿性和背光性，适于在土中生活。在春、夏季的葱、蒜、洋葱和韭菜上，葱蝇与种蝇混合发生，生活习性相似，防治措施相同。

3）防治方法

①农业防治。抓好肥、水、种三个环节

a. 苗床施用腐熟的粪肥和饼肥，做到均匀、深施，可明显减少种蝇产卵和减轻蛆害。

b. 提倡用地热线、营养钵草炭基质等方法快速育苗，瓜类、豆类和茄果类应浸种催芽。栽蒜应选健壮母种，并要剥去蒜皮，使出苗早、齐、匀、壮，减轻蛆害。

c. 选择晴朗中午前后浇水，以保证菜根周围土表很快干燥，不利卵的孵化和幼虫钻土为害菜苗。

②药剂拌种和撒施。每千克种子用40%二嗪农粉剂3～5 g拌种。播种前每亩用2%二嗪农颗粒剂1.25 kg，或5%辛硫磷颗粒剂1～1.5 kg与细土20～30 kg混匀，撒施在粪肥上，或用3%米乐颗粒剂4～6 kg均匀撒施。

③药剂防治

a. 防治成虫和初孵幼虫。可用2.5%敌百虫粉剂，每亩1.5～2 kg喷粉，也可用50%马拉硫磷乳油1 000倍液，或80%敌百虫可溶性粉剂500～1 000倍液，或2.5%溴氰菊酯乳油3 000倍液，或21%天灭毙乳油5 000倍液，或20%菊马乳油3 000倍液等喷雾，每7～8天喷洒1次，连续2～3次。

b. 防治幼虫。苗床发现蛆害株，可用80%敌百虫可溶性粉剂1 000倍液，或40%乐果乳油1 000倍液，或50%马拉硫磷乳油1 500倍液，或25%增效喹硫磷乳油1 500倍液灌根。也可将喷雾器喷头的旋水片卸去喷药，选用50%辛硫磷乳油1000倍液，或2.5%溴氰菊酯乳油2 500倍液喷洒幼苗间地表。

（3）蝼蛄。蝼蛄俗称拉拉蛄、地拉蛄、土狗子等。主要有两种：东方蝼蛄为全国性分布，华北蝼蛄在北方发生。成、若虫在土中可为害各种蔬菜播下的种子和萌发的幼芽，咬断嫩茎，或将根基部咬成乱麻状，常造成缺苗断垄。蝼蛄活动时，将土面串成纵横交错的隆重起隧道，使幼苗根系与床土分离形成“吊根”，幼苗失水干枯死亡。

1）形态特征

①成虫。华北蝼蛄体长39～56 mm，黄褐色，全身密布细毛。头小圆锥形，口器发达，为咀嚼式。前足为开掘足，后足胫节背面内侧有刺1个或消失。前翅革质较短，后翅膜质，扇形，折叠于前翅之下。腹部末端近圆筒形，有1对较长的尾须。东方蝼蛄体长30～35 mm，体瘦小，灰褐色，腹部末端近纺锤形，后足胫节背面内侧有刺3～4个。

②卵。椭圆形，初产时呈白色，有光泽，后变黄褐色，孵化前暗灰色，略膨大。

③若虫。体形与成虫相仿，体小，无翅或仅有翅芽。

2）发生规律。华北蝼蛄约3年1代。以成虫、若虫在冻土层下休眠越冬。翌年3、4月随地温回升，进入土表活动。北方地区主要在阳畦和温室的苗床为害多种菜苗，以及日光温室、大棚刚移栽果菜和地膜覆盖甘蓝等。5月上旬至6月中旬温度适宜，是蝼蛄对露地菜苗为害盛期。6月下旬至8月天气炎热，若虫潜入土中越夏，成虫进入产卵盛期，但仍取食为害。卵产在10～25 cm深预先筑好的卵室内。每雌平均产卵200～300粒。8月下旬至10月天气凉爽，大批若虫和新羽化的成虫需积累营养准备越冬，又形成秋季为害高峰。东方蝼蛄1～2年1代。其活动为害规律与华北蝼蛄相似，但交配、产卵及若虫孵化期均提早20天。平均每雌产卵60～100粒。产卵场所多在潮湿的地方。

两种蝼蛄均昼伏夜出，夜间21：00—23：00时活动最盛，雨后活动更甚。具趋光性和喜湿性，对香甜物质如炒香的豆饼、麦麸以及马粪等农家肥有强烈趋性。一般在低洼潮湿、轻盐咸地、沙壤或疏松土壤中发生多、为害重。

3）防治方法

①科学用肥。施经充分腐熟的粪肥。

②药剂防治。防治时机每亩有隧道500个以上或每亩量达500头时进行防治。

a. 毒土处理。用50%辛硫磷乳油，每亩50 mL拌细土15 kg，或每亩用5%辛硫磷颗粒剂1 kg加细土10 kg，可均匀施入播种沟内，再覆上一层细土，然后播种，防止药害产生。

b. 喷洒或灌杀。可用50%辛硫磷乳油1 000倍液、40%乐果乳油1 000倍液，30%敌百虫乳油500倍液或80%敌百虫可溶性粉剂1 000倍液。

c. 毒谷和毒饵诱杀。将豆饼、棉仁饼或麦麸5 kg炒香，或秕谷5 kg煮至三成熟晾至半干，再用90%晶体敌百虫或50%辛硫磷乳油150 g对水30倍液拌匀，结合播种每亩用1.5～2.5 kg撒入苗床，或出苗后将毒饵（谷）撒在蝼蛄活动的隧道处，对蝼蛄有良好的诱杀效果，并能兼治蛴螬。毒饵（谷）也可用40%乐果乳油0.5 kg对水10倍加饵料50 kg拌制，或40%敌马粉剂和饵料按1：5拌制。

（4）蛴螬。蛴螬是金龟甲的幼虫，俗称白地蚕、白土蚕、蛭虫等。菜田中常见的种类有东北大黑鳃金龟、华北大黑鳃金龟、暗黑鳃金龟和铜绿丽金龟等。蛴螬分布广泛，但以北方发生普遍，尤其新菜区和新建棚室的豆类、茄果类、瓜类、叶菜类等均可受害。在地下啃食萌发的种子、咬断幼苗根茎，致使全株死亡，严重时造成缺苗断垄。成虫喜取食大豆、花生及果树的叶片。

1）形态特征

①成虫。体壁硬化，前翅（鞘翅）加厚坚硬，盖住胸腹部的背面和褶叠的后翅上面。头部发达，口器咀嚼式。触角鳃叶状，通常10节，末端3～5节向一侧扩展成瓣状，合起来呈锤状。前足开掘式。

②卵。短椭圆形，孵化前常膨大成椭圆球形。

③幼虫。老熟时体长35～45 mm，头部橙黄色或黄褐色，胸足3对。体乳白色，肥胖弯曲呈C形，体壁柔软，多皱纹，体表疏生细毛。腹部末节肛门孔形状。刚毛的数目

和排列是分种的重要特征。

④蛹。裸蛹，由黄白色变为橙黄色，头小，体稍弯曲，体表密生细小短毛。

2）发生规律。蛴螬年生代数因种、地而异。一般1年或2～3年1代。以成虫和幼虫在冻土层下越冬。一般春季至9月为成虫发生期。成虫有假死性和趋光性，并对未腐熟的粪肥有强烈的趋性。成虫白天藏在土中，黄昏至晚9时为取食、活动和交配盛期。卵多散产在寄主根际周围松软潮湿的土壤内，以水浇地居多，每雌可产卵百粒左右。初孵幼虫先取食土中腐殖质，后为害蔬菜。3龄幼虫为暴食期，往往把根茎部咬断吃光后再转株为害。新菜区前茬种植豆类、花生、薯类及玉米则蛴螬密度高，施用未腐熟肥料的地块受害也重。春秋季10 cm土温14～22℃，土壤含水量10%～20%，小雨连绵天气为害加重。

3）防治方法

①农业防治。前作为大豆、花生、玉米或与之套作的菜田，蛴螬发生较重，适当调整茬口可明显减轻为害。施用充分腐熟的农家肥，筛出其中的蛴螬，减少将幼虫和卵带入菜田，并能促进作物健壮生长，增强耐害力；同时低龄蛴螬喜食腐熟的农家肥，可减轻其对蔬菜的为害。定植后发现菜苗被害可挖出土中的幼虫；利用成虫的假死性，在其停落的作物上捕捉或振落捕杀。

②灯光诱杀。在成虫盛发期，可每2 hm^2菜田设40 W黑光灯1盏，距地面30 cm，灯下挖坑（直径约1 m）、铺膜做成临时性水盆，加满水后再加微量煤油漂浮封闭水面。傍晚开灯诱集，清晨捞出死虫并捕杀未落入水中的活虫。

③药剂防治

a. 毒土防治。80%敌百虫可溶性粉剂每亩用100～150 g，或50%辛硫磷乳油200～250 g，对水10倍喷于10～20 kg细土上，拌匀制成毒土，均匀撒在播种沟（穴）内，覆一层细土后播种，也可用2%甲基异柳磷粉剂每亩2～3 kg，对细土制成，或用3%甲基异柳磷颗粒剂，或5%辛硫磷颗粒剂，或5%地亚农颗粒剂，每亩2.5～3 kg处理土壤，可兼治多种地下害虫。

b. 灌根防治。在蛴螬发生较重的地块，用50%辛硫磷乳油或80%敌百虫可溶性粉剂，或25%西维因可湿性粉剂各600倍数液灌根，每株灌150～250 g，可杀死根际附近的幼虫。

c. 喷雾防治。在成虫盛发期所集中的作物或树上，可喷80%敌百虫可溶性粉剂1 000倍数液，或20%速灭菊酯乳油4 000倍液，或40%乐果乳油800倍液，也可用配好的毒土进行防治，均有良好的防效。

（5）蚯蚓。蚯蚓俗称曲蟮、地龙等，属环节动物，在各地广泛分布。它有改良土壤结构和成分的作用，一般不取食菜苗。但在一些老菜区的各类苗床内，由于大量蚯蚓在床土表面穿行，把苗床钻得千疮百孔，使播下的各种蔬菜种子不能出苗，损伤幼苗根系或出现倒苗，在阳光照射下使幼苗萎蔫、死亡，严重时成片死苗。

1）形态特征。体长圆形、多节，体壁油滑光亮，背面紫灰色或深紫红色，头部不明显，肉质的口前叶凸出在体节前端，肛门位于最末节。体躯由许多相同的链锁状体节组成。除首、尾两端一、二节外，在每节的中腰有很多刚毛，排成一环。体背中腺在节间沟有背孔，可渗出体液。性成熟时在第14～16节形成戒指状环带（生殖带）。

2）发生规律。蚯蚓白天穴居潮湿肥沃的表层土壤中，夜出活动取食。以土壤中腐烂的有机物质为食，还可用口将破碎的叶片等拖入穴内食用。一般在土壤温度5～30℃时活动，最适温度15～25℃，0～5℃休眠，0℃以下死亡。最适宜的土壤湿度为70%～75%，主要靠体壁吸收溶解在水中的氧气。蝗蚓寿命因种类而异。有的种类约1年，有的可长达6～7年。雌雄同体，异体交配，环境适宜时一年四季均匀交配。在自然情况下交配期多在9、10月间。交配后1周开始产卵。卵茧呈黄色，椭圆形，长约4.5 mm，宽约3.5 mm。每茧含1～3个受精卵，约2～3周在茧内发育成仔蚯蚓。每条蚯蚓可繁殖50～100条仔蚯蚓。蚯蚓再生能力强。

3）防治方法。土壤消毒处理或灌药液，参见种蝇、蝼蛄等防治方法。也可在播种前用10%西维因可湿性粉剂进行土壤处理，或用90%晶体敌百虫拌细土均匀撒施，用药量为每亩3 kg，或出苗后将上述药剂均匀撒于土表后灌水。

（6）蟋蟀。蟋蟀属直翅目蟋蟀科，全国已知2 300种以上，为害幼苗的主要有大蟋蟀、油葫芦、棺头蟋。均以成、若虫危害叶片和顶芽，或咬断刚出土的嫩茎。

1）大蟋蟀。大蟋蟀分布于我国西南、华南、东南沿海、台湾地区，以及日本、印度、东南亚等国家和地区。杂食性，常咬断农林植物幼苗茎部，有时还爬上1～2 m高的苗木或幼树上部，咬断顶梢或侧梢，造成严重缺苗、断苗、断梢等现象。

①形态特征

a. 成虫。长30～40 mm，体暗黑色或棕褐色，头部较前胸宽，复眼间具Y字形纹沟，触角比虫体稍长。前胸背板中央1纵线，两侧各1横向圆锥状纹。后足腿节强大，胫节粗、具两排刺、每排有刺4～5枚。腹部尾须长，雌虫产卵器短于尾须。

b. 若虫。与成虫相似，体较小，色较浅。7龄，翅芽在2龄后出现。

c. 卵。近圆筒形，长约4.6 mm，稍弯，表面平滑，浅黄色。

②发生规律。1年1代，以3～5龄若虫在土穴中越冬。次年2～3月恢复活动、出土为害各种苗木和农作物幼苗，5～7月羽化，6月间成虫盛发，7～8月间为交尾盛期，7～10月产卵，8～10月孵化，卵期20～25天。10～11月若虫仍常出土为害，11月初若虫开始越冬。若虫期7～9月、共7龄，成虫寿命2～3个月，于8～9月间陆续死亡。

大蟋蟀通常昼伏夜出，白天穴居于洞中取食以前储备的食物，傍晚再出外咬食附近的嫩苗，还将嫩茎切断或连枝叶拖回洞内。若虫和成虫都喜欢在疏松的沙土地里营造土穴而居，常一穴一虫，不群居，性凶猛，能自相残杀；雌雄交尾期间才同居一穴。雌虫产卵于洞穴底部，一次可产卵 150～200 粒，20～30 粒一堆。初孵若虫常 20～30 头暂时群居于母穴中，取食雌虫储备于洞中的食料，稍大后即分散营造土穴独居。穴道弯曲，深度因虫龄、土温、土质而异。一般幼龄洞浅，老龄和成虫的洞深，低温季节的洞较深；1 龄若虫的洞深约 3～7 cm、2 龄深约 10～20 cm、且分布较集中，老龄及成虫洞穴可深达 80 cm 多、分布也较分散，沙质土壤表土层厚的洞可深达 1.5 m。通常 5～7 天出穴一次、多在 19：00—20：00 时出洞，但 7～8 月交尾盛期、外出较频繁，如遇惊扰，即迅速缩回洞内。成虫和若虫都喜干燥，每逢雨后或久雨不晴多移居于近地面的洞穴上段，出穴最多；阴雨、风凉的夜晚则很少出穴，外出活动回穴后，即用洞内泥土堆塞洞口，每个洞穴口都堆积一堆松土，这是洞穴内有大蟋蟀的标志。

土质疏松，植被稀少或低洼、撂荒的沙壤旱地，或山腰以下的苗圃和全垦林地、沿海台地等发生量大。其为害与气候关系密切，如秋旱冬暖有利于幼龄若虫的生长发育，常给秋播冬种作物及苗圃幼苗带来较大灾难；3～6 月如遇春旱及气温偏高的年份，有利于越冬后的若虫和成虫活动。6～7 月正是成虫交尾产卵前的大量取食期，故常对当时作物和苗木造成严重的为害。此虫对霉、酸、甜的物质相当喜好。

2）油葫芦。分布于西北、华北、华东和西南地区，尤以河北、山东、山西、安徽、河南等地最多。为害农作物和苗木的叶、茎、枝、种子及果实，也为害嫩茎，在缺乏食物时互相残杀取食。

①形态特征

a. 成虫。雌成虫体长 20.6～24.3 mm、雄虫长 18.9～22.4 mm，黑褐色，有光泽，腹面黄褐色；头顶黑色，前胸背板有 2 个月牙纹。头与前胸等宽，触角细长；中胸腹板后缘中央内凹；前翅淡褐色、有光泽，后翅尖端纵折、似尾状露出腹端。后足粗大，胫节具刺 5～6 对。尾须褐色。产卵器褐色，微曲，长 19.5～22.8 mm。

b. 卵。长筒形，长 2.4～3.8 mm，两端微尖，表面光滑，乳白色微黄。

c. 若虫。共 6 龄。第 3 龄前胸背板开始出现月牙形纹。第 5 龄雄虫已具翅芽，但雌虫翅芽尚不明显。老熟若虫，体长 21.4～21.6 mm，体背深褐色。

②发生规律。1 年 1 代，以卵在土中越冬。在北京 4 月底至 5 月初若虫孵化出土，4 月下旬至 8 月初为若虫发生期。成虫 5 月下旬开始羽化，10 月上旬成虫产卵，卵在当年不孵化；10 月中下旬成虫陆续死亡。

成虫不善于做穴，白天常数十头或数头分别潜伏于相距不远的阴凉、土质疏松而潮湿的薄草层或土块下，夜间取食活动；性好斗，相聚时常相互残杀；新羽化雄虫能筑一土穴与雌虫同居，不分昼夜鸣叫。雌虫交尾后经 2～6 天即产卵，卵多产在杂草较多的向阳田埂上的土中，每雌产卵 34～114 粒、平均 75.4 粒，产卵后 1～8 天死亡。成虫寿命 145 天，卵期约达 200 天，若虫期 20～25 天、若虫蜕皮后即将蜕皮吃掉。

油葫芦发生程度与环境条件有关，在低湿、沙质土壤及附近多杂草处为害严重，

4～5月份降雨60 mm以上有助于其发生，黏土地有利于卵越冬，黏土龟裂也利于成虫栖息。

③防治方法

a. 毒饵诱杀。可选用炒香的谷皮、米糠、油渣、麦麸等50 kg，再将90%敌百虫0.5 kg溶于15 kg水中、或用40%的氧化乐果800倍液拌成毒饵，于傍晚前撒布于有松土的洞口附近诱杀。也可在苗圃内每隔4～5步堆放禾本科植物鲜叶，堆内放少量毒饵，诱杀。

b. 坑诱捕杀。每亩挖0.3 m×0.5 m的坑3～4个，坑内放入加上毒饵的新鲜畜粪，再用鲜草覆盖，可以诱集大量蟋蟀成、若虫，次晨进行捕杀。

c. 挖洞捕杀。根据洞口有松土的标志，挖掘洞穴，捕杀成、若虫。

(7) 蜗牛。蜗牛为害甘蓝、花椰菜、萝卜、豆类、马铃薯等多种蔬菜。以成贝和幼贝在潮湿阴暗处，常在雨后爬出来为害蔬菜，取食作物茎、叶、幼苗，严重时造成缺苗断垄。

1) 形态特征。灰巴蜗牛呈圆球形，壳高19 mm，宽21 mm，有5.5～6个螺层，顶部几个螺层增长缓慢，略膨胀，体螺层急骤增长膨大，壳顶尖，缝合线深，壳面呈黄褐色或琥珀色，并有细致而周密的生长线和螺纹。同型巴蜗牛呈扁球形，壳高12 mm，宽16 mm，有5～6个螺层，螺旋部较矮，壳顶钝，壳表面呈黄褐色或红褐色。灰巴壳口呈椭圆形，同型巴壳口呈马蹄形。卵均为圆球形、白色。

2) 发生规律。蜗牛喜生活于潮湿的灌木丛、草丛中、田埂上、乱石堆中，枯枝落叶下、农田、菜田、庭院以及温室附近的阴湿潮湿、多腐殖质的环境。适应性广，常在雨后及早晨出来为害，爬行处留下黏液痕迹。一般一年繁殖1～3代，3月初开始取食为害，4～5月成贝交配产卵，每个成体可产卵50～300粒。每年5月中旬至10月上旬是活动盛期，夏季干旱季节隐蔽起来，不食不动并用蜡状白膜封闭壳口，11月下旬进入越冬状态停止为害。蜗牛为雌雄同体，可异体或同体受精繁殖，一生可产卵多次，卵粒成堆，卵产于草根、土缝、枯叶或石块下，卵期14～31天，土壤干燥或卵裸露地表则不能孵化。喜阴湿，雨天昼夜活动取食；在干旱情况下昼伏夜出活动，爬行处留下黏液痕迹，为害柑橘树的蜗牛白天躲在树干或叶片背阴处休息为害。

3) 防治方法。专门驱避蜗牛的药剂有：2%灭旱螺毒饵，每亩用量400 g；6%密达颗粒剂每亩用量400～600 g，施在田间进行诱杀，效果较好。

(8) 野蛞蝓。野蛞蝓俗称无壳蜒蚰螺、鼻涕虫，为害各种蔬菜及农作物，幼苗嫩叶受害尤为严重，致被害叶片成孔洞。

1) 形态特征。成虫体伸直时体长30～60 mm，体宽4～6 mm；内壳长4 mm，宽2～3 mm。长梭形，柔软、光滑而无外壳，体表暗黑色、暗灰色、黄白色或灰红色。触角2对，暗黑色，下边一对短，约1 mm，称前触角，有感觉作用；上边一对长约

4 mm，称后触角，端部具眼。口腔内有角质齿舌。体背前端具外套膜，为体长的 1/3，边缘卷起，其内有退化的贝壳（即盾板），上有明显的同心圆线，即生长线。同心圆线中心在外套膜后端偏右。呼吸孔在体右侧前方，其上有细小的色线环绕。崎钝。黏液无色。在右触角后方约 2 mm 处为生殖孔。卵椭圆形，韧而富有弹性，直径 2～2.5 mm。白色透明可见卵核，近孵化时色变深。初孵幼虫体长 2～2.5 mm，淡褐色；体形同成体。

2）发生规律。以成虫体或幼体在作物根部湿土下越冬。5～7 月在田间大量活动为害，入夏气温升高，活动减弱，秋季气候凉爽后，又活动为害。5～7 月产卵，卵期 16～17 天，从孵化至成贝性成熟约 55 天。成贝产卵期可长达 160 天。野蛞蝓雌雄同体，异体受精，也可同体受精繁殖。卵产于湿度大有隐蔽的土缝中，每隔 1～2 天产一次，约 1～32 粒，每处产卵 10 粒左右，平均产卵量为 400 余粒。野蛞蝓怕光，强光下 2～3 h 即死亡，因此均夜间活动，从傍晚开始出动，晚上 22：00—23：00 时达高峰，清晨之前又陆续潜入土中或隐蔽处。耐饥力强，在食物缺乏或不良条件下能不吃不动。阴暗潮湿的环境易于发生，当气温为 11.5～18.5℃，土壤含水量为20%～30%时，对其生长发育最为有利。

单元 2

3）防治方法

①农业防治。在虫害严重的地方采用高畦栽培、地膜覆盖、破膜提苗等方法，以减少为害；收获后深翻晒土以破坏其栖息产卵场所；施用充分腐熟的有机肥，创造不适于野蛞蝓发生和生存的条件。清洁田园，铲除杂草；及时中耕，清沟排渍也可恶化其活动条件，可减轻为害。

②药剂防治

a. 蔬菜出苗后，一般在蛞蝓发生初期，每亩用 6%四乙醛颗粒剂（6%密达颗粒剂）500 g 拌细干土 15～20 kg，于傍晚均匀撒在受害植株的行间垄上；也可采取条施或点施，药点（条）间距 40～50 cm 为宜，蛞蝓接触药剂后死亡。

b. 每亩用 10%多聚乙醛颗粒剂 1 000 g 拌适量细干土撒施。

在蛞蝓清晨未潜入土时，可用氨水 100 倍液或硫酸铜 800～1 000 倍液喷洒防治。使用颗粒剂，在气温 15～35℃和潮湿条件下为宜，施药时不要在田间行走，避免把颗粒剂踩入土中，露地用药后遇雨应补施，不宜和化肥、其他农药混用。

c. 傍晚撒施 8%灭蜗灵颗粒剂（2 kg/亩），或凌晨蛞蝓尚未潜回隐藏地点时喷施 8%灭蜗灵 800～1 000 倍液。

(8) 金针虫。金针虫是鞘翅目叩头虫科幼虫的总称，为重要的地下害虫。在我国，金针虫从南到北分布广泛，为害的作物种类也较多。其中广为分布而常见的有沟金针虫、细胸金针虫、褐纹金针虫。以幼虫长期生活于土壤中，为害各种蔬菜。幼虫能咬食刚播下的种子，食害胚乳使其不能发芽，如已出苗可为害须根、主根和茎的地下部分，使幼苗枯死。

1）形态特征

①沟金针虫。成虫体长 14～18 mm，棕色至深栗色，密生黄色细毛，鞘翅长约前胸的 4～5 倍，纵列不明显。幼虫体长 20～30 mm，金黄色，末端分叉，叉内侧各有一小齿。

②细胸金针虫。成虫体长 8～9 mm，黄褐色，密生暗褐色短毛，鞘翅长约头、胸部的 2 倍，上有 9 条纵列刻点。幼虫体长 23 mm，淡黄色，末端不分叉，圆锥形近基部两侧各有 1 圆斑。

③褐纹金针虫。成虫体长 9 mm、茶褐色，鞘翅长约前胸的 2 倍，9 条纵列刻点明显。幼虫体长 25 mm，茶黄色，末端不分叉，尖端有 3 个齿状凸起。

2）发生规律

①沟金针虫。黄淮地区 3 年完成 1 代，以幼虫和成虫在土中越冬。老熟幼虫 8 月份在地下 13～20 cm 处化蛹，9 月初羽化，羽化后不出土而越冬，翌年 3～4 月上升活动为害，交配产卵，6 月份卵孵化，幼虫在土中为害作物根部。10 月下旬向深层移动越冬。翌年春 10 cm 地温达 6℃时上升活动为害，一般春雨较多、土壤湿润时为害较重。

②细胸金针虫。多为 2 年完成 1 代，以成虫和幼虫在 20～40 cm 深土中越冬，翌年 3 月开始活动，为害麦苗和春玉米。末龄幼虫在 6～8 月化蛹，羽化后即在土中越冬，翌年 3 月出土活动，卵产在 3～7 cm 深的土中。成虫昼伏夜出。有假死性，常群集在腐朽的烂草堆下。幼虫耐低温，10 cm 深土温 7～12℃是为害盛期，超过 17℃即停止为害，向深层转移。春季上升为害早，秋季下降迟、且喜钻蛀及转株为害，偏碱性潮湿土壤适于活动。

③褐纹金针虫。3 年完成 1 代，以成虫和幼虫越冬，越冬成虫 5 月上旬开始出土活动，6 月上中旬产卵，当年以 3 龄幼虫越冬。幼虫两年，第 3 年 7～8 月化蛹、随即羽化越冬。适于较高的土壤湿度，以土壤含水量 20%～25%为宜。

3）防治方法

①采用简便有效的农业措施

a. 采用合理的耕作制度，调整茬口科学轮作。

b. 深翻土壤，精耕细作，降低虫口数量。

c. 不施用未腐熟的有机肥。

d. 利用成虫昼伏夜出，白天潜伏在土缝或作物根茬中，傍晚开始活动交配、产卵、取食，略具趋光性，并对新鲜而略萎蔫的杂草及作物枯枝落叶等腐烂发酵气味有极强的趋性、常群集于草堆下等特点，可利用金针虫习性进行诱杀。

②药剂防治

a. 在虫情密度小的情况下，可用 50%辛硫磷乳油 50 g 对水 50 g，拌 5 kg 的炒香的麦麸、米糠制成毒饵撒于沟内。

b. 可用48%的乐斯本乳油30～40 g对适量水在作物的根部周围土表喷雾处理。

c. 可用40%辛硫磷0.25 kg对水0.5 kg或3%呋喃丹15～2.5 kg拌干土20 kg均匀撒于地表随即耕翻。

第二节　植株调整与环境调控

培训目标

- 提出不同品种、不同种植方式植株株调整的方法。
- 能提出主要蔬菜种类植株调整的措施。
- 能根据植株长势，调整环境调控措施。

一、不同蔬菜品种、不同种植方式植株调整的方法

蔬菜植株调整技术是蔬菜栽培技术尤其是果菜类蔬菜栽培技术的重要技术环节之一。它包括整枝、摘心、疏花疏果、摘叶、束叶、压蔓、绑蔓、支架等，一般多用手工操作，个别可采用生长调节剂处理。其主要作用是防止植株徒长，减少养分消耗；利于田园通风透光，营造较良好的田间小气候环境，以减少病虫害的发生及机械损伤；增加单位面积株数，提高单产和产品的质量。

1. 整枝、摘心、打杈

茄果类、瓜类等生长势较强的蔬菜，可摘除部分枝叶、侧芽、花、果实等，以减少养分损耗。整枝方式可根据蔬菜生长结果的习性和栽培方式而不同。以主蔓结果为主的冬瓜、早熟黄瓜、西葫芦、洋香瓜等，应保留主蔓摘除侧蔓；相反以侧蔓结果为主的甜瓜、瓠瓜等，宜早摘除主蔓顶端生长点，以促进侧蔓的生长。

2. 摘叶、束叶

植株上的叶片，其成熟度不同光合作用能力也不同。生长在植株下部的衰老叶片，其光合能力较弱，消耗大于生产，且不利于田间的通风透光，易诱发病虫害。生产上对番茄、茄子、冬瓜、黄瓜等，在生长后期摘除部分基部老叶、病叶，有利于植株基部通风透光和减少养分消耗及减少病虫害。

3. 疏花疏果

马铃薯、大蒜等摘除花蕾有利于地下产品器官肥大。对番茄、网纹甜瓜、草莓等，疏去部分畸形、有病的果实或过多的花果，可促进留存果实生长肥大，提高优质果实的比例。

4. 压蔓、支架、绑蔓

匍匐生长的蔓性蔬菜如南瓜、冬瓜、西瓜等，在茎蔓的适当部位用土压蔓、定向固定茎蔓，具有促进生不定根，防止风害的作用，还有扩大根系吸收面积，提高果实品质的效果。某些蔓性和易倒伏蔬菜，常用竹、木、铁丝等做成支架固定植株，充分利用空间，改善通风透光条件，减轻病虫发生，增加密度。绑蔓不能过紧也不能过松，过松会使茎蔓随风摇动而擦伤。材料宜选用柔软坚韧的麻绳、塑料绳等，也可用绑蔓器。

二、主要蔬菜种类植株调整的措施

1. 番茄的植株调整

番茄植株调整的目的是调整植株营养生长和生殖生长的平衡，适当整枝和摘除多余的侧枝，加强通风透光，防止植株徒长，减少养分的损耗，以集中更多的光合产物供果实生长，从而增加单果质量和提高单位面积产量。

(1) 整枝与打杈

1) 整枝。由于品种及栽培方式的不同，番茄的整枝方法也不相同，生产上采用的整枝方法主要有 4 种。

①单杆整枝。只留主枝，而把所有的侧枝陆续全部摘除。用这种方式整枝使单株结果数减少，但果型增大，而且早熟性好，前期产量高。适合早熟密植矮架栽培和无限生长类型品种。但这种整枝方式在果实商品性状方面不如改良式整枝，而且容易早衰。

②双杆整枝。除主枝外，再留第 1 花序下生长出来的第 1 侧枝，而把其他侧枝全部摘除，让选留的侧枝和主枝同时生长。这种整枝方式可以增加单株结果数，提高单株产量，但早期产量和总产量以及单果质量均不及单干整枝。这种整枝方式适用于土壤肥力水平较高的地块和植株生长势较强的品种。

③一杆半整枝。除主茎外，保留第 1 花序下方的第 1 侧枝，仅留 1 穗果后即摘心，上面留 2 片叶，其余侧枝全部摘除。这种整枝方式总产量比单干整枝高，有限生长类型的品种多采用此法整枝。

④改良单杆整枝。除主枝外，保留主茎第 1 花序下方的第 1 侧枝，但不坐果，只保留侧枝上 1～2 片叶，其余侧枝全部摘除。用这种方式整枝，植株发育好，叶面积大，坐果率高，果实发育快，商品性状好，平均单果质量大，前期产量比单干整枝和一干半整枝高，总产量比单干整枝高。

2) 打杈。打杈的操作不可过早或过迟，因为植株地上部和地下部的生长有一定的相关性，过早的摘除腋芽，会影响根系的生长。一般掌握在侧芽长到 6～7 cm 时摘除较为合适，并要在晴天进行，以利于伤口愈合。

(2) 摘心与摘叶

1）摘心。番茄植株生长到一定高度，结一定果穗后就要把生长点掐去，称做摘心。有限生长类型番茄品种可以不摘心。一般早熟品种、早熟栽培、单干整枝时，留 2～3 穗果实摘心；晚熟品种、大架栽培、单干整枝时，留 4～5 穗果实摘心。为防止上层果实直接暴晒在阳光下引起日灼病，摘心时应将果穗上方的 2 片叶保留，遮盖果实。为防止番茄病毒的人为传播，在田间作业的前 1 天，应有专人将田间病株拔净，带到田外烧毁或深埋。作业时一旦双手接触了病株，应立即用消毒水或肥皂水清洗，然后再进行操作。

2）摘叶。结果中后期植株底部的叶片衰老变黄，说明已失去生长功能需摘去。摘叶能改善株丛间通风透光条件，提高植株的光合作用强度，但摘叶不宜过早和过多。

（3）疏花及疏果。为使番茄坐果整齐、生长速度均匀，可适当进行疏花、疏果。第 1 花序果实长到鸡蛋黄大小时，每株留 3～4 个果穗，每穗留 4～5 个大小相近、果形好的果实，疏去小果和畸形果，可以显著提高商品品质和产量。

（4）搭架与绑蔓。除少数直立型品种及罐藏加工的番茄采用无支柱栽培外，栽培的番茄大部分是蔓生性，其直力性差。若不搭架，植株会匍匐地面，容易感染病害。搭架后，叶面受光好，同化作用强，制造养分多，花芽发育好，番茄产量高、品质好。因此，当植株长到约 30 cm 高时，应及时支架，并将主茎绑缚在支架上。支架用的材料可就地取材。支架的形式主要有 4 种，即单杆架、人字架、四角架和篱型架。新疆栽培多采用四角架或人字架。插架一般在第 2 次中耕后进行，随着植株的生长将茎逐渐绑在支架上。绑蔓时，注意不要碰伤茎叶和花果，将果穗绑在支架内侧，避免损伤果实和发生日灼病。一般是每 1 果穗绑 1 道，绑在果穗的上部叶片之间。

2. 黄瓜的植株调整

黄瓜应适当进行支架、整枝、绑蔓、摘叶、落蔓等调节措施，以利于光合作用。

（1）插架杆或吊蔓。黄瓜的主蔓从 4～5 节以后，节间开始显著伸长。为改善植株的受光条件，必须及时插架杆或吊蔓。可采用人字形或篱壁式支架。搭设支架时，应先浇一次透水，以利支架插牢，架杆应插在离植株 8 cm 远的畦埂一侧，下边插牢，上边用线绳绑紧。也可用聚丙烯绳或麻绳绑在黄瓜植株基部进行吊蔓。

（2）整枝和绑蔓

1）整枝。以主蔓结瓜为主的品种，其整枝的原则是：根瓜以下的侧蔓应及早摘除，根瓜以上的侧蔓见瓜后留 1～2 片叶，进行摘心。夏、秋黄瓜以及侧蔓结瓜为主的品种，当主蔓长出 4～5 片真叶时，进行摘心，并选留 3～4 条健壮侧蔓结瓜，这样可以提高黄瓜产量。

2）绑蔓。当黄瓜植株长到 30 cm 左右时，便开始第一次绑蔓，以后每隔 3～4 个叶绑一次。在绑蔓时，对叶间较长的可采取瓜蔓弯曲的绑法，这样可抑制徒长，促进结瓜并使植株整齐一致。绑蔓要在午后进行，以免折断瓜蔓和伤害叶子。通过绑蔓，可以对黄瓜起到促和抑的作用，瓜秧长势强的植株，绑的紧一些或采取曲蔓的绑法，抑制徒长；生长势弱小的植株，应绑松一些以促其生长。并摘除卷须，以节省养分。

(3) 摘叶、摘心。由于黄瓜叶片的光合能力只有 30 天左右，黄瓜结果后期，要及时摘除主蔓基部的黄老叶片和病残叶片，以利架下通风透光，减少病虫害的发生，延长植株寿命和结瓜时间。

对主蔓结瓜的品种，当主蔓快长到架顶时，进行摘心；以侧蔓结瓜为主的品种，当主蔓 4～5 片叶时，及时摘心，促生侧蔓；对主侧蔓均能结瓜的品种，可在主蔓快长到架顶时摘心，侧蔓上见瓜后留 1～2 片叶摘心。地黄瓜可在主蔓爬满畦后再摘心。

(4) 落蔓。温室黄瓜的栽培期比较长，一般不采取摘心或换头等技术控制其生长，所以黄瓜植株的高度一般都可长到 3 m 以上。植株过高，尤其当植株顶到棚顶薄膜时，势必影响薄膜的正常透光，且株间相互遮荫，导致温室内通风透光不良，一方面影响黄瓜品质，另一方面导致病害传播，不利于黄瓜的正常生长。所以适时落蔓，降低植株的高度，是实现温室黄瓜高产、高效、优质栽培的重要配套措施之一。

具体方法：当黄瓜满架时，就开始落蔓。落蔓时，先将瓜蔓下部的老叶和瓜摘掉，然后将瓜蔓基部的绳扣解开，瓜蔓即从绳上松开，用手使其轻轻下落顺势圈放在小垄沟内，即地膜上（温室黄瓜采用地膜栽培），瓜蔓下落到要求的高度后，将绳的下端再系到瓜蔓基部的地线上（仍用活扣），然后将上部茎蔓继续缠绕、理顺，尽量保持瓜蔓“龙头”上齐。

黄瓜落蔓前，前 7～10 天最好不要浇水，以降低茎蔓组织的含水量，增强茎蔓组织的韧性；务必将下部的叶片和黄瓜摘掉，防止落地的叶片和黄瓜发病后作为病原传播侵染其他叶片和黄瓜。

落蔓时，要选择晴天，但不要在上午 10 点前或浇水后进行，否则，茎蔓组织含水量偏高，缺乏韧性，容易折断或扭裂。落蔓的动作要轻，不要硬拉硬拽。要顺着茎蔓的弯向引蔓下落，盘绕茎蔓时，要随着茎蔓的弯向把茎蔓打弯，不要硬打弯或反向打弯，避免折断或扭裂茎蔓。瓜蔓要落到地膜上，不要落到土壤表面，更不允许将瓜蔓埋入土中，以避免黄瓜茎蔓在土中生不定根后，使嫁接失去意义。瓜蔓下落的高度一般在 0.5～1.0 m。保持有叶茎蔓距垄面 15 cm 左右，每株保持功能叶 20 片以上。具体高度应据黄瓜长势灵活掌握，若下部瓜很少或上部雄花多雌花少，瓜秧长势旺，可一次多下落些，否则可少落些。注意保证棚内植株间高度相对一致。即东西方向高度一致，南北方向是北高南低趋势。

落蔓后，一要加强肥水管理，促发新叶，追肥方式以膜下沟冲施肥法为宜。二要加强防病措施，根据其常发病害，落蔓后随即选用对路药剂，喷洒防病。三要在落蔓后的几天里，适当提高温室内的温度，促进茎蔓的伤口愈合。四要把落蔓后茎蔓下部萌发的侧枝及时抹掉，以免与主茎争夺营养。

3. 茄子的植株调整

（1）整枝、打杈、打顶。一般采用双秆整枝，每株只留两个秆，门茄坐果后适当摘除基部1～2片老叶、黄叶，门茄膨大后，将门茄下叶片全部打掉，后期在每个茄子果实下只留两片叶，其余老叶和多余的侧枝全部打去。待茄子坐稳四门斗茄后，及时摘去生长点，控制营养生长，每株可收茄子6～7个。打顶时，在茄果上方留叶3～4片，以保证茄子正常生长的需要。打顶选择在晴天中午进行较适宜，这样伤口愈合较快，伤流少，不易感染病原菌。如果夏秋时节雨水充沛，茄子植株生长较快，枝条抽生较长，叶片较大，影响田间通透性时，要摘除多余的侧枝，去掉下部的老叶、病叶、枝条上过密的叶片，让茄子植株保持生长旺盛的状态，田间又不郁闭。生产周期结束后，根据茄子植株长势，进行拉秧或平茬再生栽培。对于嫁接茄子，由于生长势强、生长期长，可采用支架支撑生长，防止倒伏和保证良好的群体结构。

（2）平茬栽培。茄子平茬再生栽培技术是头茬茄子生产结束前或结束后，利用主干中、下部新生的侧枝再次发棵并开花结果的技术。

1）适宜于再生栽培的品种。茄子再生栽培，应选用生长势旺盛，分枝性强，耐寒、抗病和商品性好的中晚熟品种。

2）茄子再生栽培的形式。茄子再生栽培按再生枝在植株上的高低位置不同，分为中部再生和下部再生两种形式。

①中部再生。在植株的中部选留再生枝，再生枝的位置比较靠上，生长势较强，发棵早，生长快，同时，再生枝上的花蕾质量比较好，结果早，坐果率较高。另外，植株上部的光照条件比较好，有利于果实生长，果实品质比较优良。如果是进行短时间的再生栽培，应选择该种再生形式。

②下部再生。在植株的下部选留再生枝，一般是从门茄下的主茎上选留再生枝。下部再生枝栽培空间比较大，栽培时间较长，易于获得高产。如果是通过再生技术进行加茬栽培时，则应选择下部再生形式。

3）茄子再生栽培的技术要点。再生栽培技术管理的核心是通过剪枝和剪枝后加强肥水供应等措施，促使已趋于衰弱的植株发生新壮芽，生成新侧枝，重新形成旺盛的植株，并再次出现结果盛期。

①修剪时间。温室茄子连年高产栽培的适宜再生时间为8月下旬至9月中旬，每年剪枝1次。一般春季生产结束后，不再留果，也不再整枝，对植株进行修养，复壮。

②剪枝方法。剪枝时，从主干距离地面15～20 cm位置处，将上部枝条剪掉。将剪下的枝条连同杂草等清理出温室后追肥浇水，促发新枝，但必须注意剪口下留足2～3个已萌发的嫩芽。如果下部暂时无萌发的嫩芽，应分两次剪枝，先从对茄处以上10 cm剪枝，待下部发出芽后，再进行第二次剪枝，否则，部分植株会因无法吸收和输送养分

而干死。

③中耕松土，培土施肥。植株修剪后，为促其加快发生新芽，生长新侧枝，要及时进行中耕松土，培土施肥。先撤去上茬的旧地膜，用锄头将栽培垄两侧和中间充分翻松1次，然后，每亩在垄中间暗沟内埋施优质农家肥3 m^3，尿素20～30 kg，硫酸钾10～15 kg，然后培土，培20 cm高的栽培垄，并浇1次大水。

④整枝吊秧。在以上管理条件下，剪枝后8～10天腋芽可形成侧枝，此时，及时在垄上覆盖1层新地膜，并选留1条或2～3条粗壮侧枝进行开花结果。留1条侧枝时，将来分枝后仍按双干或三干整枝方式进行整枝。留2～3条侧枝的植株每条侧枝即是1根结果枝干，多余的侧枝全部抹掉。

再生枝一般斜向上生长，应及早吊秧固定。另外，由于不同植株再生枝发生的时间早晚不同，植株的高度也不相同，应根据植株的生长情况及时调节植株的生长势，防止植株间高度差异过大，保持田间生长整齐。

⑤施肥灌水。植株修剪后1月左右，茄子就可开花结果。当有50%植株见果后，肥水齐供。掌握10～15天浇1次水，隔一水追1次肥，每次每亩冲施尿素20～25 kg，磷酸二氢钾5 kg，后期注意追施硫酸钾肥，还可在叶面喷施磷酸二氢钾及糖醋液，防止植株早衰，其他管理同常规栽培管理措施。

在生产过程中，一般再生茄子连茬前两年效益较好，但黄萎病和青枯病发生严重的地块，一般不主张使用该项技术。

4. 辣椒的植株调整

（1）搭架。温室栽培的无限分枝类型辣椒因栽培时间长，分枝级数多，容易向行间倾斜，需要通过吊架牵引或支架固定枝条，使枝条分布均匀，植株间通风透光条件良好。支架多为竹竿架，只需在辣椒栽培行向两侧搭"栏杆"状的立架即可，先在栽培畦两侧插立杆，其上绑水平拉杆，做成"栏杆"状，两排"栏杆"在栽培行的两头连在一起，形成一个围栏，中间夹着一行（垄）或两行（双高垄）辣椒。

对于某些连续结果性高、植株高大的品种，可采取用尼龙绳吊架。先在温室后屋面下方和温室前部东西向拉两道铁丝，在两道铁丝之间，每行辣椒植株上方拉一道细铁丝，铁丝距地面1.5～2 m。在每棵辣椒上面系1根（单蔓整枝）或2根（双蔓整枝）尼龙吊绳，上端绑在铁丝上，下端绑在植株基部。

（2）整枝。辣椒植株调整是为了改善通风透光条件，保持理想的个体及群体结构，辣椒的植株调整宜采取"自然开心整枝法"。因辣椒植株的分枝是比较规则的，一般为双杈或三杈分枝。但有时在辣椒的分枝当中有结果枝与营养枝之分，即水平方向生长的枝条为结果枝，垂直方向生长的枝条为营养枝。因此，在辣椒整枝时，应遵循自然分枝规律，主要剪除垂直生长的营养枝条，使植株个体呈自然开心状。

（3）去腋芽、摘叶。到辣椒生长中后期，要采取去腋芽及摘叶等措施。去腋芽最好掌握在腋芽尚未伸长时进行，以减少营养物质的消耗。摘叶主要是摘除底部的一些病、残叶。此外，还可以适当剪掉一些内部拥挤和下部重叠的枝条，但修剪后要及时喷药防治蚜虫。对于细弱的侧枝和徒长枝以及植株下部的老叶，要及时剪除和摘叶，以节省养分，有利通风透光，调整宜尽早进行，太晚消耗养分太多，影响生长发育。要选择晴天进行，有利于伤口愈合。

(4) 平茬栽培。辣椒平茬栽培再生栽培技术管理的核心与茄子平茬再生栽培管理的核心相同。

1) 修剪时间。以在夏季高温季节为宜，一般在7月下旬至8月上中旬进行。此时第一茬果实已采摘完，植株在昼夜温差不大的情况下处于歇枝阶段，所以剪枝的增产效果最好。

2) 剪枝方法。合理的剪枝部位应在4个大枝上，一株辣椒一般有4个大枝，当进入高温季节后，4个大枝扩生出8个侧枝，此时枝繁叶茂影响通风透光，不仅导致果小，而且易掉果烂果，还会诱发各种病害，不但使产量降低而且使品质变劣。如及时剪掉8个侧枝，就可使肥力集中于4个大枝，改善枝株通风条件，减轻病害，从而使辣椒多结果、结大果。

剪枝时，不可用手直接折枝，剪口要光滑，以防剪口招致虫害或诱发病害。剪枝时，顺手剪去病虫为害严重枝、前期结果过多的下垂枝、管理不当的折断枝。剪下的枝条应集中带出园外处理，特别是病虫枝不可留在园内。

3) 剪枝后的管理。辣椒剪枝后，管理要加强。每亩要追施尿素5～7.5 kg，促进生长和结果。也可喷施叶面肥，每7天左右喷1次，连喷2～3次，每次每亩用尿素250 g、磷酸二氢钾150 g，加水75 kg稀释后均匀喷施。喷施最好选择在阴天或晴天的傍晚进行。此外，剪枝后仍要及时清除杂草和加强病虫害防治。

三、生长期的环境调控措施

1. 番茄果实膨大期的调控

第一果穗果实开始膨大时，结合浇水要追施1次催秧催果肥。每亩可施尿素15～20 kg，过磷酸钙20～25 kg，或磷酸二铵20～30 kg，缺钾时应施硫酸钾10 kg，也可用1 000 kg腐熟人粪尿和100 kg草木灰代替化肥施用。在第二穗果和第三穗果开始迅速膨大时各追肥1次。除土壤追肥外，可在结果盛期辅之以根外追肥，用0.2%～0.5%的磷酸二氢钾，或0.2%～0.3%的尿素，或2%的过磷酸钙水溶液，喷施叶面，或喷多元复合肥。还可用50～100 μL/L硼酸或硫酸锌等微量元素根外喷施。

果实开始转色期，应适当提高棚内管理的温度，白天保持25～30℃，夜间15～20℃，对果实的转色有利，加快成熟，提早上市。

2. 辣椒花期的调控

(1) 辣椒花期温度管理。进入开花结果期后，白天保持 25～30℃，夜间 15～18℃，对植株的健壮生长正常坐果和果实膨大有利。如天气好，夜间可不收风口；到气温上升后，外界温度已完全适宜于辣椒的正常生长和开花结果，这时可将两侧的裙膜剥落到地面，使空气自由流通，内外温度基本一致。天膜最好不要撤掉，一可防太阳暴晒，二可防夏季暴雨，有利于中后期辣椒的正常生长和开花结果。

(2) 水肥管理。到初花期，要适当控水，避免徒长。开花、结果期的浇水，也不可过勤，水量不要过大，要做到见干见湿，地皮不发白不浇，严禁大水漫灌，防止田间积水。如出现积水现象，特别是六月份后的高温天气，则会出现沤根，轻者植株萎蔫，重者会出现连片枯死。在施足底肥的基础上，前期不需追肥。在门椒和对椒的膨大期，可结合浇水适量补施速氮肥，每亩 5～10 kg 即可。在采收期间，根据品种特性每收两次或一次追一次肥料，可用磷酸二铵、尿素、磷酸二氢钾等交替施用，以利中后期养分平衡，生长正常。

3. 黄瓜连续结果期的调控

结果期以促进为主，原则上是先轻促，后大促，再小促。具体地说，根瓜生育期，植株生长量和结瓜数还不多，浇水量不宜过大，保持地面见干见湿即可；腰瓜生育期，营养生长和生殖生长均达到极盛阶段，需要肥水的数量大大增加，必须大量追肥浇水。追肥要少施多次，并注意氮、磷、钾肥配合使用，营养均衡，可顺水追肥；顶瓜生育期，因盛果期已过，植株开始进入衰老阶段，需水量必然减小，可进行叶面喷肥，延迟茎叶衰老，延长结果期，增加产量。

第三节 肥水管理

培训目标

- 掌握科学施肥的方法及平衡施肥的优点。
- 能根据养分平衡法施肥计算方法及所获得的指标提出施肥方案。
- 能识别主栽品种常见的缺素症。
- 能根据植株长势，调整肥水管理措施。

一、科学施肥的方法

1. 地力分区（级）配方法及其优、缺点

地力分区（级）配方法是利用土壤普查、耕地地力调查和当地田间试验资料，把土壤按肥力高低分成若干等级，或划出一个肥力均等的田片，作为一个配方区，再应用资料和田间试验成果，结合当地的实践经验，估算出这一配方区内，比较适宜的肥料种类及其施用量。

这一方法的优点：具有一定的针对性，提出的肥料种类及其施用量和措施接近当地群众的经验，群众比较熟悉，容易接受和推广。缺点：有地区局限性，依赖于经验较多，只适用于生产水平差异小，基础较差的地区。而且依赖于一般经验较多，对具体田块来说针对性不强。基本是一种半定量化的方法。在推广过程中必须结合试验示范，逐步扩大科学测试手段和理论指导的比重。

2. 目标产量配方法及其优、缺点

目标产量配方法是根据作物产量的构成，由土壤本身和施肥两个方面供给养分的原理来计算肥料的用量。先确定目标产量，以及为达到这个产量所需要的养分数量，再计算作物除土壤所供给的养分外，需要补充的养分数量，最后确定施用多少肥料。包括养分平衡法和地力差减法。

(1) 养分平衡法及其优、缺点。以土壤养分测定值来计算土壤供肥量。肥料需要量可按下列公式计算：

$$\text{施肥量}=\frac{(\text{作物单位产量养分吸收量}\times\text{目标产量})-(\text{土壤测定值}\times\text{校正系数})}{\text{肥料中养分含量}\times\text{肥料当季利用率}}$$

式中　作物单位吸收量×目标产量＝作物吸收量；

土壤测定值×0.3 校正系数＝土壤供肥量；

0.3 为养分换算系数。

这一方法的优点是概念清楚，容易掌握。缺点是，由于土壤具有缓冲性能，土壤养分处于动态平衡，因此，测定值是一个相对量，不能直接计算出“土壤供肥量”，通常要通过试验，取得“校正系数”加以调整，而校正系数的变异大，难搞准确。

(2) 地力差减法及其优、缺点。作物在不施任何肥料的情况下所得的产量称空白田产量，它所吸收的养分，全部取自土壤。从目标产量中减去空白田产量，就应是施肥所得的产量。按下列公式计算肥料需要量：

$$\text{施肥量}=\frac{(\text{目标产量}-\text{基础产量})\times\text{单位产量养分吸收量}}{\text{肥料中养分含量}\times\text{肥料利用率}}$$

优点是不需要进行土壤测试，避免了养分平衡法的缺点。但空白田产量不能预先获得，给推广带来了困难。同时，空白田产量是构成产量诸因素的综合反映，无法代表若干营养元素的丰缺情况，只能以作物吸收量来计算需肥量。当土壤肥力越高，作物对土壤的依赖率越大（即作物吸自土壤的养分越多）时，需要由肥料供应的养分就越少，可能出现剥削地力的情况，必须引起注意。

3. 肥料效应函数方程法及其优、缺点

通过简单的对比，或应用正交、回归等试验设计，进行多点田间试验，从而选出最优的处理，确定肥料的施用量，主要有以下三种方法：

(1) 多因素正交、回归设计法。此法一般采用单因素或二因素多水平试验设计为基础，将不同处理得到的产量进行数量统计，求得产量与施肥量之间的函数关系（即肥料效应方程式）。根据方程式，不仅可以直观地看出不同元素肥料的增产效应，以及其配合施用的联应效果，而且还可以分别计算出经济施用量（最佳施肥量）、施肥上限和施肥下限，作为建议施肥量的依据。

此法的优点是，能客观地反映影响肥效诸因素的综合效果，精确度高，反馈性好。缺点是有地区局限性，需要在不同类型土壤上布置多点试验，积累不同年度的资料，费时较长。

（2）养分丰缺指标法。利用土壤养分测定值和作物吸收土壤养分之间存在的相关性，对不同作物通过田间试验，把土壤测定值以一定的级差分等，制成养分丰缺及应施肥料数量检索表。取得土壤测定值，就可对照检索表按级确定肥料施用量。

此法的优点是，直感性强，定肥简捷方便。缺点是精确度较差，由于土壤理化性质的差异，土壤氮的测定值和产量之间的相关性很差，一般只用于磷、钾和微量元素肥料的定肥。

（3）氮、磷、钾比例法。通过一种养分的定量，然后按各种养分之间的比例关系来决定其他养分的肥料用量，例如，以氮定磷、定钾，以磷定氮等。

此法的优点是，减少了工作量，也容易理解。缺点是，作物对养分吸收的比例和应施肥料养分之间的比例是不同的，在实用上不一定能反映缺素的真实情况。由于土壤各养分的供应强度不同，因此，作为补充养分的肥料需要量只是弥补了土壤的不足。所以，推行这一定肥方法时，必须预先做好田间试验，对不同土壤条件和不同作物相应地做出符合于客观要求的肥料氮、磷、钾比例。

总之，三类方法可以互相补充，并不互相排斥。形成一个具体配方施肥方案时，可以一种方法为主，参考其他方法，配合起来运用。这样做的好处是：可以吸取各法的优点，消除或减少存在的缺点，在产前能确定更符合实际的肥料用量。

4. 综合施肥模型（精准施肥模型）的优、缺点

（1）优点。继承了养分平衡法的优点，而且集成了多种作物生产影响要素，推荐结果更加稳定；集成了肥料效应函数方程的优点，推荐施肥和肥料的增产作用直接挂钩，推荐施肥量准确，也能同时推荐最高产量施肥量、经济最佳施肥量等施肥指标和 GIS 链接后，可以对任意大小区域进行施肥推荐，符合精准施肥的要求。覆盖区域大。

（2）缺点。试验规模大，需要大量背景资料，对技术要求高。

5. 养分平衡法

（1）养分平衡法或目标产量法各参数的获得方法。在各参数中土壤养分含量、作物的吸收量、肥料养分含量可在实验室通过化学测定很容易地获得，而土壤养分校正系数 k 值、肥料利用率（%）需要通过田间试验才能获得。

（2）养分平衡法或目标产量法的参数。包括化学测定的土壤养分含量（A，mg/kg）、

单元 2

作物的吸收量、土壤养分校正系数（k）、化学测定的肥料养分含量、肥料利用率（%）。各参数的意义：

1）化学测定的土壤养分含量（A，mg/kg）。表示当季土壤可供给作物的养分量。

2）作物的吸收量。形成单位经济产量，作物需要吸收的养分数量。

3）土壤养分校正系数 k 值。为了使土壤养分的测定值转化为作物的实际吸收的养分量，需要乘以土壤养分校正系数。

土壤养分校正系数 k 值试验布置方法：如测定土壤氮素养分校正系数，需要设计以下试验。

①试验设计。在全单位代表性的土壤上设置试验。试验应该覆盖主要土壤质地、土壤肥力水平。每种土壤上重复 3 次或 3 次以上。在试验地施基肥前采集 0～20 cm 土壤样品分析各种养分含量。

②施肥。如果测定氮素的土壤养分校正系数，只施氮肥以外的元素。如果测定土壤磷素养分较正系数，施用氮肥和磷以外的元素，依次类推。

田间管理同常规大田管理。

土壤养分校正系数 k 的计算公式如下：

$$\text{土壤养分校正系数}\,k=\frac{\text{作物实际吸收量}}{\text{化学测定土壤养分量}}=\frac{\text{作物实际吸收量}}{0.15\times A}$$

4）化学测定的肥料养分含量。当季所施有机肥或化肥的养分含量。

5）肥料利用率（%）。不同质地、肥力的土壤上肥料利用率明显不同，不同类型肥料的利用率明显不同，不同地区肥料利用率明显不同，故肥料利用率必须通过试验确定。

肥料利用率（%）的测定方法，以测定氮肥利用率为例。

试验设计：在全单位代表性的土壤上设置试验。试验应该覆盖主要土壤质地、土壤肥力水平。每种土壤上重复 3 次。在试验地施基肥前采集土壤样品分析各养分的含量，在作物生长中后期采集植物样品测定含氮量。

田间管理同常规大田管理。

氮肥利用率计算公式如下：

$$\text{氮肥利用率}(\%)=\frac{\text{作物吸收肥料量}}{\text{施肥量}}\times 100\%$$

（3）利用养分平衡法公式推荐施肥。当通过化学测定获得土壤养分含量土壤养分含量（A，mg/kg）、作物的吸收量（可查表获得）、肥料养分含量（可查表获得），通过田间试验获得了土壤养分校正系数 k 值、肥料利用率（%），就可通过以下公式进行计算推荐施肥量（配方）：

$$\text{作物推荐施肥量}=\frac{\text{目标产量}\times\text{作物的吸收量}-0.15\times A\times k}{\text{肥料利用率}\times\text{肥料养分含量}}$$

二、养分平衡法方案

1. 目标产量所需养分

根据当地同样生产方式的平均产量设计目标产量，再根据表 2—1 中每 1 000 kg 产量所需养分计算实现目标产量的需肥总的纯量。

表 2—1　　几种蔬菜作物经济产量 1 000 kg 的需肥量　　单位：kg

营养元素 / 蔬菜	氮素（N）	磷素（P_2O_5）	钾素（K_2O）	钙素（Ca）	镁素（Mg）
黄瓜	2.8～3.2	1.2～1.8	3.3～4.4	2.9～3.9	0.6～0.8
西瓜	2.5～3.3	0.8～1.3	2.8～3.7		
甜瓜	3.5	1.7	6.8	5.0	1.1
番茄	2.1～3.4	0.6～1.0	3.7～5.3	2.5～4.2	0.4～0.9
辣椒	3.5～5.5	0.7～1.4	5.5～7.2	2.0～5.0	0.7～3.2
茄子	2.6～3.0	0.7～1.0	3.1～5.5	2.7～3.0	1.2～1.3

2. 土壤供给养分

土壤肥力分级与对应的养分量见表 2—2。

表 2—2　　土壤肥力分级与对应的养分量

土壤肥力等级	土壤供给当季作物的养分量（kg/亩）		
	N	P_2O_5	K_2O
1 级以上	7.5	2.5	8.75
1 级	6	2	7
2～3 级	4.6	1.5	5.25
4～5 级	3	1	3.5
6 级	1.5	0.5	1.75

3. 当季施入基肥供给养分

有关当季施入基肥供给养分的情况见表 2—3、表 2—4、表 2—5。

表 2—3　　有机肥作基肥供给当季作物的养分量

有机肥等级	每 1 000 kg 有机肥供给当季作物的养分量（kg）		
	N	P_2O_5	K_2O
优质	1.8	1.2	4.8
中等	1.2	0.9	3.6
低级	0.6	0.6	2.4

表 2—4　　常作基肥的化肥养分含量　　（%）

化肥种类	N	P_2O_5	K_2O
磷酸二胺	18	46	
三料过磷酸钙		47	

表 2—5　　适宜随水施肥的化肥养分含量　　（%）

化肥种类	N	P_2O_5	K_2O
尿素	46.3		
磷酸二氢钾		37	28

4. 生长期追肥的计划及案例

传统沟灌条件下化肥的利用率一般按 40%计算，滴灌条件下肥料的利用率按 80%计算，水利用率按 90%计算。

随水施肥计算示例：如每亩大棚早熟辣椒，每亩种植约 13 000 株，设计产量 4 000 kg/亩，土壤肥力达到 2～3 级，每亩施肥力中等的有机肥 2 000 kg，栽苗前每亩施化肥磷酸二胺 50 kg 作基肥。

（1）生产 4 000 kg 辣椒约需纯 N＝20.76 kg，P_2O_5＝4.28 kg，K_2O＝25.04 kg。

1）土壤当季供肥量纯 N＝4.6 kg，P_2O_5＝1.5 kg，K_2O＝5.25 kg。

2）有机肥当季可供肥量纯 N＝2.2 kg，P_2O_5＝1.8 kg，K_2O＝7.2 kg。

3）磷酸二胺作基肥当季可供肥量纯 N＝9 kg，P_2O_5＝23 kg，K_2O＝0 kg。

4）生长期需随水施肥的纯量 N≈5 kg，P_2O_5＝0 kg，K_2O≈12.6 kg。

（2）施成品化肥的量。尿素含 N 46.3%，每亩施纯 N≈5 kg 折合尿素 10.8 kg，再按肥料利用率 80%和水利用率 90%计算，实际应施尿素 15 kg。磷酸二氢钾含钾量 28%，每亩施 K_2O≈12.6 kg 折合磷酸二氢钾成品肥 45 kg，再按肥料利用率 80%和水利用率 90%计算，实际应施磷酸二氢钾成品肥 62 kg。这样施肥，磷肥可以不计。（注：某一因素的改变都会改变计算值）

（3）在滴灌采用全溶肥料时，注意施用肥料的浓度对作物有一个安全要求，一般控制在 0.2%～0.3%较为适宜。施肥罐中每次放入的最大量应控制在：滴 1 h 溶入成品肥量约 5 kg，滴 5 h 溶入成品肥量约 25 kg。每次装入施肥罐中的肥料不宜过满，否则不利于溶解。

三、主栽品种常见的缺素症及其诊断及救治

1. 主栽品种常见的缺素症

（1）缺氮症状。氮素不足时，植株矮小，叶色浅淡（叶绿素含量少）。初期症状，先是老叶叶色失绿，变为浅绿或黄色。茎色也常有改变，很快发展到全部叶片变黄色，而后变褐色。缺氮分枝少，花小、果实少、产量低，有的叶片变为紫红色（因氮少，用于合成氨基酸的碳水化合物也少，余下较多的碳水化合物，形成花色素而形成紫红色）。

番茄缺氮生长慢，叶色发黄，叶小而薄，叶脉由黄绿色，最后特别是下部叶变深红色，茎变干硬而细，可能变成深红色。缺氮前期植株根发育一般比地上部良好，最后根部停止生长，逐渐呈褐色而死亡，花芽停止分化，叶面积减少，不结实，或结少量小而无味的果实，因而降低产量。缺氮容易感染灰霉病。

1）茄子缺氮时，植株矮小。叶片小而薄，叶色淡绿。结果期缺氮，落花落果严重。

2）黄瓜缺氮初期生长慢，叶色改变，变成绿黄不同的色调。极度缺氮时，叶呈浅黄色，全株变黄，甚至白化，茎细，干脆，前期根系受害比地上部轻，最后变褐色而死亡。果实浅黄色，已结的瓜变细，果实无商品价值。

3）西瓜缺氮时，植株长势瘦弱，生长慢，分枝减少，茎蔓短小，叶片小而薄，叶色淡绿或变黄，其症状由基部老叶向上发展，后期明显早衰。

4）洋葱缺氮时，症状表现最早，植株生长慢，叶片窄小，叶色浅绿，叶尖呈牛皮色，逐渐全叶变褐色。初期缺氮根部变白，正常伸长，而后根停止伸长，呈现褐色。

5）莴苣缺氮时，生长受抑制，叶片呈黄绿色，严重时，老叶变白并腐烂。严重矮化，结球莴苣不结球。

6）大白菜缺氮时，早期缺氮，植株矮小，叶片小而薄，叶色发黄，茎部细长，生长缓慢。中后期缺氮，叶球不充实，包心期延迟，叶片纤维增加，品质降低。

7）萝卜缺氮时，生长停滞。叶片窄小而薄，叶色发黄，茎细弱，根很小，发育不良。

8）青花菜缺氮时，植株矮小，叶色浅绿并逐渐变黄，有些青花菜茎叶变为橘红色至紫红色，生长缓慢或早衰。

（2）缺磷症状。有些蔬菜作物缺磷，叶色深绿，营养生长停止，叶绿素浓度提高。另一些蔬菜作物缺磷，沿叶脉呈红色，须根不发达，果实小成熟慢，种子小或不成熟。成熟植株含磷量的 50%集中于种子和果实中。蔬菜有 2 个时期要求磷量高——生长初期和果实、种子成熟期。缺磷症状通常在植株生长早期防止，因为植株所吸收供给营养生长的磷，有相当大的一部分可供给以后形成果实和种子之用。如结果期发现缺磷，再想

施磷为时已晚。

1）番茄缺磷初期症状为叶背面呈深红色。叶上先出现斑点，而后发展到叶肉，叶脉逐渐呈紫红色，茎部细弱，结果受到强烈抑制。

2）茄子缺磷时，叶呈深紫色。茎秆细长，纤维发达。花芽分化延迟，结果延迟。

3）西瓜缺磷时，根系发育不良，生长矮小，叶片小而少，叶片暗绿无光泽，叶生长滞缓，影响花芽分化，导致开花迟结果不良，果实含糖量低，种子不饱满。

4）大白菜缺磷时，生长不旺盛，植株矮化。叶小，呈暗绿色。茎细，根部发育细弱。

5）洋葱缺磷多表现在生长后期，一般生长缓慢，干枯和老叶尖端死亡，有时叶部表现花斑点——绿黄同褐色间有。结球甘蓝和花椰菜缺磷时，叶背面呈紫色，因色素沿叶脉表现出来。

6）四季萝卜缺磷时，叶背呈现红紫色，叶小而皱缩。

7）芹菜缺磷时，根茎生长发育受阻。

8）青花菜缺磷时，叶缘出现微红色。

（3）缺钾症状。蔬菜缺钾多发生在施钾肥不足土壤。蔬菜植物钾量一般比其他元素多，而且钾容易淋溶。

缺钾症先表现在老叶上，叶片边缘和叶尖失绿和出现斑点，不同蔬菜表现症状不同。

1）番茄缺钾初期，只在中部表现，而后发展到顶部，缺钾症首先表现在老叶上。番茄缺钾生长缓慢，矮小，产量降低。幼叶小而皱缩，叶缘变色，变鲜橙黄色，易碎，变脆，叶变褐色而脱落。茎变硬，不再增粗。根发育不良，较细弱，常呈现褐色，不再增粗。缺钾对番茄果实的形态、果汁稠度和品质有一定的影响，果实成熟不正常，缺乏韧性。缺钾易感灰霉病。

2）黄瓜缺钾时，叶肉（叶脉间）呈青铜色，主脉下陷，老叶受害重。果顶变小而呈青铜色。特别缺钾时，易发生大肚瓜。

3）西瓜缺钾时，植株下部节位叶片边缘、叶尖黄化，并伴生褐斑，继而发展扩大，使整个叶缘褐变坏死，叶片向下向内卷曲，坐果困难，果实发育受阻，导致果形小，含糖量低，品质下降。

4）包菜早期缺钾，叶缘变青铜色，而后扩展到内叶。严重缺乏时症状继续发展，叶缘干枯，内叶表现呈褐斑。

5）胡萝卜缺钾时，首先叶扭转，叶缘变褐色，内部绿叶变白，或呈灰色，最后呈青铜色。

6）四季萝卜缺钾时，最初症状为叶肉中部呈深绿色，同时变褐色，叶缘卷缩。严重缺乏时，下部叶、茎深黄和青铜色，叶小变薄和呈革质状。根不能正常膨大。

7）洋葱缺钾可能表现较早，外部老叶尖端呈灰黄色，或浅黄白色。随着叶片凋谢，逐渐向下发展，干枯叶密生绒毛，呈硬纸状。

8）大白菜缺钾时，从下部叶缘变褐，枯死，逐渐向内侧或上部叶片发展，下部叶片枯萎。抗软腐病及霜霉病的能力降低。

9）青花菜缺钾时，叶面皱缩，叶片向上翻卷，花菜成熟不均匀。

（4）缺钙症状。钙是蔬菜作物生长发育不可缺少的一种重要元素，而且绝大多数蔬菜都喜钙，在钙不足的情况下会引起作物生理失调，植株生长受阻，果菜类不结实或很少结实等，或者是导致其他生理病害的发生，严重地影响了蔬菜的生长。

钙在植物体内移动速度慢，在植物体内含量容易产生不平衡。有机肥用量减少，增施化肥，尤其是氯化铵可使土壤钙元素流失。缺钙时多表现在心叶上，在生长后期，由于根系活力衰弱和植物体内钙运输受阻，常发生缺钙生理病害。

1）番茄缺钙时，顶叶黄化，下部仍保持绿色，这是缺钙与缺氮、磷、钾不同的典型特征。而缺氮、磷、钾时下部叶片变黄，而上部的茎和叶仍保持绿色。番茄缺钙，植株瘦弱，下垂，叶柄卷缩，根不发达、分杈，有些侧根膨大而呈深褐色。番茄缺钙易产生脐腐病，且顶芽死亡，顶芽周围的茎部出现坏死组织。

2）黄瓜缺钙时，幼叶叶缘和叶脉间呈白色、透明腐烂斑点，严重时多数叶脉间组织失绿，叶脉仍为绿色。植株矮化，节间短，嫩叶向上卷，老叶向下弯曲。最后植株从上向下逐渐死亡，花小呈黄白色，瓜小而无味。

3）西瓜缺钙时，植株新生部位如顶尖、根尖等生育停滞、萎缩而不能正常开展，展开的叶片常发生“焦边”；果蒂部出现开裂、褐腐甚至坏死形成脐腐果。

4）莴苣缺钙时，生长受抑制，幼叶畸形，叶缘呈褐色到灰色，并向老叶蔓延，严重时幼叶叶片从顶端向内部死亡。

5）豌豆缺钙时，引起叶片呈红斑，先是在中肋附近，而后扩展到侧脉，病斑逐渐扩大到全叶肉，叶色从绿到白绿，甚至到白色，首先叶基部褪色，而后叶缘失掉绿色。

6）芹菜缺钙，顶端生长受阻，小叶尖端叶缘扭曲，变黑，植株无新鲜感，根系少，根分枝，呈黄棕色。

7）大白菜和甘蓝缺钙时，易发生心腐病，叶球叶缘腐烂，内叶边缘水浸状，至褐色坏死，干燥时似豆腐片状，极脆，食味异常，严重影响品质。

8）胡萝卜缺钙时，叶片失绿、坏死，叶子稀疏，最终死亡。

9）花椰菜缺钙时，易发于花球发育时期，新叶的前端和边缘黄化，花球发育受阻，质量下降。

10）青花菜缺钙时，表现花蕾小，色泽发暗，在花球发育中有变黄现象。

（5）缺镁症状。镁是叶绿素的组成成分。因此，缺镁最显著的特征是叶片脉间失绿，小的侧脉也失绿（这一点可与其他元素的缺乏症相区别）。一般缺镁最先在老叶上表现症状，先是叶缘出现浅黄色失绿斑，并向脉间发展。严重时，老叶枯萎，全株呈黄色。

1）黄瓜缺镁时，下部叶片主脉间开始失绿，向两侧发展，失绿部分逐渐发黄，边缘形成浅绿色“昙轮”。

2）番茄缺镁时，叶片易碎向下卷曲，叶脉保持深绿色，脉间叶肉呈黄色，逐渐扩展，以后变褐色而死亡。

3）茄子缺镁时，株形小，叶片从下部开始发黄，失绿稍慢，最后整叶变黄。

4）西瓜缺镁时，叶片叶脉间出现黄化，而叶脉仍呈绿色。多从基部叶片开始发生，逐渐向上发展，严重时全株叶片呈绿色。

5）叶菜类缺镁时，发棵小，叶色淡黄，下部叶片比上部叶片失绿明显。

6）甘蓝生长前期缺镁，下部叶失绿，有斑点和皱缩。在严重缺镁时斑点表现明显，斑点沿叶缘扩大成块，叶中部呈白色或浅黄色斑块，逐渐死亡。在极度缺镁时叶缘的白色或黄色斑块变褐色。如只缺镁时，坏死组织扩展到全叶。如果同时缺氮，那么，全部叶先变成白绿色，而后变黄，最后叶脉间组织死亡。

7）胡萝卜缺镁时，叶呈浅色，叶尖浅黄色或呈褐色。缺镁植株一般矮小。

8）菜心缺镁时，叶片（叶脉间）出现明显的失绿斑。

9）青花菜缺镁时，叶片局部失绿，出现淡绿色斑点。

10）马铃薯缺镁，叶片和叶脉普通黄化，症状与缺氮相似，但叶片并不提前干枯脱落。

（6）缺硼症状。硼是蔬菜作物的主要营养元素之一。蔬菜作物缺硼，首先表现为顶端生长点停止生长，幼叶畸形、皱缩，叶脉间不规则褪绿。花而不实，子房脱落。根系少且粗短，生长缓慢。

1）茄子缺硼时，顶部茎叶发硬，严重时顶叶发黄，芽弯曲，生长停止。

2）辣椒缺硼时，植株上部生长点发育停止，叶柄和叶脉硬化，易折断，叶片扭曲或花蕾脱落。

3）番茄缺硼时，果实着色不良，果肩残留绿色并伴有坏死斑，有时还产生木栓化硬皮果。

4）菜豆缺硼时，4 片复叶后开始发病，进入盛花期，新叶失绿，叶肉出现浓淡相间的斑块，上位叶较下位叶淡，叶小、厚而脆，严重缺硼时，顶部心叶皱缩或扭曲，有时叶片局部呈褐色。

5）西瓜植株缺硼时，生长点受抑制，近顶端节间短而粗，密生茸毛；茎蔓变脆易折断，常开裂溢出琥珀色胶质；花小而少，结果节位推迟，果实发育不良，易畸形。

6）芹菜缺硼时，易引起茎部开裂。芹菜缺硼初期，叶部沿叶缘出现症斑。随着病斑的发展茎脆度增加，沿茎面表皮中出现褐色带，最终在茎表面出现横裂纹，破裂处组织向外卷曲，受害组织呈深褐色。缺硼植株的根系变褐色，侧根死亡，以至植株死亡。

7）芜菁缺硼时，根横切可看到髓部腐烂，呈水浸状。根据缺硼程度不同，心腐表现也不同，有时呈分散病斑部和多数水浸状。

8）萝卜缺硼时易产生糠心或心腐病，肉质根中心赤褐色或黑褐色条纹，称“赤心”，这种萝卜煮不烂。

9）结球白菜、包菜缺硼，幼叶叶柄内侧发生纵向或横向开裂，裂口为褐色（有的为黑色），叶片短而卷缩，质地粗糙，硬而脆，顶芽坏死，严重的不结球，即使结球的纵切后可看到部分变为褐色腐烂。

10）莴苣缺硼出现分生叶片畸形，上部叶片斑点有日灼状。生长缓慢，由于叶缘停止生长，顶部嫩叶向下弯曲而出现畸形，叶上斑点增多形成斑块，逐渐扩展到全部上部叶片，叶尖端似日灼状。老叶上缺硼症表现不明显，但全部幼嫩叶片，首先是生长点变成卷缩状。

11）花椰菜缺硼时，主茎和小花茎上出现分散的水浸斑块，花球外部和内部变黑。在花球不同成熟阶段缺硼症都能发展，但随着植株生长年龄的增加而加重。花球周围的小叶缺硼时，发育不健全或扭曲。

12）青花菜缺硼时，茎部变成空洞或花球内部开裂，花上现褐色斑点，带苦味、顶芽死亡，质地硬，失去食用价值。

13）洋葱植株缺硼时，发育不良或畸形。叶色从深灰绿色到深蓝绿色。在幼叶上呈现黑黄和绿色斑点，基部叶片表面皱缩和横裂。叶片成水平伸出状而变脆。

14）肉质直根类蔬菜，由于缺硼而发生心腐病，初期在根部最粗部位出现深色斑点。生长缓慢，缺硼植株叶片少而小。缺硼植株叶常现卷曲，叶中脉很快卷曲和褪绿，生长点死亡和腐烂，根达不到正常大小，肉质根表现不平滑，带灰色。

15）黄瓜缺硼易出现细腰畸形瓜。

（7）缺铁症状。铁是形成叶绿素的元素，是多种酶的成分和活化剂，是光合作用中许多电子传递体的组成成分，参与核酸和蛋白质的合成。

蔬菜缺铁，植株矮小失绿，失绿症状首先表现在顶端幼嫩部分，叶片的叶脉间出现失绿症，在叶片上明显可见叶脉深绿，脉间黄化，黄绿相间很明显。严重时叶片上出现坏死斑点，并逐渐枯死。茎、根生长受阻，根尖直径增加，产生大量根毛等，或在根中积累一些有机酸。

1）番茄缺铁时，顶端叶片失绿，初期在最小叶的叶脉上产生黄绿相间的网纹，从顶叶向茎叶发展，伴随着轻度坏死和组织坏死。

2）黄瓜缺铁时，叶脉绿色，叶肉黄色，逐渐呈柠檬黄色至白色，芽生长停止，叶缘坏死至完全失绿。

3）马铃薯缺铁时，幼叶失绿，并有规则地扩展到整株叶片，严重时变为黄色或白色，向上卷曲，下部叶片为棕黄绿色，叶缘卷曲。

（8）缺铜症状。当蔬菜体内的含铜量小于4 mg/kg时，就有可能发生缺铜。缺铜时，植株矮小，出现失绿现象，易感染病害。明显的特征是花的颜色发生褪色现象，缺铜严重时，叶片或果实均褪色，顶梢发白枯死并向下蔓延。一般单子叶蔬菜对铜元素比较敏感，双子叶蔬菜差一些，但胡萝卜施用铜肥效果好。

1）番茄缺铜侧枝生长缓慢，根系发育更弱，叶色呈深蓝绿色，叶卷缩，不形成花，严重失绿时根、叶失掉坚固性。

2）黄瓜缺铜时，生长受抑制，节间短，株丛生，幼叶小，老叶叶脉间出现失绿，逐渐向幼叶发展，后期叶片青铜色，症状从老叶向新叶发展。

3）莴苣缺铜时，叶失绿变白，沿叶柄和叶缘首先表现症状。叶片向下卷曲成杯状，叶色从叶边向里变黄，症状从老叶向新叶发展。

（9）缺锌症状。锌对蔬菜作物组织的正常发育具有重要意义。蔬菜缺锌的常见症状是叶变小，叶脉间黄化卷曲，产生条纹花叶或呈青铜色，节间缩短，形成簇生小叶。多数蔬菜缺锌，顶端先受影响，如顶枯现象，有些蔬菜缺锌，叶片上产生感染斑点或失绿，严重的叶片坏死或死亡。

1）黄瓜缺锌时，叶片较小，叶缘扭曲或皱缩，叶脉两侧由绿色变黄白色，但边缘仍为绿色，心叶发黄并有黄白色斑点，严重时叶片坏死。

2）番茄缺锌时，植株顶部叶片细小，嫩叶叶脉间轻微失绿，植株矮化，老叶比正常叶小，不失绿，但有不规则的皱缩褐色斑点，尤其以叶柄较明显，叶柄背向弯曲，并快速坏死，数天后植株即枯萎。

3）辣椒缺锌时，顶部叶片细小，节间明显缩短，呈叶丛状，叶脉间失绿，老叶比正常叶小，但不失绿。

4）茄子缺锌时，植株较矮，顶端的叶片较瘦长，两侧向上卷，下部叶片大面积失绿，乃至完全失绿。

5）菜豆缺锌时，植株生长受阻，下部叶的叶脉间变黄并出现褐色斑点，坏死组织从缺绿区脱落。

6）芥菜缺锌时，常表现为叶片不正常，而且小，发黄或斑枯等。

（10）缺锰症状。番茄缺锰，茎叶先变浅绿，而后变黄，主脉间叶肉变黄，因叶脉仍保持绿色，所以黄瓜叶片就呈黄斑状。以后茎叶全部变黄，新生小叶常呈坏死状，植株不开花。

1）菠菜缺锰呈现失绿症状，首先表现在新生叶片上，以后蔓延到全株。一般为绿色叶肉组织逐渐褪色，最初呈浅绿色，而后呈金黄色。经过一段时间叶脉间（即叶肉）可能出现白色坏死组织。缺锰变黄的菠菜叶片常与病毒病相似，叶片出现卷曲，皱缩和坏死斑块，称为菠菜黄化病。

2）黄瓜缺锰时叶片呈黄白色，但叶脉仍是绿色，缺锰植株的蔓比较短，细弱，花芽常呈黄色。

（11）缺钼症状。钼与其他微量元素相反，它对植物的有效性随土壤 pH 值的增加（即碱性增强）而增加。因此，一般 pH 值在 6.5 以上的土壤很少缺钼，而酸性土壤和富含铁的土壤则易发生缺钼。蔬菜缺钼的主要症状是叶脉先天失绿和枝叶下垂。

1）番茄缺钼时，老叶先褪绿，叶缘和叶脉间的叶肉呈黄色斑状，叶边向上卷，叶尖萎焦，渐向内移。严重者死亡，轻者仅开花，结果受到抑制。

2）黄瓜缺钼时生长矮小，顶部叶片向下弯，老叶的叶缘开始发黄，叶面上出现不规则的黄斑，叶脉失绿，其果实短粗，果皮色白，皮皱。

3）茄子缺钼其顶部叶片两侧向上卷，植株瘦长，下部叶片叶脉先失绿，然后渐渐向外扩展，叶面上形成黄绿相间的绿色斑块，最后叶片枯萎。

4）花菜缺钼时，叶片狭长条状，叶片边缘弯曲，凹凸不整齐，幼叶和叶脉失绿，称为“鞭尾症”，严重的不结球。

5）豌豆、蚕豆缺钼时，叶色黄绿，生长不良，根瘤发育不良，根瘤不发达，老叶枯萎上卷，叶缘呈焦状。

（12）缺硫症状。蔬菜缺硫，植株普遍失绿，后期生长受抑制。一般初期先在幼叶（芽）上开始黄化，叶脉先失绿，之后遍及全叶，严重时老叶变黄，甚至变白，但叶肉仍呈绿色。茎细弱，根系细长不分枝，开花结实推迟，空壳率高，果少，供氮充足时缺硫症状主要发生在蔬菜植株的新叶上，供氮不足时缺硫症状则发生在蔬菜的老叶上。豆科和十字花科蔬菜容易发生缺硫症状。

1）番茄缺硫，植株生长受阻，叶片黄化，枝叶易萎缩，最后枯萎，果实小。

2）黄瓜缺硫叶片失绿成不规则的斑块，渐渐变成白色斑块使组织死亡，其果实较粗而短，花蒂两端膨大，黄绿相间。

2. 蔬菜缺素症的诊断方法

蔬菜正常生长发育需要吸收各种必需的营养元素。任何一种营养元素的缺乏，都会导致其生理代谢功能发生障碍，使根、茎、叶、花或果实在外形上表现出一定的症状。依据不同的症状，就可以识别出蔬菜缺乏何种营养素。

（1）氮、磷、钾、镁、锌等元素。这些在植物体内能够再度利用，一但缺少，它们可以从老叶转至新叶。所以，缺素症首先从下部老叶表现出来。

1）缺氮或缺磷。叶片等组织器官上一般不产生病斑。

①缺氮。新叶淡绿，老叶黄化枯焦、早衰。

②缺磷。茎叶暗绿或呈紫红色，生育期延迟等。

2）缺钾、缺锌或缺镁。叶片等组织器官上容易出现病斑且脉间失绿。

①缺钾。叶尖及边缘先焦枯、出现斑点，症状随生育期加重、早衰。

单元 2

②缺锌。叶小簇生，一般主脉两侧先出现斑点，生育期延迟。

③缺镁。脉间失绿，可见清晰网状脉纹，多种色泽斑纹或斑块。

（2）钙、硼、硫、铁、锰、铜、钼等元素。这些在植物体内不能再度利用，缺素症最先在上部新生组织上表现出来。

1）缺钙或缺硼。很容易出现顶芽枯死。

①缺钙。叶尖弯钩状，并相粘连，不易伸展。

②缺硼。叶柄变粗、易开裂、花器官发育不正常，生育期延迟。

2）缺乏硫、铁、锰、铜、钼等营养素。一般难见顶芽枯死。

①缺硫。新叶黄化，失绿均一，生育期延迟。

②缺铁。脉间失绿，发展至整片叶淡黄或发白。

③缺锰。脉间失绿，出现细小综色斑点，组织易坏死。

④缺铜。叶片生长畸形，斑点散布在整片叶上。

3. 蔬菜缺素症的救治措施

蔬菜缺素症重在预防。如条件允许，则可通过测土配方施肥，根据土壤肥力和不同类蔬菜品种及其各生育期间的需肥状况，按不同类蔬菜各自模式栽培施肥技术要求，采用种肥、基肥、追肥和叶面喷施等不同方式，因地制宜地给蔬菜提供各种必需的营养元素，防止蔬菜缺素。在蔬菜缺素症发生之后，就应通过确诊，对症下药，积极救治，抓好下列“四个环节”。

（1）治疗剂选择要合理。治疗蔬菜缺素症，一般宜选择有效成分含量较高、速效、易溶于水且对作物和人体无毒副成分残留的无机肥料。生产上通常是：

1）缺氮。用尿素，中性肥料。

2）缺磷。用过磷酸钙，水溶液呈酸性，或磷酸二氢钾，水溶液弱酸性。

3）缺钾。用硫酸钾，属化学中性、生理酸性肥料或磷酸二氢钾。

4）缺锌。用硫酸锌。

5）缺锰。用硫酸锰。

6）缺铜。用硫酸铜。

7）缺铁。用硫酸亚铁。

8）缺硼。用硼砂或硼酸。

9）缺钼。用钼酸铵。

若同时缺乏多种微量元素，则可用达国标的微量元素或氨基酸等专用型叶面肥。

（2）使用浓度要准确把握。蔬菜各种缺素症治疗剂水溶液的使用浓度为：

1）尿素：0.5%～1.0%。

2）过磷酸钙：0.5%～1.0%。

3）硫酸钾：2%～3%。

4）磷酸二氢钾：0.1%～0.2%。

5）硫酸锌：0.1%～0.2%。

6）硫酸锰：0.1%。

7）硫酸铜：控制在0.02%以下。

8）硫酸亚铁：0.2%～1.0%。

9）硼砂：0.05%～0.2%；或硼酸：0.02%～0.1%。

10）钼酸铵：0.01%～0.1%。

（3）营养元素补给方式与方法要得当

1）方式。叶面喷洒。

2）方法。对症下药。选择在晴天下午4时后，将对水配制好的肥液均匀地喷施于蔬菜叶面，一般每亩每次用量为50～75 kg，视缺素轻重及病症改善情况，喷施1～2次，若需喷施2次，下次应隔周进行。

（4）注意事项

1）肥液要现配现用，使用浓度和每亩用量，不能超过规定范围，以免灼伤和污染蔬菜。

2）除尿素等中性肥料外，碱性肥料不能与呈酸性的肥料及农药混用。

3）氨基酸、微量元素等专用叶面肥应严格照其说明书使用。

4）蔬菜采收前10天应停止叶面施肥。

5）由于不同类蔬菜缺乏同种营养元素的外部症状表现不一定完全相同，要准确、快速识别蔬菜缺素症，还得靠积累大量的经验，并最好与测土相结合，相互印证，只有确诊“病因”，才能做到“对症下药”“药到病除”。

四、植株生长与水肥管理的关系

同一种蔬菜在各生育期的需水特性不同，一般在幼苗期和接近成熟期需水较少。在生育中期，即生长旺盛期，需水量最多。一般在全生育期中对缺水最敏感、影响产量最大的时期，称需水临界期。此期，蔬菜原生质的黏度和弹性剧烈下降，因而忍受和抵抗干旱的能力大为减弱，再加上原生质黏度降低后，新陈代谢增强，引起生长速度变快，需水量增加，这时若能充分供水，不仅有利于蔬菜生长发育，而且水的利用效率也高，大多数蔬菜的需水临界期在营养生长和生殖生长旺盛阶段，也就是开花、结果与果实或块根块茎膨大阶段。如菜用大豆的开花和结荚阶段、萝卜的块根膨大阶段、番茄的花形成和果实膨大阶段等，都为其需水临界期，要确保水分的供应。

由于不同的地区其气候、土壤、水文地质等自然条件也不同，蔬菜的需水情况也各异。当气温高、日照强、空气干燥、风速大时，植株的叶面蒸腾和棵间蒸发均增大，作物需水量也大，反之则小。土壤质地、团粒结构和地下水深度等都会影响到土壤水分状况，从而改变着作物耗水量的大小。在一定土壤湿度范围内，蔬菜耗水量随土壤含水量增加而加大。合理深耕、密植和增施肥料，作物需水量有增加趋势。采用中耕除草，设置风障，地膜覆盖，日光温室，中、小弓棚，塑料大棚等，均能适当降低蔬菜需水量。

第四节　病虫害种类及其防治

培训目标

- 掌握主要病害种类、特点、发病规律及综合防治。
- 掌握主要虫害种类、特点、发病规律及综合防治。
- 掌握主要草害种类、特点及综合防治。
- 能组织实施对病虫害的综合防治。

一、主要病害种类、特点、发病规律及综合防治

1. 茄果类蔬菜的主要病害种类、特点、发病规律及综合防治

（1）番茄主要病害及其防治技术

1）番茄早疫病

①症状。苗期发病，茎基部发生稍凹陷的深褐色椭圆形病斑。成株叶片病斑圆形、椭圆形、深褐色，边缘具有黄绿色晕环，中部有同心轮纹，湿度大时，斑面长出黑色霉状物（病菌分生孢子及分生孢子梗）。严重时引起整个叶片干枯。茎部发病，病斑灰褐色、椭圆形，稍凹陷，有深褐色同心轮纹。果实多从果蒂裂缝处或在其附近发生圆形黑褐色凹陷病斑，病部较硬，潮湿时斑面密生黑色霉状物（病菌）。叶柄，果柄发病，病斑灰褐色，长椭圆形，稍向下陷。

②发病规律。由真菌茄链格孢侵染引起。病菌主要以菌丝体及分生孢子随病残体在地面上越冬，第二年产生新的分生孢子，通过气流和雨水传播。分生孢子在室温下可存活 18 个月。病菌侵入寄主组织后只需 2～3 天就可形成病斑，再过几天在病斑上即行产生分生孢子进行再侵染。温度在 15℃左右，相对湿度 80%以上时，早疫病即开始在棚室内发生，在同样的温度条件下，相对湿度低，发病轻微；温度在 25℃以上，湿度大，分生孢子可以大量形成和迅速萌发，常引起病害流行。

③防治方法

a. 与非茄科蔬菜作物轮作 2～3 年。

b. 增施基肥，适期追肥，培育壮秧。

c. 加强棚室管理，雨季防止棚顶滴水、漏水。地面渍水，及时通风降温。

d. 发病初期喷洒杀菌剂：75%百菌清可湿性粉剂 500 倍液，或 50%多菌灵可湿性粉剂 500 倍液，或 80%喷克可湿性粉剂 600 倍液，或 78%科博可湿性粉剂 500 倍液，或

80%大生可湿性粉剂 800 倍液，或 40%大富丹可湿性粉剂 500 倍液，或扑海因可温性粉剂 1 500 倍液，或 50%敌菌灵可湿性粉剂 500 倍液，或 40%灭菌丹可湿性粉剂 400 倍液，或 64%杀毒矾可湿性粉剂 500 倍。每 10 天喷药 1 次，共 2～3 次。

2）番茄晚疫病

①症状。叶片发病多从叶尖或叶缘开始，初生水浸状暗绿色，圆形或不规则形，后变褐色，大型，周缘不明显，扩大后相互愈合，形成不规则斑块，可达整个或大半个叶片。潮湿时，在叶背病健交界处长出一圈白色霉状物（病菌孢子囊及孢囊梗）；干燥时，病叶干枯。茎和果柄病部病斑暗褐色或黑褐色，稍凹陷，边缘不明显，椭圆形或长条形。青果发病，病斑褐色或黑褐色，不规则形，边缘不明显，常呈云纹状向外扩展，潮湿时病斑上长出稀疏的白色霉状物（病菌），病果质地硬实，斑面粗糙，不光滑。

②发病规律。由真菌致病疫霉侵染引起，主要以菌丝在保护地各种的番茄和田间自生番茄、马铃薯越冬。孢子囊通过气流传播，直接侵入或从茎的伤口、皮孔侵入。继而在病部产生孢子囊进行再侵染。温度在 12℃时，孢子囊产生游动孢子；温度在 15℃以上时，孢子囊直接产生芽管。孢子囊形成温度为 7～25℃，最适温度为 18～22℃，相对湿度要求在 85%以上。昼温 24℃以下，夜温 10℃以上，空气湿度 75%～100%，露水持续 3 h 以上，病害便开始流行。棚室内湿度大，结露多，病势发展快。

③防治方法

a. 与非茄科蔬菜轮作 3 年以上。

b. 加强棚室管理，控制渍水，减少结露。

c. 发病初期喷洒杀菌剂：72%克露可湿性粉剂 600～800 倍液，或 40%甲霜铜可湿性粉剂 700～800 倍液，或 72.2%普力克水剂 800 倍液，或 58%甲霜灵锰锌（雷多米尔锰锌）可湿性粉剂 500 倍液，或 75%百菌清可湿性粉剂 600 倍液，或 80 大生可湿性粉剂 500 倍液。每 10 天左右喷药 1 次，共 2～3 次。

3）番茄叶霉病

①症状。主要为害叶片。初生淡黄色或黄绿色、边缘不明显的褪绿色斑。在病斑背面密生紫灰色紧密的霉层（分生孢子及分生孢子梗），在霉层部分周缘呈灰白色。严重时，病斑密布，连续成片，病叶干枯。果实发病，多环绕果肩部产生黑色圆斑，后期硬化凹陷。

②发病规律。由真菌褐孢霉侵染引起。病菌以菌丝体或菌丝块在病残体内越冬，分生孢子附着在种子表面或菌丝潜伏在种子的种皮内越冬，分生孢子附着在种子表面或菌丝潜伏在种子的种皮内越冬，第二年产生分生孢子，通过气流传播，引起初次侵染，继而在发病部位产生分生孢子再侵染。病菌发育最适温度为 20～25℃，最低为 9℃，最高为 34℃。湿度是影响发病的主要因子，相对湿度在 80%以下，不利于分生孢子的产生，也不利于病菌侵染和病斑发展。一般在高温、高湿（95%以上）的环境条件下，易引起

病害发生与流行。保护地番茄如遇棚膜透光不良，通风不及时，湿度高，栽种过密，浇水多，发病温度适宜，在短期间就会引起棚室内番茄发病。特别是天气闷热，时晴时雨，棚室内通风环境差，发病重。

③防治方法

a. 实行 2～3 年与非茄科蔬菜轮作。

b. 选种抗病品种，如中杂 7 号、中杂 8 号、佳粉 15 号、金棚一号等。

c. 种子处理，用 52℃温水浸种 30 min，晾干后播种，或用 0.4％的 75％百菌清播种。

d. 加强棚室管理，通风降湿。

e. 发病初期喷洒杀菌剂：75％百菌清可湿性粉剂 600 倍液，或 70％代森锰锌可湿性粉剂 500 倍液，或 50％多菌灵可湿性粉剂 600 倍液，或 50％敌菌灵可湿性粉剂 500 倍液，或 50％多霉灵可湿性粉剂 1 000 倍液，或 40％新星可湿性粉剂 900 倍液。每隔 7 天左右喷药 1 次，共 2～3 次。药液着重喷洒叶片背面。

4）番茄灰霉病

①症状。主要为害果实，茎和叶也发病。在果实上多发生青果，有两种症状。一是先侵染果实柱头，然后由柱头延及果尖部分。二是侵染花瓣，然后发展到果蒂部分。被害部分果皮均呈灰白色，逐渐发展扩大，果皮上密生灰色霉层（病菌分生孢子及分生孢子梗）。叶片发病多从叶尖开始。病斑呈楔形发展，黄褐色，病健分界明显，中部有轮纹，但不甚明显。茎部发病，病斑褐色，椭圆形或不规则形，边缘明显，潮湿时斑上生灰色霉，如茎部病斑扩大和绕茎一周后，其上端茎叶迅速枯死。

②发病规律。由真菌灰葡萄孢侵染引起。本菌在许多蔬菜上均能侵染，主要以菌核留在地上越冬，萌发时产生分生孢子，随气流传播，病菌寄生性弱，只能从花谢的器官、衰弱的组织、枯死的组织及伤口等部分入侵，待病菌侵入并获取营养物质后，才进一步向健康部发展。病菌生长发育适温为 20～23℃，但在低温（2℃）的环境下仍能生长。对湿度要求高，相对湿度在 90％以上，或有结露水的条件下才易发病。保护地第一穗果开花期间遇低温高湿最易发病，第二穗果发病较轻，第三穗果很少发病。因此，棚室温度过低，高湿，弱光，放风不及时，灰霉病极易发生与流行。

③防治方法

a. 培育无病幼苗（见苗床病害—灰霉病）。

b. 开花结果期间，加强肥水管理，适当控制浇水，加强放风排湿，摘除病果，减少棚室内菌源。

c. 发病初期喷洒杀菌剂：50％速克灵可湿性粉剂 1 500 倍液，或 50％农利灵可湿性粉剂 2 000 倍液，或 50％扑海因可湿性粉剂 1 500 倍液，或 50％多菌灵可湿性粉剂 500 倍液，或 70％代森锰锌可湿性粉剂 500 倍液。每 10 天左右喷药 1 次，共 2～3 次。

5）番茄菌核病

①症状。地上部叶、茎、果均发病。叶片多从叶缘开始，水浸状，淡绿色，潮湿时长出白霉，后期全叶呈灰褐色枯死。茎部发病，多从病叶叶柄延伸所致，初呈淡褐色水渍状病斑，稍凹陷，扩大后为灰白色，湿度大时病部表面生出白色棉絮状菌丝体，皮层腐烂，后期在茎部表面和茎内髓部产生黑色菌核。病茎干后表皮易破裂。果实发病主要为害未成熟果实，由果柄开始，逐渐扩展至整个果实，病部初呈水渍状，淡褐色，在病部表面生白色棉絮状菌丝及黑色菌核，病果软腐。

②发病规律。由真菌核盘菌侵染所致。病菌主要以菌核留在土中越冬，一般在冬、春季萌发，产生子囊盘及子囊孢子。子囊孢子借气流传播，先侵染衰老的叶片和花瓣，获得营养后，再侵染健部部分。菌核病菌属低湿型，病菌发育的最适温度为20℃左右，最低为0℃。子囊孢子萌发最适温度为5～10℃，最低为0℃。菌丝不耐干旱，相对湿度85%以上发育良好，湿度在70%以下病害即受到抑制，相对湿度95%～100%最适宜发病。早春低温，不适宜番茄生长，棚室湿度大，棚膜漏水，排水不良，通风降湿差等均易发病。

③防治方法

a. 育苗前清除混在种子中的菌核。

b. 控制棚、室湿度，注意通风。

c. 发病初期喷洒杀菌剂：25%多菌灵可湿性粉剂250倍液，或70%甲基托布津可湿性粉剂1 500～2 000倍液，或50%扑海因可湿性粉剂1 000～1 500倍液，或40%菌核净可湿性粉剂1 000～1 500倍液，或50%农利灵可湿性粉剂1 000倍液，也可用速克灵烟剂在开花前熏烟，每亩每次400 g。

6）番茄青枯病

①症状。本病多在开花期间发生。病株叶片色泽变淡，萎蔫状，多从顶端叶片开始，中午前后尤为明显，傍晚至天明，叶片恢复正常，反复多日后，萎蔫加剧，并自下向上蔓延，最后青枯状整株枯死，茎叶仍保持青绿色。此外，病株病茎中、下部皮层粗糙，常长出长短不一的疣状凸起和不定根。有时在病茎上发生油浸状褐色不规则斑块。病茎维管束变褐色，如将病茎横切面检查，略加挤压，有乳白色黏液溢出（病菌菌脓）。病株根部外观正常。

②发病规律。由细菌青枯假单胞杆菌侵染引起。病菌主要在病残体内留在地上越冬，借雨水和灌溉水传播，从根部或茎基部伤口侵入在病株维管束的导管内繁殖和扩展，有时病菌穿过导管进入邻进的薄壁组织，在茎上出现油浸状褐色坏死斑。病菌生长发育温度为10～41℃，最适温度为30～37℃，酸碱度适应范围pH值为6.0～8.0，最适pH值为6.6。土壤温度20℃以上时，病菌开始活动，在25℃时活动最盛。棚室土地连作，潮湿、高温、酸性土壤，易诱发青枯病。

③防治方法

a. 实行 3 年以上的轮作制，不连种茄科蔬菜作物。

b. 发病严重地块，结合整地时，增施消石灰，每亩 50～100 kg，调整土壤酸碱性为微碱性，抑制病菌生长发育。

c. 选种抗青枯病品种；加强管理，深沟窄厢高畦栽培。

d. 发病期间用 72%农用硫酸链霉素 4 000 倍液，或 50%琥胶肥酸铜 400 倍液，每隔 7～10 天喷 1 次，连续喷 3～4 次。

7）番茄枯萎病

①症状。本病为维管束病害，多在定植后开始表现，发病初期，距地面较近叶片发黄，最后变褐色枯死，枯叶多残留在茎上不脱落；也有发病初期，在茎的一侧叶片发黄，另侧叶片色泽正常；也有个别枝上叶片，半边叶片发黄，另半边叶片正常。发病严重时，病叶由下向上扩展，最后仅残留顶端数叶片外，余均枯死。发病轻的，仅病残距地面较近叶片黄叶外，余均正常，开花、结果与健株无太大差别。病株根部褐色腐烂或局部坏死。剖视茎基部维管束黄褐色。本病与番茄青枯病症状主要区别于植株得病后叶片枯黄，潮湿时常在茎基部生粉红色霉状物（病菌分生孢子）。

②发病规律。由真菌尖镰孢番茄专化型侵染引起。病菌以菌丝体或厚垣孢子随病残体留在土中越冬，种子带菌。病菌可随灌溉水及带菌肥料传播，带菌种子育成的幼苗即是病菌。病菌从根系伤口侵入后在维管束内生长发育，产生有毒的物质，导致叶片枯死。地温 28℃左右时最易发病，土壤含水量高或土壤根结线虫多，根部发育不良，造成伤口，有利枯萎病发病。连作地，病菌数量逐年增加，病害发生严重。

③防治方法

a. 选择抗病性能好的品种，如苏杭 5 号、西安大红、满丝、强丰、渝抗 4 号。

b. 选用无病种子，或种子播种前用 52℃温水浸种 30 min 消毒；或用占种子质量 0.4%的 50%多菌灵可湿性粉剂拌种后播种。

c. 加强管理，结果后增加通风量，降低土温。

d. 发病初期用 50%多菌灵可湿性粉剂 1 000 倍液灌根，每株 200 mL，每隔 7～10 天灌药 1 次，连灌 2～3 次。

8）番茄花叶病

①症状。一种是在叶片上发生轻微的花叶或斑驳，植株生长正常，对产量影响甚微；另一种叶片发生浓淡绿色相间的斑驳，浓绿部分有时隆起呈疱斑，新生叶片变小，叶脉变紫，叶片细长狭窄，扭曲畸形。茎顶叶片生长停滞，植株矮小，下部叶片呈卷筒状，病株花芽分化能力弱，大量落花，落蕾，已坐果的，果形细小，果面多呈花脸状。

②发病规律。由烟草花叶病毒侵染所致，病毒能在多种植物上越冬，种子带毒，蚜虫不传毒。在植株生长期间，主要通过各种农业操作，如分苗、绑蔓、整枝打杈等接触

传染，病毒能在土壤中未腐烂的病残体内，随着在种子上的病毒可远距离传播。

③防治方法

a. 选种抗病品种：中蔬 4 号、中杂 4 号、佳粉 10 号、佳粉 15 号、早丰、西抗 2 号、早魁。

b. 播种前种子用 10%磷酸三钠液浸种 20 min，清水洗净后播种。

c. 无病土育苗，加强苗期管理，培育壮苗。

d. 药剂防治。发病初期可喷 5%菌毒清可湿性粉剂 300 倍液，或绿芬威 1 号可湿性粉剂 600 倍液，或 20%病毒 A 可湿性粉剂 500 倍液，或 1.5%植病灵乳剂 1 000 倍液。7～10 天喷 1 次，连喷 2～3 次。

9）番茄蕨叶病

①症状。顶芽幼叶细长，常作螺旋形下卷，叶片狭小，叶内组织退化，甚至不长叶肉，仅存中脉。病株矮缩，下部叶片边缘上卷，呈卷筒状，中部叶片微卷，上部叶片细小，形成蕨叶，叶背叶脉淡紫色，叶肉薄，色淡，微现花斑。全株腋芽长出的侧枝，都生蕨叶状小叶，上部复叶节间短缩，呈丛枝状。

②发病规律。由黄瓜花叶病毒侵染所致，病毒主要在多年生宿根寄主植物。如酸浆、反枝苋、苣买菜等杂草的根部内越冬，生长期间通过蚜虫（桃蚜和棉蚜）吸毒和传染，本病毒不能通过土壤和种子传染。

③防治方法。消灭苗床四周杂草，加强棚室管理，防治蚜虫。

10）番茄条纹病

①症状。病株上部叶片呈花叶状。在茎秆中、上部发生黑褐色下陷的短条斑，也有先从叶片开始发病，叶脉褐色坏死，并沿叶柄延伸至茎秆部。果实畸形，果面有不规则的褐色下陷的油渍状斑。

②发病规律。由烟草花叶病毒条斑株系侵染所致，病毒主要在多年生宿根寄主植物。如酸浆、反枝苋、苣买菜等杂草的根部内越冬，生长期间通过蚜虫（桃蚜和棉蚜）吸毒和传染，本病毒不能通过土壤和种子传染。

③防治方法。与番茄花叶病同。

11）番茄脐腐病

①症状。在幼果脐部先发生水浸状暗绿色、边缘不明显，形状不规则的斑块，扩大后为灰褐色至黑色，有的可扩大到半个果面，病部不陷呈扁平状，革质柔韧，病健部分界明显。发病后期常在斑面上长出墨绿色或粉红色霉状物（腐生菌）。病果往往提早变红色。

②发病规律。本病是生理病害，主要原因是土壤中水分供应失常引起的。当水分供应不足时，叶部细胞的渗透压比绿果的渗透要高 1～2 个大气压，输送到果实上的水分为叶片所压取，甚至果实内原有的水分也被叶片所摄取，引起果脐部失水引起组织坏

单元 2

孢，形成脐腐。也有人认为土壤中钙缺乏，供应不足所致。在土地缺乏有机质肥料，保水力差的地块发病重。前期肥料充足，供水量多，植株生长旺盛，开花结果期间，水分供应不上，造成前期水多、后期水少，是发生脐腐病的普遍原因。

③防治方法

a. 施用充分腐熟的有机质肥料，改良土质，增强土壤的保水力。

b. 适时浇水，防止前期水多，后期水少，土壤水分供应不均匀。

c. 浇水后及时中耕松土，减少水分蒸发。

d. 避免使用浓度过高和含氮量过多的肥料，在高温干旱时期，追施化肥每次用量不能过多，防止烧根。

e. 坐果 30 天后，及时补钙，喷洒 0.1%硝酸钙液或 0.1%氯化钙液，每隔半个月喷洒 1 次，连续 2 次。

12）番茄绵疫病

①症状。又称褐色腐败病，番茄掉蛋。主要为害青果，茎和叶片也被害。茎主要在茎基部发病，发生暗褐色稍凹陷病斑，待病斑绕茎一周。其上部枝叶枯死。叶片发病，在下部叶片上发生水浸状、褪绿色、椭圆形大斑，有同心轮纹。果实发病多发生距地面近的大果上，靠近果顶部产生褐色圆形病斑，边缘不明显，扩大后呈不规则形轮纹状或云状纹病斑，可达半个果面以上，病果皮下果肉褐色，果皮光滑、硬实。潮湿时病部上长出白色霉状物，病果多保持原状，不软化，易脱落。本病与番茄晚疫病田间的主要识别是，晚疫病果上长出稀疏白霉，而在绵疫病果上长出白色棉絮状菌丝。

②发病规律。本病主要由真菌寄主疫霉侵染引起。病菌主要以卵孢子和厚垣孢子随病残体在地上越冬。孢子萌发时产生孢子囊及流动孢子，通过雨水、水滴和植株表面上形成的水膜传播和侵入。病菌发育适温为 30℃，相对湿度在 95%以上菌丝发育良好。植株生长期间主要靠孢子囊进行再侵染。高温、漏雨、滴水等棚室内发病多。此外，多年连种茄科蔬菜的，平畦种植而且密度较大的，浇水过多，株行间通风透光差的，发病较重。

③防治方法

a. 加强棚室管理，降低温湿度，不利病菌发育和侵染。

b. 农业防治，及时整枝打杈，株行间通风透光良好。发现病果及时摘除，避免相互间传染。

c. 发病初期喷洒杀菌剂：58%甲霜灵锰锌（雷多米尔锰锌）可湿性粉剂 500 倍液，72%克露可湿性粉剂 600 倍液，72.2%普力克水剂 860 倍液，50%甲霜铜可湿性粉剂 600 倍液，75%百菌清可湿性剂粉 600 倍液，80%大生可湿性粉剂 500 倍液。着重喷洒距地面较近的果实。

13）番茄细菌性斑点病

①症状。主要为害叶、茎、花、叶柄和果实。叶片感病，产生深褐色至黑色不规则斑点，直径2～4 mm，斑点周围有或无黄色晕圈。叶柄和茎秆症状相似，产生黑色斑点，但病斑周围无黄色晕圈。病斑易连成斑块，严重时可使一段茎秆变黑。花蕾受害，在萼片上形成许多黑点，连片时，使萼片干枯，不能正常开花。幼嫩果实初期的小斑点稍隆起，果实近成熟时病斑周围往往仍保持较长时间的绿色。病斑附近果肉略凹陷，病斑周围黑色，中间色浅并有轻微凹陷。

②发生规律。番茄细菌性斑点病的病原菌为丁香假单胞菌番茄致病变种。病菌可在番茄植株、种子、病残体、土壤和杂草上越冬，在干燥的种子上可存活20年，可随种子远距离传播。播种带菌种子，幼苗即可发病，幼苗发病后传入大田，并通过雨水、昆虫、农事操作传播，以致造成流行。在田间最初只要有10%的植株发病，就可传染到整个地块。在温度25℃以下、相对湿度80%以上的条件下有利于病害发生。

③防治方法

a. 选种。从无病留种株上采收种子，选用无病种子。

b. 种子处理。对商品种子在播种前要做好种子处理，可用55℃温水浸种10 min后移入冷水中冷却，捞出晾干后催芽播种。或用0.6%醋酸溶液浸种24 h，或用5%盐酸浸种5～10 h，或用1.05%次氯酸钠浸种20～40 min。浸种后用清水冲洗掉药液，稍晾干后再催芽。

c. 茬口轮作。重发病田块提倡与其他作物实行2～3年轮作，以减少田间病菌来源。

d. 加强田间管理。开好排水沟，以降低地下水位，合理密植，适时开棚通风换气，降低棚内湿度，增施磷、钾肥，提高植株抗病性，浇水要用清洁的水源。

e. 清理田园。发病初期及时整枝打杈，摘除病叶、老叶，收获后清理田园，清除病残体，并带出田外深埋或烧毁。深翻土壤，保护地灌水闷棚，高温高湿可促使残余组织的分解和腐烂，降低病原菌的存活率，减少再浸染菌源。

f. 化学防治。在发病初期开始喷药，每隔7～10天喷药1次，连续防治2～3次。药剂可选47%加瑞农可湿性粉剂600～800倍液，或72.2%普力克水溶性液剂700倍液，或丰护胺可湿性粉剂800倍液，或30%DT可湿性粉剂600倍液，或77%可杀得可湿性粉剂400～500倍液，或53.8%可杀得悬浮剂600倍液，或20%噻菌灵悬浮剂500倍液，或14%络氨铜水剂300倍液，或0.3%～0.5%氢氧化铜溶液。

14）番茄溃疡病

①症状。幼苗至结果期均可发生。幼苗染病始于叶缘，由下部向上逐渐萎蔫，有的在胚轴或叶柄处产生溃疡状凹陷条斑，致病株矮化或枯死。成株染病，病菌在韧皮部及髓部迅速扩展。下部叶片凋萎或卷缩，似缺水状，一侧或部分小叶凋萎；茎内部变褐，后期产生空腔、下陷、开裂，生出许多不定根。多雨或湿度大时菌脓溢出，形成白色污状物，后期茎内变褐、中空，枯死。果柄受害多由茎扩展，并伸延到果内，致幼果皱

缩、畸形。果面可见略隆起的白色圆点。单个病斑中央褐色木栓化突起，称“鸟眼斑”。

②发病规律。病原为密执安棒杆菌番茄溃疡病致病型，属细菌。可在种子内、外及病残体上越冬，并可随病残体在土壤中存活2～3年。主要由各种伤口侵入，也可从植株茎部或花柄处侵入，经维管束进入果实的胚，侵染种子脐部或种皮，致种子内带菌。当病健果混合采收时，病菌会污染种子，造成种子外带菌，种子带菌率一般为1%～5%，严重可达53.4%。此外病菌也可从叶片毛状体及幼嫩果实表皮直接侵入。本病远距离传播主要靠种子、种苗及未加工果实的调运；近距离传播主要靠雨水及灌溉水，特别是连阴雨及暴风雨，农事操作进行传播蔓延。温暖潮湿，结露持续时间长发病重。果实易显症。

③防治方法

a. 选用抗病品种；生产用种严格检疫；使用新苗床或采用营养钵育苗；与非茄科作物实行3年以上轮作，及时除草，避免带露水操作。

b. 温水浸种。或70℃干热灭菌72 h。或5%盐酸浸5～10 h。或1.05%次氯酸钠浸20～40 min。或硫酸链霉素200ppm浸2 h后催芽。

c. 发现病株拔除，喷洒14%络氨铜水剂300倍液，或77%可杀得可湿性微粒粉剂500倍液，或1∶1∶200波尔多液，或50%琥胶肥酸铜可湿性粉剂500倍液，或60%琥乙磷铝（DTM）可湿性粉剂500倍液，或硫酸链霉素及72%农用硫酸链霉素可溶性粉剂4 000倍液。

15）番茄茎基腐病

①症状。主要为害大苗或定植后番茄的茎基部。为害定植初期的幼苗，近地表的幼茎变褐腐烂，造成幼苗死亡。危害大苗，初期根系不腐烂，茎基部皮层外部无明显病变，渐变为淡褐色至黑褐色，后绕茎基或根茎扩展致皮层腐烂，病部失水变干缩，纵剖病茎可见木质部变暗褐色。地上部叶片发黄，果实膨大后因养分供不应求，逐渐萎蔫枯死，后期表面形成黑褐色大小不一的菌核。病部以上叶片变黄、萎蔫，后变为黄褐色枯死，多残留在枝上不脱落。

②发病规律。病菌为立枯丝核菌，主要借菌丝体或菌核在土壤或病残体内越冬存活。菌丝也可在土壤中营腐生生活，无寄主菌丝可腐生140天以上。植株根茎或几部叶片接触病土，菌丝便形成初侵染。另外，病菌在土表有时还形成子实体，产生担孢子借气流传播到寄主上引起发病。在田间病菌主要靠接触传染或带菌的农具和堆肥等传播蔓延。种子带菌也可引起发病。病菌适应性很强，菌丝6～40℃均可生长，适温为20～30℃，最适为25～30℃。菌核萌发需要高湿，相对湿度98%以上时菌核才能萌发，病菌侵染需要饱和湿度或保持一定的自由水，在有水膜的条件下，病菌接触即可形成侵染。管理不当、土壤过湿或土温过高、过低，植株生长衰弱等均有利于发病。

③防治方法

a. 选用抗病品种。

b. 培育无病壮苗。选择地势干燥，平坦地块育苗。育苗期苗床换新土或用甲醛：高锰酸钾＝2：1对土壤消毒。育苗时先用55℃水10～15 min烫种，然后用0.1%高锰酸钾浸种后播种。定植时要注意剔除病苗，幼苗定植时不宜过深，雨天及时排除地上积水，培土不宜过高，以减少定植田发病率。

c. 加强田间管理。定植地选择非茄科作物实行3年以上轮作地进行定植。适时精细定植苗，定植时带土移栽。定植后发病，可在茎基部施用药土，每平方米表土施用40%拌种双可湿性粉剂9 g，充分混匀后病株基部覆土，把病部埋上促其在病斑上方长出不定根，可延长寿命，争取产量。

d. 药剂防治。初发病时喷洒40%拌种双悬浮液800倍液，或用20%甲基立枯磷乳油1 200倍液。也可在病部涂五氯硝基苯粉剂200倍液加50%福美双可湿性粉剂200倍液。

（2）辣椒主要病害及其防治技术

1）辣椒疫病

①症状。苗期发病幼苗茎基部缢缩倒状，呈猝倒，床面潮湿时，在病苗四周生白色绵状物。成株叶片发病，初生呈水浸状暗绿色、边缘有不明显的病斑，后变暗褐色。叶柄发病，水浸状，叶片萎蔫状，易落叶。茎和枝发病，多呈褐色或黑褐色边缘不明显的长短不一的局部坏死斑，病部上端枝叶枯死。果实发病多从蒂部开始，暗绿色，水浸状，病斑边缘不明显，扩大后可遍及果实，上生稀疏的白色霉状物（病菌孢子囊及孢囊梗），软腐，易脱落，或失水后形成僵果，残留在枝上。

②发病规律。由真菌辣椒疫霉侵染引起。产生孢子囊借雨水或流水传播，生产期间在病部（特别是在病果上）产生孢子囊，进行再侵染。病菌生长最适温度为28～30℃，孢子囊产生最适温度为20～30℃，发病适温为25～30℃，空气湿度在80%以上，低于这个湿度，病害发生轻或不发生，因为孢子囊在适温范围内必须具有足够的湿度才能萌发，棚顶滴水、漏水，通风不良，高温高湿，棚膜内结露多，发病重。渍水过多，平畦栽种，漫灌也易发病。

③防治方法

a. 农业防治。与非茄果类蔬菜轮作3年以上；无病土育苗；加强栽培管理。

b. 控制渍水。及时通风排湿，降低棚内相对湿度。

c. 喷洒杀菌剂。定植前在苗床喷施70%代森锰锌可湿性粉剂500～800倍液做到带药定植。发病初期喷洒50%甲霜铜可湿性粉剂600倍液，或58%甲霜灵锰锌（雷多米尔锰锌）可湿性粉剂500倍液，或72%克露可湿性粉剂600倍液，或75%百菌清可湿性粉剂600倍液，或80%喷克可湿性粉剂500～800倍液，每10天左右喷药1次，共2～3次。

d. 灌根。发病初期用70%代森锰锌可湿性粉剂400倍液，或64%杀毒矾可湿性粉剂400倍液，或58%甲霜灵锰锌可湿性粉剂400倍液灌根，每穴灌药液250 mL，连灌2～3次。

2）辣椒炭疽病

①症状。辣椒炭疽病主要为害果实，也可为害叶片和茎枝。病果轻则出现圆形或椭圆形稍凹陷的褐色果斑，斑面出现轮纹状排列的小黑点，湿度大时转呈朱红色小点，均为本病病征（病菌分孢盘及分生孢子）；重则引致果腐，致果实呈褐色、黑褐色腐烂，腐烂部密生小黑点或朱红色小点，不能食用。病果在田间或在储运期间皆可发生，后者有时产生的为害更为严重，常引起更大损失。茎枝染病，枝段变灰褐色至灰白色枯死，其上密生小黑点病征，病枝段上部的叶片枯萎。叶斑圆形至不定形，边缘褐色，稍隆起，中部灰褐至灰白色，斑面轮纹明显或不明显，病叶易脱落。

②发病规律。病原为半知菌亚门的刺盘孢属和长圆盘孢属，常见的有辣椒刺盘孢菌、果腐刺盘孢菌等。这些不同的病原菌，引致果腐的炭疽病病征稍有差异，从而可区分为黑色炭疽病、黑点炭疽病和红色炭疽病三种。病菌均以菌丝体及分生孢子盘随病残体遗落在土中越冬，或以菌丝体潜伏在种子内或以分生孢子黏附在种子上越冬。以分生孢子作为初侵与再侵接种体，依靠雨水溅射而传播，从伤口或表皮侵入致病。高温多湿的天气及田间环境与储运环境有利于发病，任何使果实损伤的因素也有利于发病。偏施过施氮肥会加重发病。果实越成熟越易发病。

单元 2

③防治方法

a. 用抗病品种，并注意选择无病植株留种，对重病田应与瓜豆类或叶菜类蔬菜轮作2～3年，减少初次侵染的病菌来源。

b. 播种前应进行种子消毒处理。可用55℃温水烫种杀菌；或先将种子在冷水中浸10～12 h，再用4%硫酸铜液浸种5 min，或50%多菌灵可湿性粉500倍液浸种1 h；也可以先用0.2%～0.5%碱液清洗种子，再用清水浸种8～12 h，捞出后在1%次氯酸钠溶液中浸5～10 min，冲洗干净后催芽播种。

c. 加强肥水管理，合理密植，适时采收，注意田间卫生。

d. 挂果期开始即注意喷药防病。可选用20%艾菌托可湿性粉剂500～600倍液，或50%卡苯得可湿性粉剂500～600倍液，或75%达霜宁可湿性粉剂700～800倍液，或70%乙磷铝锰锌可湿性粉剂600～800倍液。

e. 发现果实染病，病情上升时可选用45%轮多克可湿性粉400～500倍液，或70%普菌克可湿性粉剂700～800倍液，每7～10天喷1次，连喷2～3次。

3）辣椒青枯病

①症状。本病多在开花结果期开始发生。发病初期，病株叶片色淡，萎蔫状，叶片下垂，多从顶端叶片开始，晴天中午前后更为明显，早期夜间尚可恢复常态，随后全株

呈青枯状死亡。如将病株茎基中作纵剖面检查，可见其内部维管束组织部分色泽变褐，如将该部分病茎皮层剥离，直接插入盛有清水的玻璃试管中，可见乳白色黏液自病茎下方溢出（细菌）。病株根部正常或局部变褐坏死。

②发病规律。由细菌青枯假单胞杆菌侵染引起，包括茄果类蔬菜、萝卜、生姜、魔芋等，可侵染160多种植物。病菌主要随病残体在土中越冬，一般可存活数年（3～4年）之久，但在水田中，一般经1年后即失去生活力。病菌主要通过流水传播，从根部伤口侵入，在植株维管束组织中繁殖和扩展。病菌在土壤温度20℃以上时开始活动，25℃时活动最盛。对土壤酸碱度一般以微酸性（pH6.6）为最适。棚地低洼，排水不良，或棚顶滴水、漏雨；土壤酸性，氮肥过多，发病均重。

③防治方法

a. 农业防治措施。与非茄果类蔬菜轮作3年以上或水旱轮作1年以上；整地时增施消石灰每亩50～100 kg，调整土壤酸碱度为微碱性；育苗时不用旧床土，无病土育苗；选用抗病品种；高畦栽培一发现病株立即拔除，并在病穴田间撒施消石灰消毒；防止棚膜破裂、漏水，加强管理。

b. 发病期间可用72％硫酸链霉素4 000倍液；或50％琥胶肥酸铜500倍液；或77％可杀得可湿性粉剂500倍液；或14％络氨铜水剂300倍液进行灌根，每株（穴）用药液250 mL，每10天灌药1次，共2～3次。

4）辣椒枯萎病

①症状。自幼苗期即开始发病，开花结果期症状明显，病株叶片由下向上变黄褐色凋萎，病叶易脱落，严重时仅残留上部少数叶片。根颈部皮层水浸状腐烂，有时病部又在茎的一侧发展，形成一纵向条状坏死区。根系呈水浸状软腐，皮层极易剥离，露出木质部。在潮湿的环境下，在病茎基部常产生白色霉状物（病菌分生孢子及分生孢子梗）。后期整株枯死。剖切茎基部，内部维管束呈褐色，但无黏稠物溢出。本病症状特点，茎基部维管束变褐，病叶干枯脱落，病茎维管束变褐色。根部皮层腐烂，易剥离。

②发病规律。由真菌尖镰孢侵染引起。病菌主要以厚垣孢子随病残体在土中越冬，随灌溉水及病土在棚室传播，从植株根部伤口侵入，在维管束组织内生长、扩展。本病发生与土壤含水量多少密切相关，棚地渍水，植株根系不良，水分过多，引起烂根，病菌即从根系进入根内。棚膜破裂，滴水，发病严重。

③防治方法

a. 选用新土苗床育苗，或育苗前床土用50％立克净土壤消毒。

b. 与非茄科蔬菜轮作2～3年。

c. 加强棚室管理，防止棚顶滴水、漏水。

d. 发病初期喷洒杀菌剂：50％多菌灵或70％托布津500倍液灌根，每穴灌药液250 mL；7～10天灌药1次，共2～3次。

5）辣椒根腐病

①症状。本病发生于定植后，初发病时，白天枝叶萎蔫，傍晚恢复正常，反复多日后，整株死亡，叶片由淡绿变褐色干枯，不易脱落，多残留在枝上。植株根颈部及根部皮层呈淡褐色至深褐色腐烂，极易剥离，木质部呈暗褐色，病部仅限于根及根颈部，地上部维管束组织不变色。本病症状特点，地上部叶片枯萎，不脱落，地下根系腐烂，与青枯病和枯萎病症状不相同。

②发病规律。由真菌腐皮镰孢侵染所致，病菌为土壤习居菌，寄主范围较广，腐生性强，能长时间在土中营腐生活，病菌在棚室主要随灌溉土和带菌肥料中传播，从根部伤口侵入。辣椒怕渍，土壤相对湿度 80%以下，最适宜生长，土壤水分过多，容易发生烂根，导致根腐病菌侵染。凡是棚顶滴水、漏水的地方，平畦栽培地面积水的地方，最易发生根腐病。

③防治方法

a. 加强田间管理，防止菜地积水。

b. 多施有机质肥料，促进根系生长发育，增强抗病力。

c. 用杀菌剂灌根：50%多菌灵 1 000 倍液，每穴灌药水 250 mL，连灌 2～3 次，每次相距 10 天，为了促使根部发新根，也可在药液中加 0.1%的台农高产宝叶面肥（粉剂）。也可用 10%双效灵 250 倍液，或 75%敌克松 800 倍液，或 40%灭病威 500 倍液，或 3.2%克枯星 500 倍液，或 5%菌毒清 300 倍液，施药方法及用量均相同。

6）辣椒灰霉病

①症状。幼苗发病，幼茎缢缩变细，子叶腐烂，幼苗倒折死亡，病部上密生灰色霉状物（病原分生孢子及分生孢子梗）。成株染病，在茎上产生褐色至灰白色，局部坏死斑，边缘明显，病斑扩展到绕茎一周时，其上端枝叶萎蔫枯死，潮湿时斑面上长灰色霉状物。果实染病，病部灰白色，软腐，其上面长灰色霉。本病症状特点在病部面上长一层灰色霉状物（病菌）。

②发病规律。由真菌灰葡萄孢菌侵染所致。病菌主要以菌核留在土中越冬，分生孢子在自然状态下也能在棚室支架等部位黏附着越冬，孢子萌发时产生芽管，通过气流传播，从败花和伤口侵入。病菌生长发病适温 23℃，但在 2℃低温和 95%以上空气湿度时，大量产生分生孢子和萌发侵染。低温不利于植株生长，抗病力下降。故在低温高湿的棚室内发病严重。

③防治方法

a. 发病期间做好棚室内温湿度调控，上午尽量保持较高温度，使棚顶露水雾化，下午适当延长放风时间，降低棚内湿度。

b. 及时摘除病枝、果，携出棚外深埋，减少病菌蔓延。

c. 喷洒杀菌剂：50%扑海因可湿性粉剂 1 500 倍液，或 50%益得可湿性粉剂 500 倍液，或50%多霉灵可湿性粉剂800倍液，或60%灰霉克可湿性粉剂500倍液，或30%灰霉灵可湿性粉剂800倍液，或50%农利灵可湿性粉剂1 000倍液，或50%多菌灵可湿性粉剂500倍液，或70%代森锰锌可湿性粉剂500倍液，或50%速克灵可湿性粉剂1 500倍液，或40%百可得可湿性粉剂1 500倍液。每10天喷药1次，共2～3次。

7）辣椒菌核病

①症状。多发生在茎部或枝叶分杈处，病部初呈水浸状浅褐色不规则形病斑，迅速扩大，湿度大时，病部皮层腐烂，并长出白色棉絮状菌丝体，初呈灰白色，后变为黑色的鼠粪状菌核，待病斑环绕茎一周后，病部上端枝叶迅速枯死。

②发病规律。由真菌核盘菌侵染引起，寄主范围广，主要以菌核在土中越冬，抗逆性强，能在土中存活半年，萌发时长出子囊盘及子囊孢子，借气流传播，从植株的伤口或衰老部位侵入为害。病菌发育适温为15～24℃。菌核萌发前需吸收足够水分。棚室滴水、漏水，地面低洼，潮湿，易发病。

③防治方法

a. 实行轮作2～3年。

b. 加强管理，注意通风排湿。

c. 增强磷、钾肥，增强植株抗病力。

d. 喷洒杀菌剂：40%菌核净1 500～2 000倍液，或50%速克灵可湿性粉剂1 500～2 000倍液，或50%托布津可湿性粉剂400倍液，或50%多菌灵可湿性粉剂800倍液。每隔10天喷药1次，共2～3次。

8）辣椒白粉病

①症状。为害叶片。在叶片背面密生白色霉斑（病菌分生孢子及分生子梗），后期霉斑扩大可遍及整个叶片背面。在叶片正面，发生白色霉斑的部分色泽黄绿，边缘不明显。老叶和嫩叶均被侵染，得病后病叶易落。

②发病规律。由真菌鞑靼内丝白粉菌侵染引起，除为害辣椒外，番茄、茄子也被害。本病在我国南部地区终年发生，不存在病菌越冬问题，孢子借气流传播，萌发时产出芽管，从叶片气孔或直接侵入为害，继而在病部产生分生孢子进行再侵染。在相对湿度为52%～75%，温度为20～25℃的环境下，对白粉病发生有利，棚室温度高湿度大对病害发生有抑制作用。

③防治方法。喷洒杀菌剂：15%粉锈宁可湿性粉剂1 500～2 000倍液，或65%代森锌可湿性粉剂500倍液，或70%甲基托布津600～800倍液，或50%多菌灵可湿性粉剂600～800倍液。每隔7～10天喷药1次，共喷2～3次。

9）辣椒黑斑病

①症状。主要侵染果实。病斑初呈淡褐色，不规则形，稍凹陷。一个果实多生一个病斑，病斑直径10～20 mm，病斑上生黑色霉状物（病菌分生孢子及分生孢子梗）。有

时病斑愈合，形成更大的病斑。

②发病规律。由真菌纤细链格孢侵染引起，病菌为弱寄生菌，主要以菌丝体随病残体越冬，产生分生孢子，借气流传播，从伤口侵染，继而在病部（特别是在果实上）产生分生孢子再侵染。其发生与日灼病有联系，多发生在日灼处。

③防治方法

a. 防止辣椒日灼病。

b. 发病初期喷洒75%百菌清可湿性粉剂500倍，或70%代森锰锌可湿性粉剂600倍液，或50%多菌灵可湿性粉剂800倍液，或80%喷克可湿性粉剂600倍液，或80%大生可湿性粉剂500倍液，7～10天防治1次，连续2～3次。

10）辣椒灰斑病

①症状。主要为害叶片。病斑近圆形，直径0.2～1 cm，中心灰白色，周围灰褐色，边缘深褐色，有同心轮纹或轮纹不明显，发病严重时，病斑密布，病叶易落。

②发病规律。由真菌辣椒尾孢侵染引起。病菌主要以菌丝体随病叶留在地上越冬，生长期间产生分生孢子，借气流传播蔓延，从气孔侵入。本病在缺肥、缺水、植株生长过密，株行间不通风，地面潮湿，发病较多。

③防治方法

a. 加强田间管理，施足基肥，培育无病壮苗，及时移植。

b. 注意棚内通风排湿。

c. 发病初期喷洒杀菌剂：70%代森锰锌可湿性粉剂500～600倍液，或80%喷克可湿性粉剂600倍液，或78%科博600～800倍液，或80%大生可湿性粉剂800倍液，或64%杀毒矾可湿性粉剂500倍液。每10天左右喷洒1次，共2～3次。

11）辣椒白绢病

①症状。主要为害茎基部，病部皮层呈水浸状腐烂，表面生白色具有光泽的菌丝束，向地上茎部呈辐射状延伸，后期在白色菌丝上产生初呈白色后变褐色的菜籽状菌核。菌核球形、不正形，各自分散，但常密集一起，如果地面潮湿，菌丝能从茎基部向其四周地面上扩展。后期病株茎基部皮层腐烂后，地上部枝叶干枯，整株死亡。症状特点在茎基部生白色丝状菌丝束。

②发病规律。由真菌齐整小核菌侵染引起，寄主范围广，能为害茄果类、瓜类、豆类、魔芋类等一些蔬菜。病菌以菌核在土中越冬，菌核抗逆性强，在土中能存活5～6年。主要靠流水传播，萌发时产出菌丝直接从茎基部侵入为害，继而在病部产生白色菌丝束和菌核，进行再侵染。

病菌喜高温，最适温度为32～33℃。喜酸性，最适发育的酸碱度为pH5.9。菌核萌发时必须吸收足够水分。高温、高湿和酸性土壤的环境下，病害易发生和发展。棚室潮湿，或棚顶滴水，漏雨，株行间通风透光差，地面湿度大，均易诱发白绢病。

③防治方法

a. 结合整地，每亩增施消石灰 50～100 kg，与土壤充分掺匀，改变土壤酸碱度，呈微碱性，不利白绢病菌生长。

b. 多用有机肥料，增加颉颃性微生物，起到生物防治目的。

c. 发现病株及时拔除，携出棚外火烧深埋，并在病株周围撒消石灰消毒，防止病菌蔓延。

d. 发病期间喷洒 25%粉锈宁可湿性粉剂 2 000 倍液，或 20%甲基立枯磷可湿性粉剂 1 000 倍液，或 50%福多宁可湿性粉剂 3 000 倍液，或 50%代森铵可湿性粉剂 800 倍液。每 10 天左右喷洒 1 次，共 2～3 次。着重喷洒植株茎基部及其四周地面，效果明显。

12）辣椒灰叶斑病

①症状。为害叶片。早期在叶片上散生褐色小斑点，扩大后近圆形，中心灰白色，周缘紫褐色，大小直径 0.1～0.5 cm，发病严重时，病斑密布，早期落叶。

②发病规律。由真葡萄柄霉侵染引起。病菌随病残体在地上越冬，产生分生孢子，借气流传播侵染为害。病菌为弱寄生菌，在植株生长弱，潮湿，易发病。

③防治方法。同辣椒灰斑病。

13）辣椒细菌性疮痂病

①症状。主要为害叶片，初生水浸黄绿色，后变黄褐色，圆形或不规则形，直径约 2～6 mm，边缘色深稍隆起，内部色淡，稍凹陷，灰白色，后期易穿孔，病叶早落。茎、果梗发病，病斑与叶片的相似。果实发病产生直径 1～3 mm 黑褐色稍隆起的疱斑，后期木栓化。

②发病规律。由细菌野油菜黄单胞菌辣椒斑点病侵染所致。病菌主要在种子上越冬，也可随病残体在地上越冬。带菌种子可作远距离传播。棚室内病菌主要借灌溉水、棚顶滴水和昆虫传播，从气孔和伤口侵入，继而在当年发病的病斑上溢出菌脓，再传播侵染。本病发病适温为 20～25℃，15℃以下或 30℃以上很少发病。除温度外，对湿度要求为高湿度，叶面结露或形成水膜时，对发病更为有利。此外，重茬地、土壤瘠薄、缺肥、生长衰弱、棚地潮湿等情况下发病均重。

③防治方法

a. 选种抗病品种：辣椒品种有湘研 1 号、2 号、6 号、10 号。

b. 使用无病种子，播种前种子用 50℃温水浸种 10 min 消毒处理。

c. 与非茄科蔬菜轮作 2 年以上。加强管理，合理施肥，增施磷、钾肥，增强植株的抗病力。

d. 发病初期喷洒杀菌剂：喷洒新植霉素 4 000 倍液，或 72%农用硫酸链霉素 4 000 倍液，或 60%琥乙磷铝（DTM）500 倍液，或 40%甲霜铜 600 倍液，或 14%络氨铜水剂 300 倍液，或 77%可杀得 600 倍液，或 47%加瑞农 900 倍液等，每 10 天左右喷药 1

次，共2～3次。

14）辣椒病毒病

①症状。病毒病在辣椒植株上可引起花叶、黄化、坏死、畸形（矮化）等。花叶分轻型和重型花叶两种。前者病叶初为明脉和轻微褪绿，继而发生淡绿与浓绿相间的斑驳，病株无明显畸形和矮化，一般不落叶；后者叶面呈现浓淡绿色斑驳，叶面大多凹凸不平，叶片皱缩畸形，有时变成线叶，植株生长侵染，果形变小，严重矮化。

②发病规律。本病由病毒侵染所致，目前已知为害辣椒的病毒有10多种，在我国主要是黄瓜花叶病毒（CMV）和烟草花叶病毒（TMV）两种。辣椒各种病毒都能在寄主植物活体内越冬，但烟草花叶病毒具有极强的抗逆性，在干燥的细叶和尚未腐烂的根部组织内仍具有传染能力。辣椒病毒病的病毒种类不同，传染途径也不同，有些是通过蚜虫和汁液摩擦传染，如黄瓜花叶病毒；有些只能通过汁液摩擦接触传染，如烟草花叶病毒、马铃薯X病毒；也有些只能通过蚜虫传播的如马铃薯Y病毒、烟草蚀纹病毒、苜蓿花叶病毒和辣椒叶脉斑病毒。环境条件与病毒病关系密切，温度不仅对昆虫有影响，而且直接影响病毒侵入寄主后显症。栽培管理对病毒病，也有一定影响，氮肥过多或过少均能使病情加重，中耕除草、整株打杈，增加病毒的接触。

③防治方法

a. 清除苗床内外的寄主植物。

b. 播种前用磷酸三钠消毒。

c. 无病毒种植。

d. 及时防治蚜虫。

e. 喷施治病毒的化学农药。

15）辣椒脐腐病

①症状。本病只为害果实。果实被害多发生在花器残余部及其附近，早期呈现水浸状暗绿色斑点，扩大后有时可达半个果实。病部组织皱缩、坚硬，表面凹陷，黄白色至褐色。后期病部常被弱寄主菌侵染，斑面上长出黑色霉状物。

②发病规律。水分供应失调是诱发脐腐病的主要原因。果实生长期间如遇高温干旱，土壤缺水，致使辣椒果实因突然水分不足而引起果实顶端的细胞失水死亡，并逐渐向内延伸，其表现与番茄脐腐病的发生是一致的。

③防治方法

a. 结合整地，多施农家肥料，增强棚地土壤的保水力。

b. 合理用水，果实膨大期保持土壤一定程度的湿度，防止土壤过干。

c. 果实发育期间，喷洒过磷酸钙100倍液，或氯化钙1 000倍液。

16）辣椒日灼病

①症状。只为害果实，多发生在果实生长中后期。在果实向阳面褪绿变硬，不规则

单元 2

形，病健间界线非常明显，淡黄褐色或灰白色，皮革状，病部表皮失水变薄易破，表面常产生一些黑色霉菌（腐生菌）。

②发病规律。生理病害，由阳光直接照射所引起。

③防治方法

a. 加强棚室管理。

b. 适当密植，适时采收。

c. 防止棚内水滴留在果面上，被阳光通过薄膜聚焦，引起果面灼伤。

(3) 茄子主要病害及其防治技术

1) 茄子黄萎病

①症状。本病多在门茄坐果后开始发生。发病初期多在植株一侧的中、下部叶片发病，叶片边缘及叶脉间发生不明显的黄白色斑驳，失水萎蔫后叶缘上卷，随后另一侧叶片相继发生类似症状，后期大量落叶，只剩茎秆。剖视茎和叶柄，维管束变褐色。

②发病规律。由真菌黄萎轮枝菌侵染所致，病菌主要以休眠菌丝厚垣孢子和微菌核随病残体留在土中越冬。种子带菌。病菌从根部口或直接从幼根及表皮根毛部位侵入，后在维管束导内繁殖，扩展到茎、枝、叶、果等部分。一般气温在 20～25℃，土温在 22～26℃ 和湿度较高的环境下发病重。久旱、高温（30℃以上），病害发生受到抑制。

③防治方法

a. 选用耐病品种：齐茄 1 号、海茄、辽茄 3 号等均耐病。

b. 与非茄科蔬菜轮作 3～4 年。

c. 播种前种子用 50%多菌灵可湿性粉剂 500 倍液浸种 2 h，或 55℃温水浸种 15 min，即移入冷水中，冷却后催芽播种。

d. 苗床土消毒，按每平方米面积用 50%多菌灵可湿性粉剂 10～15 g，均匀撒在床土上，与 5 cm 深的床土拌匀后，按常规播种。

e. 发病初期杀菌剂灌根：50%多菌灵可湿性粉剂 500～1 000 倍液；50%苯菌灵可湿性粉剂 1 000 倍液，每株灌药 0.5 L。每半月 1 次，连灌 2 次。

f. 定植前亩用 50%多菌灵 2 kg 进行土壤消毒。

g. 嫁接防病，用野生水茄、青茄或红茄作砧木，栽培茄作接穗，进行嫁接栽培。

2) 茄子绵疫病

①症状。主要为害果实，茎和叶片也被害。近地面果实先发病，在果实上初生水浸状圆形或近圆形、黄褐色至暗褐色稍凹陷病斑，边缘不明显，扩大后可蔓延至整个果面，内部褐色腐烂，易脱落。潮湿时斑面产生白色棉絮状霉。病果落地或残留在枝上，失水变干后形成僵果。叶片病斑圆形，水渍状，有明显轮纹，潮湿时，边缘不明显，斑面产生稀疏的白霉（孢子囊及孢囊梗），干燥时，病斑边缘明显，不产生白霉。花湿腐，并向嫩茎蔓延，病斑褐色凹陷，其上部枝叶萎蔫下垂，潮湿时，花茎等病部产生白色棉

状物（病菌菌丝体及孢子囊）。

②发病规律。由真菌茄疫霉侵染所致。病菌主要以卵孢子随病残体在地上越冬。萌发时产生孢子囊，借雨水溅到果实上侵染为害，后又在病斑上长出孢子囊，通过风雨传播，孢子囊萌发时产生流动孢子或直接产生芽管，进行再侵染。发育最适温度为30℃，空气相对湿度95%以上菌丝体发育良好。因此在高温多雨，湿度大成为此病的流行条件。此外，重茬地、地下水位高、排水不良、密植、通风不良，或保护地撤天幕后遇下雨，或天幕滴水，造成地面积水、潮湿，均易诱发本病。

③防治方法

a. 与非茄果类蔬菜轮作3～4年。

b. 加强田间管理。易渍水地高畦种植。及时摘除病果，杜绝病菌蔓延。

c. 喷洒杀菌剂，75%百菌清可湿性粉剂500～800倍液；或65%代森锌可湿性粉剂500倍液；或58%甲霜灵锰锌（霉多米尔锰锌）可湿性粉剂600倍液；或72%克露可湿性粉剂600～800倍液；或72%普力克水剂800倍液；或78%科博可湿性粉剂600倍液；或80%大生可湿性粉剂500倍液。每10天左右喷药1次，共2～3次。喷药时着重喷洒下部果实。

3）茄子褐纹病

①症状。叶、茎及果实均发病。叶片病斑圆形或不规则形，边缘深褐色，内部灰色或灰白色，老病斑上轮生黑色小粒点（病菌分生孢子器），易穿孔。茎上病斑长椭圆形，边缘暗褐色，内部灰白色，斑面散生许多小粒点，初埋生在表皮内，后突破表皮露出为小黑粒点。果实发病主要发生在成熟果上，初生黄褐色或浅褐色圆形或椭圆形稍凹陷病斑，扩大后变为黑褐色，有同心轮纹，后期密生黑色小粒点。病果后期落地或留在枝上，失水变成僵果。

②发生规律。由真菌茄褐纹拟茎点霉侵染引起，病菌主要以菌丝或分生孢子器随病残体留在地上越冬。种子可带病菌。初侵染时，病菌主要借雨水反溅，将病菌分生孢子传到茎和叶片上，在病斑上产生分生孢子，再借风雨传播，进行再侵染。

③防治方法

a. 无病果采种，或播种前用种子量0.3%的拌种双可湿性粉剂拌种，或50℃温水浸种30 min，浸种后取出用冷水降温，阴干备用。

b. 使用2年以上未种过茄子的土壤作床土；与非茄子地轮作3年。

c. 加强棚室管理。施足底肥，三要素肥料配合使用，培育壮苗，提高抗病力。

d. 发病初期喷洒杀菌剂：75%百菌清可湿性粉剂500～800倍液，或65%代森锌可湿性粉剂500倍液，或70%代森锰锌可湿性粉剂500倍液，或50%扑海因可湿性粉剂1 500倍液，或78%科博可湿性粉剂600倍液，或40%甲霜铜可湿性粉剂600～700倍液，视天气和病情隔10天1次，连防2～3次。

4）茄子菌核病

①症状。主要为害茎部，叶片和果实也发病。茎部被害多发生在分枝上，病斑淡褐色，局部坏死，上端枝叶凋萎枯死，潮湿时病部产生白色棉絮状物（病菌菌丝体），后形成菌核。果实发病多从花萼和果蒂部开始，后发展至果肩部，形成暗褐色稍凹陷病斑，后腐烂，潮湿时斑面产生白色棉絮状物。叶片被害多从叶缘开始，初呈水渍状，褪绿，后变淡黄色至淡褐色不规则的病斑，潮湿时斑面生白色棉絮状霉（病菌），后形成菌核。

②发生规律。由真菌核盘侵染所致。病菌以菌核在土中越冬，萌发时产生子囊盘及子囊孢子，子囊孢子成熟后借气流传播到寄主上，从伤口和残留在果实上的花瓣，侵染为害，继而进一步侵染健壮的叶片、果实和茎部，扩展蔓延。本病在温度20℃左右和相对湿度85%以上的环境下，病害较重。湿度在70%以下，发病轻。早春和晚秋多雨、高湿，易引起本病流行。

③防治方法

a. 提高棚室内的温度和降低室内的湿度是主要生态防病措施之一。

b. 在门茄和对茄开花期喷洒杀菌剂：喷洒50%扑海因可湿性粉剂1 500倍液，或50%农利灵可湿性粉剂1 000倍液，或20%甲基立枯磷可湿性粉剂1 000倍液，或50%苯菌灵可湿性粉剂1 000倍液，或36%甲基硫菌灵悬浮液600倍液，轮换或交替使用，隔10～15天1次，连续防治3～4次。

c. 如使用2，4-D，在稀释液中加入0.1%的50%农利灵，50%扑海因或50%多菌灵混合配药，进行蘸花，具有防止落花和防病双重效果。

5）茄子青枯病

①症状。茄子被害，初期个别枝条的叶片或一张叶片的局部呈现萎垂，后逐渐扩展到整株枝条上。初呈淡绿色，变褐焦枯，病叶脱落或残留在枝条上。病株茎部有明显的症状，但将茎部皮层剥开木质部呈褐色。这种变色从根颈部起一直可以延伸到上面枝条的木质部。枝条里面的髓部大多腐烂空心。用手挤压病茎的横切面，也有乳白色的黏液渗出。

②发生规律。由细菌青枯假单胞杆菌侵染引起。病菌随病残体在土中越冬，能在菜地土中存活2年，但不耐干燥。病菌借流水的传播，从根部伤口侵入，在维管束组织内生长、发育。病菌发育最适温度为30～37℃，最适酸碱度pH6.6。多雨潮湿，棚顶漏雨，地面渍水，最易诱发青枯病。此外，茄果类重茬地、酸性大。地下水位高，排水不良等地发病重。

③防治方法

a. 实行与瓜类、豆类等非茄科蔬菜轮作2年以上，水旱轮作效果最明显。

b. 发病严重地，结合整地，每亩增施消石灰50～100 kg，调整土壤酸碱度为微碱

单元 2

性反应。

c. 加强田间管理，低洼地高畦种植，及时拔除病株，开花结果期开始，避免中耕，防止根系受伤。

d. 发病初期，可用72%农用硫酸链霉素4 000倍液，或77%可杀得可湿性粉剂600倍液，或50%琥胶肥酸铜500倍液，或14%络氨铜水剂300倍液灌根，每株灌药0.3～0.5 L，每10天1次，连灌3～4次。

6）茄子灰霉病

①症状。茄子苗期、成株期均可发生灰霉病。苗期发病先从幼苗子叶和下部真叶开始。子叶染病后开始褪绿发黄，逐渐变褐枯死，并可扩展到幼茎，幼茎缢缩变细，折断枯死。真叶染病后出现半圆形淡褐色轮纹斑，后期叶片和茎秆均可长出灰霉，致病部腐烂。成株期染病，叶缘处出现水浸状病斑，逐渐变褐，形成椭圆或近圆形浅黄色轮纹斑，密生灰霉层，病斑相连常致整叶枯死。茎秆和叶柄染病也可产生褐色病斑。湿度大时可长出灰霉。果实染病，幼果果蒂周围局部先产生水浸状褐色病斑，逐渐扩大后呈暗褐色，凹陷腐烂，表面产生不规则轮状灰色霉层。

②发生规律。由真菌灰葡萄孢侵染引起该病菌以分生孢子在病残体上或以菌核在土壤越冬。春季条件适宜时，菌核产生菌丝体，菌丝体产生分生孢子，分生孢子靠气流即农事操作进行传播蔓延。分生孢子在凋萎的花瓣和花托等处腐生，然后侵染花、果实和叶片。从病部产生的分生孢子可再靠气流或农事操作而传播，进行多次再侵染。

灰霉病是高湿型病害。相对湿度达80%以上时开始发病，达90%以上时有利于该病的发生，相对湿度达60%～70%时，不利于病害的发生。该病发生的温度为7～30℃，以20～25℃最为适宜。当温度为20～25℃时，连续阴雨，灰霉病会严重发生。阴雨天气多，光照不足，气温偏低，保护地通风不良，或连作多年的老温室，种植密度过大，管理差，有机肥偏少，氮肥偏多，氮、磷、钾比例失调等都有利于灰霉病的发生。

③防治方法

a. 建立无病苗床。要选择地势高，干燥，背风向阳，排水方便，土壤肥沃，无病菌的地块建立苗床。营养土要从没有种过或近3年内没种过茄子、黄瓜、番茄等蔬菜的生茬地块中挖取，并注意营养土的灭菌消毒，方法是1 000 kg营养土中均匀掺入50%多菌灵可湿性粉剂100 g，以杀灭菌源。

b. 采用营养钵育苗。营养钵育苗即可利于培育壮苗，增强抗病能力，又可避免因分苗移植造成伤根，减少病菌的侵染机会。

c. 棚室灭菌消毒。使用多年的大棚或温室，因菌源积累较多，要用硫磺熏蒸消毒。其方法是：在定植前每平方米用硫磺7～8 g加15 g锯末混匀。于傍晚点燃，密闭熏蒸24 h，效果较好。

d. 清除病残体。在发病期间，及时摘除病花，病叶、病果、病茎并随时装入塑料袋中，带到棚外深埋。收获后彻底清除病残体，集中烧毁，并进行深耕，减少菌源。

e. 加强肥水管理。保护地内应重施腐熟的优质有机肥，增施磷、钾肥，以提高植株的抗病能力。要适当控制浇水，有条件的可用滴灌技术，禁止大水漫灌。

f. 加强通风排湿。在保证棚室温度（一般为20℃）的前提下，无论是苗期还是结果期，要注意多放风排湿。一般可在每天日落后短时间放风，保持棚室内相对湿度不超过70%，这是防止和减轻灰霉病发生的重要措施。

g. 药剂防治。在定植前用50%速克灵可湿性粉剂1 500倍液，或50%多菌灵可湿性粉剂500倍液喷淋茄苗，达到无病苗进棚。在棚室内茄子发病初期，要及时施药防治。可用50%速克灵可湿性粉剂粉剂1 200倍液，或50%扑海因可湿性粉剂1 500倍液，或25%使百克乳油1 000倍液，或75%百菌清可湿性粉剂500倍液，隔7～10天喷1次，连续施药3～4次。由于灰霉病菌易产生抗药性，要注意交替轮换用药或几种药剂混合使用，有利于提高防效，延缓抗药性。

7）茄子花叶病毒病

①症状。幼苗发病，植株萎蔫不长，严重时幼苗枯死。成株发病，叶片呈现浓淡绿色相间的斑驳，严重的浓绿部分隆起呈疱斑，叶面皱缩不平，顶端新叶细小，变形。病株结果很少，甚至不结果。

②发病规律。主要由黄瓜花叶病毒侵染引起。育苗期间高温干旱，有利蚜虫繁殖，虫口密度大，发病重。缺水、地温高，植株生长不良，故加重病情更进一步发展。

③防治方法

a. 加强棚、室内外管理，早期铲除四周杂草，消灭病毒来源；及时、连续防治蚜虫。

b. 选用耐病毒病的茄子品种或选无病株留种；种子用10%磷酸三钠浸种。

c. 苗期喷洒83增抗剂100倍液，提高植株耐病力。

d. 发病初期喷洒20%病毒A 500倍液，或20%病毒宁600倍液。每隔7～10天喷洒1次，共3～4次。

2. 瓜类蔬菜的主要病害种类、特点、发病规律及综合防治

（1）黄瓜主要病害及其防治技术

1）黄瓜霜霉病。黄瓜霜霉病俗称跑马干、黑毛，是一种流行性很强的常发病害，各地保护地栽培的黄瓜一旦发病，病势发展很快，能在一两周内使植株大部分叶片枯死，造成减产，甚至未摘瓜就提早拉秧。本病只为害瓜类。甜瓜、冬瓜、丝瓜、节瓜、苦瓜、南瓜、瓠瓜都可受害。

①症状。主要侵染叶片，成株期发病多在开花结瓜后。真叶染病，叶缘或叶背面初生水渍状圆形小斑，逐渐变成浅黄至鲜黄色。病斑扩展受叶脉限制，多呈多角形。严重时病斑连接成片，呈黄褐色干枯，叶缘向上卷曲，瓜秧叶片自下而上枯死。在潮湿条件

下，叶背病部长出浓密的紫黑色霉斑，即病菌的孢囊梗和孢子囊。

②发病规律。本病由古巴假霜霉菌侵染所致。病菌只能寄生活体寄主，为专性寄生真菌。我国南部四季种植黄瓜或瓜类作物地区，霜霉病等周年发生。在北方冬季节能型日光温室和加温温室黄瓜上，病菌的孢子囊继续侵染繁殖，借气流和病苗传播，成为翌年春棚和露地黄瓜的初侵染源，经秋瓜再到温室，病害全年发生为害。我国北部冬季严寒不种植黄瓜，翌年菌源由邻近地区或南方的孢子囊随季风吹来，适宜条件下，病菌侵入寄主3～5天或8～10天出现中心病株。随后病株叶上产生的孢子囊，经气流及雨水传播不断进行再侵染，扩大蔓延为害。成株期发病多在开花结瓜后，一般盛瓜期达到高峰。霜霉病的发生流行与环境温、湿度密切关系。气温为16～20℃，叶面结露或有水膜是病菌侵染的必要条件。病害流行的气温为22～24℃，空气相对湿度85%以上。当气温高于30℃或低于15℃时，发病受到抑制。不同品种黄瓜的抗病性有明显差异。此外，地势低洼、大水漫灌、偏施氮肥、植株过密、保护地通风不良、瓜秧长势衰弱都会加重病情。

③防治方法。选用抗病品种，改进栽培管理技术，采用结合药剂保护的综合防治措施。

a. 选用抗病品种。适合大棚种植的有津杂1号、2号、3号、4号，津研4号、6号、7号，津春8号，中农7号，京旭（碧春），秋棚1号、2号等。日光温室、加温温室深冬和早熟栽培，应因地制宜选用耐低温和弱光的良种，如中农5号、7号、11号、13号，津春3号，保丰，新泰密刺及长春密刺等。

b. 培育无病壮苗。育苗温室和生产温室隔离，避免苗期感染。采用营养钵育苗，注意育苗室温湿度调节，避免瓜苗叶面结露。定植前应进行低温炼苗，定植时严格去除病弱苗。

c. 改善栽培条件。日光温室冬春茬栽培，要选用无滴棚膜，可提高透光率，增温降湿和防病作用。实行高畦地膜覆盖栽培，使土壤蒸发面变小，降低棚室空气相对湿度，兼有增温、保墒和护根作用，提高寄生主抗病力。适当稀植，防止瓜秧相互遮阳。

d. 改进施肥和灌水技术。在整地时施足混匀堆沤的农家肥和磷钾肥，做到生育后期不脱肥早衰。瓜秧较弱或叶色浅淡应追施叶面肥，如多氨液肥或植物健生素500倍液等。采取塑料软管或膜下暗灌法浇水，浇足定植水后7天左右不浇水，缓苗至花期少量追肥浇水。灌水在晴天上午进行，其后可关闭棚室，将室温提到30℃左右，保持1 h再放风排湿；温度降到25℃以下，再重复提温1次后放风，防病效果良好。

e. 生态防治。黄瓜进入结瓜期当外界气温上升时，可通过放风调节室内温、湿度，控制霜霉病的发生发展。方法如下：早晨先放风0.5～1 h，排出湿气后闭棚。上午室温提到28～30℃（注意不能超过35℃），中午、下午放风，温度降到20～25℃、空气相对湿度降到60%～70%，温度低于10℃关棚。傍晚再放风3 h左右，可减少黄瓜夜间吐水。夜间外界最低温度达到12℃以上，可以整夜放风。阴雨天也要适当放风，但要防止雨水溅到黄瓜叶上。

f. 高温闷棚灭菌。大棚黄瓜普遍发病后，在晴天中午闭棚2 h，使植株生长点附近温度升到45℃，然后放风降温。处理1次可控病7～10天。闷棚时要求棚内湿度高，可在前一天浇1次水。

g. 药剂防治。定植前发现病苗，须喷药后移栽。定植后加强预测预报，一旦发现中心病株及时施药。

(a) 熏烟法。首次熏烟一般在结瓜期发病前进行。用45%百菌清烟剂（安全型），按棚室面积每亩用药量160～200 g，80%百菌清烟剂800～850 g。于傍晚收工时将烟剂分均5份放置，由里向外逐次点燃发烟，密闭棚室，次日清晨通风照常田间作业。一般7～10天熏1次，还可兼治白粉病、炭疽病等。

(b) 喷粉法。黄瓜成株期，用50%百菌清粉尘剂或10%多百粉尘剂、或10%防霉灵粉尘剂、或5%加瑞农粉尘剂每亩用药量1 kg，用丰收5型或丰收10型喷粉器喷粉，一般8～10天喷1次。作业时平举喷粉管，由棚室走道一端向后退行喷撒。5型和10型喷粉器摇柄转数分别为30 r/min和52 r/min左右，每亩每次喷粉5～10 min即可完成。喷粉时要密闭棚室，喷后1 h可以放风，傍晚作业可密闭一夜。

(c) 喷雾法。常用药剂有25%甲霜灵可湿性粉剂500～600倍液，或58%甲霜灵锰锌可湿性粉剂600倍液，或64%杀毒矾米8可湿性粉剂500倍液，或72.2%普力克水剂600倍液，或75%百菌清可湿性粉剂500倍液，或70%乙磷锰锌可湿性粉剂500倍液，或40%乙磷铝可湿性粉剂200倍液等，每7天左右喷1次，连续3～4次。这些药剂应轮换使用，药液一定要喷到叶背面。近年来，有的地区霜霉病菌对甲霜灵、杀毒矾杀菌剂产生抗药性，可换用72%克露或72%克抗灵可湿性粉剂600～800倍液，喷药间隔期10～15天，一般喷2次。

2）黄瓜白粉病。黄瓜白粉病俗称白毛，是各地保护地黄瓜的重要病害，通常在生长中、后期发病较严重，造成叶片干枯甚至提前拉秧。本病还为害西葫芦、甜瓜、南瓜、西瓜、冬瓜、丝瓜等葫芦科蔬菜。

①症状。主要侵害叶片，其次是茎和叶柄，一般不为害瓜条。发病初期，叶片正面或背面长出白色近圆形的小粉斑，逐渐扩大、厚密、连片。严重时整个叶片布满白粉，后变灰白色，叶片枯黄而脆，但不脱落，一般病叶自下而上发展蔓延。叶柄和茎上病斑与叶片相似，但白粉量少。在生长晚期，有时病斑上产生黄褐色小粒点后变黑色为病菌闭囊壳。

②发病规律。本病由单丝壳白粉菌和瓜单丝壳菌侵染所致，为专性寄主真菌。我国南部和北方温室里，菌丝体和分生孢子在病株上存活，本病可周年发生。在北部寒冷干燥地区，病菌以闭囊壳随病残体在土壤中越冬，翌年春季放射出子囊孢子引起初

侵染。各地区均以病斑上的分生孢子进行再侵染，分生孢子主要靠气流传播，可被大风吹到很远的地方，也可靠雨滴溅散到寄主上。在适宜条件下分生孢子萌发，直接侵入寄主表皮细胞，菌丝体附生于叶片表面，不断伸长蔓延，可在短期内引起病害流行。病菌喜温湿、耐干燥。温度为10～30℃，相对湿度为25%～85%，分生孢子均可萌发。田间病害流行温度为16～24℃，相对湿度为45%～75%，超过95%则病情受到抑制。一般在棚室高温高湿与高温干旱交替出现，植株长势衰弱时，发病严重。华北地区温室黄瓜地4～5月，大棚黄瓜5～6月最易发病。窝风、排水不良，偏施氮肥的地块发病较重。

③防治方法

a. 选用抗病品种。不同黄瓜品种对白粉病的抗性有差异。一般抗霜霉病的品种也兼抗白粉病。如津杂1号、2号、3号、4号，津研4号、6号、7号，津春3号，中农7号、13号，保丰，新泰密刺等。

b. 保护地熏蒸消毒。定植前2～3天将棚室密闭，每100 m^3用硫磺粉250 g、锯末500 g掺匀，分装在小花盆并分置几处，点燃熏蒸1夜消毒灭菌。但在黄瓜生长期，不可采用雄磺或硫磺烟熏法防治白粉病，以防止发生药害。

c. 加强栽培管理。保护地施足底肥，增施磷钾肥，生长中后期适当追肥，防止植株徒长和脱肥早衰。棚室做到阴天不浇水，晴天多放风，以降低湿度和保持适宜温度，防止出现闷热的小气候，控制病害发生。

d. 药剂防治

(a) 百菌清烟剂熏烟。参照霜霉病。

(b) 喷雾法。发病初期可选用2%武夷霉素（BO-10）或2%抗霉菌素水剂（农抗120）各200倍液，或15%粉锈宁（三唑酮）可湿性粉剂1 500倍液，或20%粉锈宁乳油1 500～2 000倍液，或30%特富灵可湿性粉剂1 500～2 000倍液，或50%甲基托布津可湿性粉剂800倍液，或75%百菌清可湿性粉剂600倍液，或用50%多硫悬浮液300倍液，或20%敌菌酮胶悬剂600倍液，或20%敌硫酮胶悬剂800倍液，或20%敌唑酮胶悬剂400倍液等。每隔7～10天喷1次，视病情发展连续2～3次。

e. 物理防治。发病前或发病初期，喷27%高酯膜乳剂100倍液，在叶面上形成一层薄膜阻止病菌侵入或阻抑菌丝生长。每6～7天喷1次，连续2～3次。

3）黄瓜菌核病。黄瓜菌核病是保护地黄瓜的一种重要土传病害，节能日光温室冬春季黄瓜常连作最易发生，其次是日光温室和大棚春茬黄瓜，可引起烂瓜和死秧。还可为害西葫芦、番茄、茄子、马铃薯、莱豆、莴苣、胡萝卜、芹菜等多种蔬菜。

①症状。黄瓜从苗期至成株期均可发病。主要为害幼瓜和茎基部。茎基部发病，产生水浸状病斑，后变淡褐色，病茎软腐，纵裂，病部面上密生白色棉絮状菌丝体，其上部萎蔫枯萎。果实发病，多以果顶花瓣或柱头开始，发生水浸状，边缘有不明显

的病斑，低温时老化萎蔫；高湿时病部密生白色棉絮状菌丝体。叶片上形成灰色至淡褐色圆形大病斑，边缘不明显，内部湿腐，斑面长状稀疏白色霉状物（病菌）。无论是在茎叶及果实，后期在病部白色棉絮状菌丝体上形成初呈灰白色后变为黑色的状菌核。

②发病规律。本病由核盘菌侵染所致。病菌主要以菌核随病残体在土壤中，也可混杂在种子中越冬、越夏。温、湿适宜时，菌核萌发长出子囊盘，散放出子囊孢子借气流传播，主要侵染谢花的花瓣，以及衰老的叶片。菌核还可生长菌丝，直接侵染引起病害流行。病菌萌发侵染和发病最适的温度15～20℃，相对湿度85%以上，属低温高湿病害。因此，北方冬春季保护地、老菜区、连茬地发病重；保护地浇水过量，放风不及时均易加重病情。

③防治方法

a. 土壤处理。病区黄瓜收获后，深翻土地30 cm以上，将菌核埋入深土层，或在夏季利用太阳能进行土壤消毒（参见黄瓜枯萎病）。病田夏季灌水10天以上，促进菌核腐烂。棚室黄瓜连茬时，定植前每亩用40%五氯硝基苯粉剂1～2 kg，或五氯硝基苯粉剂与50%多菌灵可湿性粉剂各1 kg，对细土15 kg拌匀，撒于土表随整地耙入土中。

b. 种子消毒。用10%盐水漂种2～3次，以淘除菌核。50℃温水浸泡10 min，可杀死混杂在种子内的菌核，再催芽播种。

c. 农业防治技术。高畦覆盖地膜栽培，并用滴灌或膜下暗灌浇水方法，可防止土壤病菌传播，降低棚室内湿度，防病效果明显，重病田选用紫外线塑料棚膜，有抑制菌核产生子囊盘和子囊孢子的作用。随时摘除病瓜、病叶、雄花和植株下部枯黄老叶，减少菌源，利于通风透光。棚室适时放风排湿。

d. 药剂防治。发病前或初发病时，喷施50%速克灵可湿性粉剂1 500～2 000倍液，或50%扑海因可湿性粉剂1 000倍液，或50%农利灵可湿性粉剂1 000倍液，或40%菌核净可湿性粉剂500倍液，或25%粉锈宁可湿性粉剂3 000倍液等，视病情每隔7天左右喷1次，连喷3～4次，药液喷到幼瓜、雄花及植株下部茎、叶上。保护地可于傍晚密封棚室，喷撒5%百菌清粉尘剂，每亩用1 kg，或用45%百菌清烟剂进行烟熏，每亩药量180～200 g，或10%速克灵烟剂250 g进行熏烟，施药间隔与次数同上。

4）黄瓜枯萎病

①症状。一般在结瓜以后表现症状，发病初期，下部叶片变黄，并逐渐向上发展，白天叶片萎蔫，似缺水状，夜间恢复常态，反复进行多日后，整株枯死。茎基部和节部褪色，软化。有时皮层纵裂，溢出琥珀色胶质物。高湿时，病茎表面长出白色霉状物（病菌菌丝体及分生孢子）。地下主根和部分支根变褐坏死。纵切病茎可见其导管变黄褐色。

②发病规律。由真菌尖镰孢黄瓜专业型侵染所致。病菌主要以菌丝及厚垣孢子随病残体在土中越冬，厚垣孢子在土中可存活动5～6年之久。孢子萌发产出芽管，从根部伤或根细胞间隙侵入，进入维管束组织繁殖和扩展。黄瓜枯萎病有潜伏侵染现象，其幼苗可能早期即被害菌侵染，但发病温度较高，土温15℃开始发病，适温为24～27℃，保护地黄瓜结瓜后，温度高发病重。此外，连作地氮肥过多，土壤酸性，土壤水分高，有根结线虫发生的，枯萎病发生均较重。

③防治方法

a. 合理轮作。与非瓜类作物轮作，是防治枯萎病的重要措施，最好轮作3年以上，苗床地2～3年改换1次。

b. 嫁接防治。由于黄瓜枯萎病一般不侵染或仅轻度侵染其他瓜类作物。因此，可把黄瓜和其他瓜类作物进行嫁接，如以黑子南瓜为砧木，其他黄瓜抗病品种为接穗进行嫁接，定植嫁接苗时，埋土应在嫁接口以下，防止病菌从嫁接口入侵。

c. 选用抗病良种，培育无病壮苗。播种前用55℃温水浸种10 min，或用50%多菌灵、70%甲基托布津500倍液浸种1 h，洗净后催芽播种。采用营养钵育苗，可减少病源入侵。

d. 加强栽培管理，搞好田间清洁。采取小水勤灌，切忌大水漫灌，增施磷钾肥、腐熟有机肥，促进根系发育，提高抗病力。每次采瓜后浇水追肥，以防植株早衰。发现病株，及时拔除，集中销毁。根际周围的土壤用石灰消毒。

e. 药剂防治。发病初期用400～500 mg/kg 50%多菌灵可湿性粉剂，或800 mg/kg 70%甲基托布津可湿性粉剂800倍液浇灌植株根部，每株用药液200～250 mL。重病地或苗床土播种前用甲基托布津或多菌灵等以1∶100的比例配成药土，每亩施1.25 kg。

5）黄瓜细菌性角斑病。黄瓜细菌性角斑病是保护地黄瓜一种重要病害，尤其在东北、华北等地，重病棚室病叶率可达50%以上。除黄瓜外，西葫芦、丝瓜、苦瓜、西瓜、甜瓜等也发生本病。

①症状。主要为害成株期叶片。初生水渍状褪绿斑点，病斑扩展受叶脉限制，呈淡褐色多角形，后期干枯易破裂、穿孔。空气潮湿时，叶背病部溢出白色菌脓。菌脓干后呈一层白膜或白色粉末。瓜条上病斑近圆形，水渍状，表面有白色菌脓，后期变浅灰色，中间产生裂纹。病部也可向内发展，沿病症状区别：潮湿时角斑病叶背病斑水渍状明显，产生白色菌脓，后期穿孔，瓜条受害有臭味。霜霉病叶背病斑有黑色霉层，不穿孔，瓜条不受害。

②发病规律。本病由丁香假单胞杆菌黄瓜角斑病致病型侵染所致。病原细菌在种子内和随病残体在土壤中越冬，播种带菌种子细菌可引起幼苗发病。土壤里病菌经灌溉水或雨水传播，侵染植株下部叶片和瓜条。黄瓜病部溢出的菌脓，主要借棚膜滴

水、雨水和露水传播蔓延，媒介昆虫、农事操作和工具接触也可传播。病菌从气孔、水孔、皮孔和伤口侵入寄主，进行反复侵染。角斑病发生的适宜温度为10～20℃，病菌传播和侵入需90%～100%相对湿度和有水膜（滴）存在。北方棚室有利于角斑病发生和流行，4～5月为发病盛期。植株过密，通风不良，重茬地和偏施氮肥，均会加重病情。

③防治方法

a. 选用抗耐病品种。如中农11号、13号，津春1号、4号，津优1号、31号，津绿1号等，各地可因地制宜选用。

b. 选用无病种子或种子消毒。应选用无病种瓜留种。市售的种子进行种子消毒，可用50℃温水浸种20 min，或干种子70℃恒温处理3天，或用100万单位硫酸链霉素500倍液浸种2 h，或用40%甲醛150倍液浸种1.5 h。药剂浸种后须用清水冲洗再催芽播种。

c. 农业防治措施。与非瓜类作物实行2年以上轮作，用无病土育苗，增施有机肥和磷钾肥。采用高畦覆盖地膜栽培，适时放风排湿，收获后清洁田园，并进行深翻。

d. 药剂防治。发病初期喷洒50%琥胶肥酸铜（DT）可湿性粉剂500倍液，或60%琥乙磷铝（DTM）可湿性粉剂500倍液喷雾，或72%农用链霉素可湿性粉剂4 000～5 000倍液，或新植霉素可湿性粉剂4 000倍液，或77%可杀得可湿性微粒粉剂400～500倍液，或14%络氨铜水剂350～400倍液，或50%甲霜铜可湿性粉剂600倍液。每隔7～10天喷1次，连续3次。

6）黄瓜灰霉病

①症状。主要为害幼瓜叶、茎。病菌多从开败的雌花处侵入，致花瓣呈水渍状腐烂，并长出淡灰色霉层。进而向幼瓜扩展、使脐部呈水渍状，幼瓜迅速变软萎缩而后腐烂，表面密生霉层。较大瓜条病部组织先变黄并生有灰霉，轻者烂去瓜头，重者瓜条腐烂或脱落。叶部病斑开始为水渍状，渐变为淡灰色，病斑中间有时生灰色霉层。蔓上发病为节部腐烂，严重时茎蔓折断，植株枯死。

②发病规律。本病由灰葡萄孢菌侵染所致。该菌腐生性较强，寄主范围广泛。病菌以菌丝体、菌核或分生孢子随病残体在土壤中越冬，是翌年初侵染源。病菌分生孢子随气流、水溅及农事操作传播蔓延。病花落在叶片、茎蔓和瓜条上，也可重复感染传病。病菌喜较低温度和高湿条件，在温度为15～23℃，相对湿度80%以上和寄主表面有水膜，光照不足时，与黄瓜开花结瓜期吻合，则灰霉病发生流行。北方节能日光温室冬春茬、日光温室春茬黄瓜，南方春季棚栽黄瓜开花结瓜期连阴天多，棚室内湿度大、植株过密、浇水不当或放风不及时等，灰霉病则严重发生。

③防治方法

a. 生态防治。推广高畦覆地膜栽培和膜下暗灌或滴灌浇水技术。生长前期发病后适当控制浇水，适时适量放风，降低棚室内湿度，减少棚室滴水和叶面结露及叶缘吐水，可控制病情发展。寒潮和降温天气要注意保温，有加温条件可生火提温，防病效果明显。

b. 加强栽培管理。及时摘除病花、病瓜和病叶，携出棚室外深埋。适时打去植株下部枯黄老叶，增加通风透光。经常清洁无滴棚膜面上尘土，增加光照。

c. 药剂防治。根据当地历来用药种类、病菌的抗药性差异和天气情况，选择施药方法和药剂，提倡交替轮换用药。

（a）熏烟法和粉尘法。发病初期可用10％速克灵烟剂每亩250～300 g，或45％百菌清烟剂每亩100～200 g，晚上密闭棚室烟熏。也可在早晨或傍晚用10％灭克粉尘剂，或10％杀霉灵粉尘剂，或5％百菌清粉尘剂以丰收5型或丰收10型喷粉器喷粉，每亩用药量1 kg，隔9～11天喷1次，连续2～3次。

（b）喷雾法。发病初期喷施下列药剂之一：50％扑海因可湿性粉剂1 000倍液，或50％速克灵可湿性粉剂1 500～2 000倍液，或50％多菌灵可湿性粉剂500倍液，或50％甲基托布津可湿性粉剂500倍液，或50％农利灵可湿性粉剂1 000倍液，或50％福美双可湿性粉剂500倍液。在灰霉病菌对多菌灵、速克灵、扑海因产生抗性地区，可选用65％甲霉灵可湿性粉剂1 000～1 500倍液，或50％多霉灵可湿性粉剂1 000～1 500倍液，或65％抗霉威可湿性粉剂1 500倍液，或2％武夷霉素（BO-10）水剂150倍液。每7～10天喷1次，视病情连续防治2～3次。

7）黄瓜病毒病

①症状。新叶或嫩叶症状明显，症状有多种，较常见的有：花叶皱缩、叶片向下反卷或病株下部叶片枯黄。病瓜多表现为浓淡绿色相间的斑驳，或瘤状凸起，瓜果畸形。重病株节间缩短，严重矮化。

②发病规律。由病毒侵染引起，主要是黄瓜花叶病毒（Cucumben mosaic virus，CMV）侵染引起，此外，西瓜花叶病毒（Watemelon mosaic virus，WMV）和甜瓜花叶病毒（Melon mosaic viruo，MMV）也侵染黄瓜引起病毒病，黄瓜花叶病毒的寄主范围广，侵染100多种双子叶和单子叶植物，除为害黄瓜类作物外，茄科蔬菜，白菜，甘蓝，萝卜，菠菜，芹菜等也被侵染。病毒在温室蔬菜，越冬菠菜及杂草上越冬，第二年通过瓜蚜、桃蚜等蚜虫传染。

高温干旱有利蚜虫繁殖，虫口密，传毒的机会多，病害发生重。植株生长不良，抗病性减退，可加剧病情发展。

③防治方法

a. 选种适于当地的抗病品种，一般是耐热的，叶片色深的，瓜条长的品种比较抗病。

b. 高温干旱，适时浇水，降低地温。

c. 及时防治蚜虫。

d. 发病初期喷洒 20％病毒 A 可湿性粉剂 500 倍液，或 1.5％植病灵乳剂 1 000 倍液，83 增抗剂 100 倍液，或台农高产宝叶面肥 800～1 000 倍液，每 10 天喷洒 1 次，连续喷 4～5 次。

8）黄瓜黑星病

①症状。黄瓜全生育期和植株各部位均可染病。幼苗发病，子叶上可产生病斑，黄白色近圆形，重则心叶枯萎，生长点腐烂，全株枯死。叶片病斑近圆形，直径1～2 mm，淡黄褐色，病斑扩展后连片，后期易呈星状开裂。叶脉受害，病部生长受阻，致使叶片扭曲皱褶。叶柄、果柄和茎上病斑为长菱形，大小不等，淡黄褐色，中间开裂、下陷。病部可见琥珀色胶状物，潮湿时长出灰黑色霉层。瓜条被害初呈暗绿色圆形或椭圆形斑，继而溢出白色胶状物，后变为琥珀色，干硬后脱落。病斑直径 2～4 mm，凹陷，星状龟裂呈疮痂状，病组织停止生长，瓜条向病斑内侧弯曲，潮湿时病部产生灰黑色霉层，但一般不造成全瓜软腐。病部有琥珀色胶状物和长出灰黑色霉层，可作为本病的主要识别特征。

②发病规律。本病由瓜疮痂枝孢霉菌侵染引起。病菌以菌丝体随病残体在土壤中和附着架材等处越冬。病区的黄瓜种子带菌率高，均可成为翌年或下茬的初侵染源。带菌种子可远距离传播，使本病扩大分布。在适宜环境下，病菌产生的分生孢子主要随气流传播，在寄主上萌发芽管从表皮直接侵入，也可从气孔和伤口侵入。本病流行的气温较低，在温度为 17℃左右，最适湿度为 90％以上，孢子萌发须有水膜。因此，棚室低温高湿，植株郁闭结露时间长，阴雨天，光照不足，浇水过量和通风不良时，病势发展快。重茬地和种植感病品种，发病较重。

③防治方法

a. 选种抗病品种是防病增产的最有效措施。中农 7 号、11 号、13 号，津春 1 号等高抗黑星病；较为抗病的品种有青杂 1 号、2 号，宁阳刺瓜，吉杂 2 号等。

b. 选用无病种苗和种子消毒。禁止在病区繁种和调出种苗，防止黑星病扩大传播。在非病区建立种子生产基地，由无病和无病株上采种、留种。未经种衣剂处理的种子须进行消毒，可用 50％温水浸种 30 min，或 55℃温水浸种 15 min，立即转移入冷水中冷却，再催芽播种，或用 50％多菌灵可湿性粉剂 500 倍液，浸种 1 h 后，经水洗再催芽播种。干种用 0.3％的 50％多菌灵可湿性粉剂拌种也可。

c. 农业防治措施。与非瓜类作物实行 2～3 年轮作。采用高畦覆盖地膜栽培，膜下暗灌浇水技术。保护地黄瓜定植后到结瓜期，发现病株后应适当控制浇水，增加通风，以降低湿度，缩短植株结露时间。结瓜期应增施磷钾肥，增强抗病力。拉秧后清洁田园。

d. 药剂防治。发病初期及时喷药，可选用 50％多菌灵可湿性粉剂 500～600 倍液，或70%代森锰锌可湿性粉剂500倍液，或75%百菌清可湿性粉剂600倍液，或50%扑海因可湿性粉剂1 000倍液，或50%苯菌灵可湿性粉剂1 000～1 500倍液等。药液重点喷洒植株中上部和生长点。每隔7天左右喷1次，连续3～4次。如黑星病与霜霉病并发，应选用百菌清兼治两病，或50%多菌灵可湿性粉剂600倍液与60%乙磷铝可湿性粉剂400倍液混用，或与25%甲霜灵可湿性粉剂300倍液混用。

9）黄瓜疫病

①症状。黄瓜茎、叶和果实都可受害。茎基部和节部发病，初呈水渍状，后软化缢缩，其上部茎蔓萎蔫下垂。叶片染病多在叶缘或与叶柄连接处，初生暗绿色水渍状病斑，后扩展成近圆形大病斑，边缘不明显，天气潮湿时病斑扩展很快，常引起全叶腐烂及叶柄、茎部发病。天气干燥时，病斑边缘明显，呈青白色或淡褐色，干枯易碎。瓜条被害，病部呈水渍状凹陷，并迅速腐烂，表面长出白霉，发出腥臭味。疫病维管束不变色，可与枯萎病相区别。瓜条病部水渍状，明显凹陷，可与腐霉病及菌核病相区别。

②发病规律。本病由甜瓜疫霉菌侵染所致。病菌随病残体在土壤和粪肥中越冬。翌年环境适宜长出孢子囊，经雨水或灌溉水溅到近地面的茎叶上。寄主被侵染后，病菌在有水条件下，经4～5 h便产生大量孢子囊和游动孢子，借风、雨和灌溉水进行再侵染，使病害传播蔓延。由于发病潜育期很短，在温度为25～30℃时不足24 h发病，因此，疫病在多雨年份、棚室内湿度高时易流行。地势低洼、平畦栽培、畦面不平浇水后易积水、浇水次数过多或大水漫灌的地块，发病均重。

③防治方法

a. 改进栽培方式。棚室要灌排畅通，推广高畦地膜栽培或畦面铺麦秸（稻草）。

b. 加强栽培管理。施足腐熟基肥，增施磷钾肥。苗期少浇水，定植后适当控水，结瓜后做到见湿见干，发生疫病后灌水要减到最低量，控制病情发展；盛瓜期要及时供给所需水量，但要避免大水漫灌。合理通风，降低湿度。

c. 轮作或嫁接。发病较重地块与非葫芦科作物实行3年以上轮作。采用黑籽南瓜或南砧1号与黄瓜嫁接，可有效防止茎基部发病。

d. 选用抗耐病品种。目前尚无高抗疫病品种，有的品种如中农5号、7号，龙杂黄2号、6号，87-2，长期密刺，津杂2号，早青2号，夏青4号等，有一定的抗耐病性，根据地方适应性因地选用。但需注意有的抗疫病品种，易感染霜霉病和白粉病。

e. 药剂防治。发现中心病株后，应及时拔除并喷药防治。喷药时注意植株下部叶片的正背面和茎基部，同时要喷洒地面，抑制土壤表面的病菌。可选用50%甲霜灵锰锌可湿性粉剂500倍液，或64%杀毒矾米8可湿性粉剂500倍液，或25%甲霜灵可湿性粉剂800倍液加50%福美双可湿性粉剂800倍液，或72.2%普力克水剂500～600倍液，或50%甲霜铜可湿性粉剂600液，或72%克露可湿性粉剂500倍液，或70%乙磷锰锌可湿性粉剂 500 倍液，或 75%百菌清可湿性粉剂 600 倍液。每隔 7～10 天喷 1 次，连续 3～4 次。也可用 70%敌克松可湿性粉剂 1 000 倍液，或 25%甲霜灵可湿性粉剂 600 倍液灌根，每株灌药液约 0.3 kg。

10）黄瓜蔓枯病

①症状。主要为害茎蔓和叶片。茎基、茎节和叶柄发病，病斑梭形或椭圆形，灰白色，渐变暗褐色，常溢出琥珀色胶质物。湿度大时茎节腐烂，甚至折断。干燥时病部呈黄褐色干缩，其上散生小黑点，最后病部纵裂呈乱麻状，但其维管束不变褐色，有别于枯萎病。叶部发病，多在叶缘产生半圆形或 V 字形病斑，扩展后病斑直径可达 2～3 cm，偶尔达半个叶片，浅褐色至黄褐色，其上散生小黑点，后期病斑易破裂。病叶自下而上枯黄，但不脱落，严重时仅植株顶部 1～2 片为健叶。果实发病多在重病株幼瓜期花器感染，瓜把较细，果肉淡褐色，软化，呈心腐状。

②发病规律。本病由甜瓜球腔菌侵染所致。病菌随病残体在土壤中或附着在棚架、架材上越冬。翌年病菌经风、雨及灌溉水传播，从伤口、气孔、水孔侵入，引起发病。种子也可带菌，引起幼苗子叶发病。田间病株产生的分生孢子扩大蔓延。病菌喜温、湿条件。气温为 20～25℃，相对湿度为 85%以上，土壤含水量大时易发病。多年连茬，种植过密，通风不良，氮肥过量，植株徒长，抗病性降低，发病后病势发展快。

③防治方法

a. 选用无病种子和种子消毒。选无病田或无病株留种。种子消毒可用 55℃温水浸种 15 min，再催芽播种，或用 40%甲醛 100 倍液浸种 30 min，浸后用清水充分冲洗再催芽播种。

b. 加强栽培管理。病田与非瓜类作物实行 2～3 年轮作，增施有机肥和磷钾肥，防止黄瓜中后期脱肥早衰。采取高畦覆盖地膜栽培。注意放风排湿。拉秧时清除田间病残体，随之深翻。

c. 药剂防治。发病初期喷洒 50%甲基托布津可湿性粉剂 500 倍液，或 75%百菌清可湿性粉剂 600 倍液，或 50%多菌灵可湿性粉剂 500 倍液，或 70%代森锰锌可湿性粉剂 500 倍液，或 50%混杀硫悬浮剂 500～600 倍液等。每 6～7 天喷 1 次，连喷 2～3 次。黄瓜病茎部可涂抹甲基托布津或多菌灵可湿性粉剂 20～100 倍液。棚室防治可用 45%百菌清烟剂每亩 180～200 g，分放几处密闭棚室烟熏过夜。每 7 天熏 1 次，连续 2～3 次。烟熏与喷雾可交替使用。

11）黄瓜炭疽病

①症状。全生育期均可发病。幼苗发病，子叶边缘出现褐色半圆形或圆形病斑；茎基部受害，病部缢缩、变色，幼苗猝倒。成株期叶片病斑红褐色，大小 1～3 cm，外围有黄色晕圈，边缘明显，后期内部褪色变薄，易破裂。蔓和叶柄上病斑成椭圆形，黄褐色至黄白色，有时纵裂；果实发病多发生在成熟果实上，病斑红褐色或黑褐色，凹陷，

边缘明显，在高湿条件下斑面长出橘红色黏质物（病菌分生孢子块）。

②发病规律。由真菌葫芦科刺盘孢侵染引起，病菌主要以菌丝体和拟菌核随着残体留在地上越冬，种子也带菌。潜伏在种子的病菌，直接侵入子叶引起幼苗发病。越冬病菌侵染发病后，在病斑上产生分生孢子，借流水、雨水、甲虫、农事操作等进行传播。病菌生长适宜温度为24℃，30℃以上和10℃以下即停止生长。在适温范围内，湿度在97%以上，发病最盛，湿度降至54%以下，病害发生很轻。保护地通风不良，棚内湿度高，棚顶漏雨、滴水，地面潮湿等，均易发病。

③防治方法

a. 无病种子育苗，或播种前种子用55℃温水浸种15 min，或用50%多菌灵浸种1 h。

b. 与非瓜类作物轮作3年。

c. 加强棚室管理，发病期间增加通风量，降低温湿度，减少叶面结露，防止天幕滴水和漏水。

d. 喷洒杀菌剂：可喷洒75%百菌清可湿性粉剂600倍液；或70%代森锰锌可湿性粉剂500倍液；或50%多菌灵可湿性粉剂600倍液；或50%敌菌灵可湿性粉剂500倍液；或80%喷克可湿性粉剂600倍液；或80%大生可湿性粉剂500倍液。每7～10天喷药1次，共2～3次。

12）黄瓜根结线虫病

①症状。主要为害根部，特别是侧根和须根形成大小不等的瘤状根结（瘿瘤）。根结初为白色，质地柔软，后变为浅黄褐色或深褐色，表面粗糙，有时龟裂。剖视较大的根结内部，可见白色梨形的雌虫。轻病株生长缓慢，叶片较小，叶色发黄，似缺肥缺水状。重病株矮小，长势衰弱，结瓜不良，遇高温干燥则中午萎蔫，后期枯死。

②发病规律。本病主要由南方根结线虫等侵染所致。病原线虫以2龄幼虫、卵囊中卵和雌成虫随罹病根结在土壤和粪肥中越冬，可存活1～3年。翌年春季条件适宜时，2龄幼虫从根尖部侵入，刺激寄主细胞过度生长和细胞增生，在根部形成根结。线虫多分布在20 cm土层内，以3～10 cm居多。其生长和繁殖最适温度25～30℃，土壤湿度40%～70%。土温超过40℃，虫体大量死亡，致死温度55℃ 10 min。以两性生殖为主，每雌虫可产卵300～800粒，也可以孤雌生殖。在温度为27℃时完成1代需25～30天。在蔬菜生长季节其数量增长很快。在加温和节能日光温室，线虫可周年发生。田间主要通过病土、病苗和灌溉水传播，农事操作及农具也有一定的传播作用。根结线虫一旦发生，较难清除。一般土质疏松的沙壤土，适合线虫的活动而发病重。黄瓜、番茄连作期越长发病越重。

③防治方法

a. 选择无线虫土育苗和清洁田园。增施腐熟的厩肥、河泥等有机肥，搞好田园卫生，收获后清除病根残体和田间杂草。菜地休闲时灌水或深翻晒土，把表土翻至20 cm

以下，可减轻为害。

b. 实行轮作或无土栽培。黄瓜与大葱、大蒜、韭菜、石刁柏和辣椒轮作，可减轻发病。采用无土栽培有良好的防病作用。如采用基质栽培，应防止槽内铺垫的塑料布破损，造成土壤内线虫侵染为害。

c. 保护地土壤消毒

(a) 太阳能消毒方法。每年将用旧的废薄膜收好留作土壤消毒用。在7、8月份利用太阳直射时间长、温度高来进行土壤消毒。具体方法为：每亩施入碎稻草1 000～2 000 kg、生石灰30～60 kg，深耕，整地成宽60～70 cm、高30 cm的小厢，这主要是为了增加地表面积使地温升高快。厢面上盖旧薄膜，沟内灌满水至厢面湿透为止。将温室大棚天膜盖严密封7天以上（如阴雨天多，时间要加长），采用该方法地表温度可达80℃以上，一般的病虫都能杀死。这种消毒方法因为棚室内温度高，要将棚室内的不耐热的物品搬出棚室外。

(b) 蒸气消毒法。大型连栋式温室夏季休闲时进行蒸气消毒，耕地后埋好蒸气管，并覆盖厚塑料布，送进高压蒸气，使20 cm土层温度达60℃，保持30 min，杀灭线虫效果好。

d. 药剂防治。苗床、棚室土壤应进行处理，可选用的杀线虫剂和施用方法如下，应严格遵守操作规程。

(a) 98%～100%棉隆（必速灭）微粒剂。每亩沙壤土药量5～6 kg，黏壤土药量6～7 kg。均匀拌以50 kg细土，撒施或沟施，深度20 cm。施药后立即覆土，有条件可洒水封闭或覆盖塑料薄膜。土温12～18℃最宜，土壤含水量40%以上。当10 cm土温为15℃和20℃时，分别封闭15天和10天后松土通气，然后播种、栽苗。

(b) 3%米乐尔颗粒剂。每亩用4～6 kg，混干细土50 kg，均匀撒在地表，深耙20 cm，或撒在定植穴内，浅覆土后再定植。

(c) 溴甲烷熏蒸剂。市售产品为易拉罐式包装，每平方米用药量50～75 g，操作步骤如下：

a) 耕细整地施肥后作畦，耕作深度40 cm，不要形成犁底层，土壤干湿适度，不能间套种其他作物。

b) 制作开罐（听）器具。小木板上钉3根钉子固定其药罐，另1根钉尖朝上作开罐用，每罐药需备1个开罐器，放在小块塑料布上。

c) 用竹竿和塑料布在畦面上搭小拱棚。

d) 生产上熏蒸按每10～18 m^2需1听溴甲浣，均匀放在拱棚下开罐器上，密闭拱棚后手压溴甲烷罐，熏蒸48 h。7～14天后播种或定植。

(2) 西瓜主要病害及其防治技术

1) 西瓜枯萎病

①症状。西瓜生育全过程均可发病。西瓜幼芽受害，在土壤中即行腐败死亡，不能出苗。出苗后发病，顶端呈失水状，子叶和叶片萎垂，茎蔓基部萎缩变褐，猝倒；病蔓发病，基部变褐，茎皮纵裂，常伴有树脂状胶汁溢出，干后呈红黑色。横切病蔓，维管束呈褐色。后期病株皮层剥离，木质部碎裂，根部腐烂仅见黄褐色纤维。天气潮湿时，病部常见到粉红色霉状物，即病原苗分生孢子座和孢子团。

②发病规律。病原为西瓜尖镰孢菌，属半知菌亚门真菌。本病是一种土传病害，病原菌主要在土壤和病残体上越冬，通过带菌种子、土壤、肥料、灌溉水、昆虫及人为传播。病菌从寄主根部伤口或根毛的顶端细胞间侵入，带菌种子萌发时病菌可直接侵入幼根。夏西瓜6月中、下旬开始发病，7月中旬至8月上旬为发病盛期。发病的主导因素是温、湿度，温度在8～34℃均可发病，24～32℃是侵染的最适温度，而苗期在16～18℃时发病最多。雨后遇旱或时雨时晴的气候条件下发病较多。另外，微酸性土壤及偏施氮肥，更利于发病。

③防治方法

a. 选用抗病或耐病品种。采用无病种子或种子消毒，从无病田中采种。种子消毒，在播前可用种子质量0.3%～0.4%的50%多菌灵可湿性粉剂拌种，或用50%多菌灵可湿性粉剂500倍液，浸种1 h。

单元 2

b. 严格选择营养土。采用无病土育苗，用新土或消毒的土壤作营养钵育苗，可减少苗期病菌侵染。

c. 合理栽培管理，提高植株抗病性。提倡水旱轮作，或与非瓜类作物5年以上轮作。深翻土地，高畦栽培，发病严重的大棚、温室更要采取与非瓜类作物轮作。施用腐熟的基肥，及时追施磷钾肥，及时通风，降低大棚湿度。不可大水漫灌，防止植株早衰和茎基部因土壤水分供应不均衡，产生自然裂伤。发病时要控水，及时清除病株，彻底销毁或深埋，并用石灰等进行土壤消毒。

d. 土壤消毒。播种前重病田穴施药土：药土的比例为1∶100，在穴内下铺，上盖，然后覆土。药剂可选用25%苯来特，或50%多菌灵，或50%甲基托布津，或40%拌种双粉剂，或40%五氯硝基苯，每亩用药0.5～1 kg。在夏季高温季节，利用太阳能进行土壤消毒，即收获后，翻好地、灌水、铺上地膜，然后密闭大棚15～20天，地表土壤温度可以达到70℃以上，对枯萎病及其他土传病害、线虫等均有较好的防治效果。

e. 嫁接育苗。瓜类枯萎病有明显的寄生专化型。因此，可以用南瓜、瓠瓜作砧木进行嫁接（靠接或插接）栽培。

f. 药剂防治。发病初期或发病前进行药剂灌根治疗，常用的药剂有50%速克灵1 200～1 500倍液，或50%扑海因可湿性粉剂1 000～1 200倍液，或50%甲基托布津可湿性粉剂500～600倍液，或50%多菌灵可湿性粉剂600～800倍液，或50%多霉灵可湿性粉剂500～700倍液，或10%世高水分散颗粒剂3 000～6 000倍液，或50%施保功可湿性粉剂 1 000～1 500 倍液，每株灌药液 0.25 kg，每隔 5～7 天 1 次，连续防治 2～3 次。

2）西瓜炭疽病

①症状。西瓜叶、蔓、果均可发病。叶部病斑，初为圆形淡黄色水渍状小斑，后变褐色，边缘紫褐色，中间淡褐色，有同心轮纹和小黑点，病斑易穿孔，病斑直径约 0.5 cm，外围常有黄色晕圈，病斑上的小黑点和同心轮纹都没有蔓枯病明显，病斑颜色较均匀。叶柄和蔓上病斑梭形或长椭圆形，初为水浸状黄褐色，后变黑褐色。果实受害，初为暗绿色油渍状小斑点，后扩大成圆形，暗褐色稍凹陷，空气湿度大时，病斑上长橘红色黏状物，严重时病斑连片，西瓜腐烂。

②发病规律。病原为刺盘孢属的葫芦科刺盘孢菌。该病菌主要附着于寄主的残体上遗留在土壤中越冬，种子也能带菌，其种子上的病菌可存活 2 年。在适宜条件下，病菌依靠雨水或灌溉水的冲溅传播，直接从寄主表皮侵入，近地面的叶片首先发病。湿度大是诱发此病的主要因素，在持续 87%～95%的相对湿度下，潜育期 3 天，湿度越低，潜育期越长，发病较慢。在 10～30℃温度下均能发病，而以 95%相对湿度和 24℃温度下发病最重。过多施氮肥、排水不良、通风透光差以及连作地块发病都比较严重。重病田或雨后收获的西瓜在储运过程中也发病。

③防治方法

a. 选用抗病耐病品种。

b. 严格选择营养土。育苗地要实行与非瓜类 3 年以上轮作，防止土壤带菌，不能轮换时必须进行苗床土壤消毒。

c. 种子处理。对生产用种可用 50～51℃温水浸种或用种子质量的 0.3%～0.4%的 50%多菌灵粉剂拌种；或用福尔马林 200 倍液浸种 30 min，用清水冲洗干净后催芽。

d. 农业措施。与非瓜类作物实行 3 年以上轮作。采用配方施肥，施用充分腐熟的有机肥。注意平整土地，防止田间积水，雨后及时排水，合理密植。瓜类作物收获后要及时清除病残体等。

e. 药剂防治。大棚或露地于发病初期可用 75%百菌清可湿性粉剂 500～700 倍液，或 80%代森锰锌可湿性粉剂 700 倍液，或 50%甲基托布津可湿性粉剂 600～800 倍液，或 50%多霉灵可湿性粉剂 500～700 倍液，或 10%世高水分散颗粒剂 3 000～6 000 倍液，或 2%抗霉菌素（农抗 120）水剂 200 倍液等，间隔 7～10 天 1 次，共喷药 2～3 次。

3）西瓜白粉病

①症状。白粉病发生在西瓜的叶、茎、果及花蕾上，以叶片受害最重。发病初期，叶片正、背面及叶柄上发生离散的白粉状霉斑，以叶片的正面居多，逐渐扩大，成为边缘不明显的大片白粉区，严重时叶片枯黄，停止生长。以后白色粉状物转变成灰白色，进而出现很多黄褐至黑色小点，叶片枯黄变脆，一般不脱落。

②发病规律。病原为单丝壳属中的单丝菌。病菌随病株残体遗留在土中越冬，也可

在温室活体上越冬，翌年5～6月份随温度上升，病菌借气流、雨水传播，落到寄主上侵染发病。该病菌对湿度要求范围很宽，天气干旱时，寄主表皮细胞的膨压降低，则有利于病菌的侵入，往往发病更为严重；在多雨潮湿的天气里，病菌孢子因吸水过多，常引起破裂，减少病菌的侵染发病，栽培管理粗放，施肥不足，或偏施氮肥，浇水过多，植株徒长，枝叶过密、通风不良，以及光照不足等均有利于白粉病的发生为害。

③防治方法

a. 农业措施。选用抗病品种；合理密植，及时整枝理蔓，不偏施氮肥，增施磷、钾肥，增强植株抗病性。种植前或收获后应彻底清除残体，生长期也应经常摘除老病叶，以减少侵染来源。

b. 药剂防治。在生长前期喷洒2～3次50%硫悬浮剂300倍液，或硫磺粉，可预防白粉病的发生；发病初期选用15%粉锈宁可湿性粉剂1 000～1 500倍液，或40%福星乳油5 000～6 000倍液，或20%腈菌唑乳油1 500～2 000倍液喷雾，每隔6～7天喷1次，连喷3次。为了避免病菌产生抗药性，药剂宜交替使用。

4）西瓜疫病

①症状。幼苗、成株均可发病，为害叶、茎及果实。子叶染病先呈水浸状暗绿色圆形斑，中央逐渐变成红褐色，近地面处缢缩或枯死。真叶染病，初生暗绿色水浸状圆形或不整形病斑，迅速扩展，湿度大时，腐烂或像开水烫过，干后为淡褐色，易破碎。茎基部染病，产生纺锤形水浸状暗绿色凹陷斑，包围茎部且腐烂，患部以上全部枯死。果实染病，则形成暗绿色圆形水浸状凹陷斑，后迅速扩及全果，致果实腐烂，发出青储饲料的气味，病部表面密生白色菌丝，病健部边缘无明显病症。

②发病规律。病原为甜瓜疫霉和德雷疫霉。病原菌以菌丝或卵孢子随病残体在土壤中或粪肥里越冬，翌年产生分生孢子借气流、雨水或灌溉水传播。种子虽可带菌，但带菌率不高。湿度大时，病斑上产生孢子囊及游动孢子进行再侵染。发病温限5～37℃，最适温度20～30℃，雨季及高温高湿发病迅速；排水不良，栽植过密，茎叶茂密或通风不良发病重。

③防治方法

a. 农业措施。深沟高畦，加强防涝，雨后及时排水；采用喷灌、滴灌或膜下暗灌的灌溉方法，及时通风，降低湿度；轮作换茬，选5～6年未种瓜类的田块种植，减少田间菌源。铺盖地膜，可减少土壤中病原菌对植株侵染的机会。

b. 种子及种子处理。西瓜、甜瓜种子应从无病健瓜上选留。市售种子可用40%甲醛100倍液浸30 min，洗净后催芽播种。或用种子质量的0.3%～0.4%的25%瑞毒霉（甲霜灵）拌种。

c. 药剂防治。发病初期可喷洒病部或灌根，常用的药剂有58%瑞毒锰锌可湿性粉剂500～800倍液，或25%瑞毒霉（甲霜灵）可湿性粉剂500～800倍液，或40%乙磷铝（疫霉灵）可湿性粉剂 200～250 倍液，或 64％杀毒矾可湿性粉剂 400～600 倍液，或 70％乙膦锰锌可湿性粉剂 500～800 倍液，或 58％雷多米尔锰锌可湿性粉剂 500～800 倍液，或 72％杜邦克露可湿性粉剂 800～1 000 倍液，或 70％甲霜铝铜可湿性粉剂 250～500 倍液均可，一般 7～10 天喷 1 次，视病情，连续喷洒或灌根 3～6 次。病情严重时可隔 5 天灌 1 次，效果较好。设施栽培每次用药后要结合放风，降低棚内湿度，可收到较好的防效。

5）西瓜细菌性果腐病（又称细菌斑点病、阴皮病）

①症状。西瓜在整个生长期间均可受此病菌侵染，病菌可为害子叶、真叶及果实，主要为害果实。瓜蔓、叶柄和根部不受侵染。子叶发病时，叶脉中间出现水浸状黄褐色小斑点，之后沿叶脉逐渐发展成不规则形黑褐色坏死斑。随后侵染真叶。幼嫩真叶受侵染时斑点很小，棕褐色，周围有黄色晕圈。植株营养生长旺盛期叶片发病较轻，通常不明显，病斑暗棕色，略呈多角形，易与炭疽病混淆，病叶很少脱落。开花后 2～3 周的果实最易感病，最初在果皮表面出现数个直径 1 mm 暗绿色点状病斑，随后迅速扩大至直径 2～5 cm 的暗绿色边缘不规则水浸状病斑，并且不断扩展。发病初期，病菌仅侵染果皮，果肉组织仍正常，但西瓜商品价值将受到严重影响。发病中期，病菌蔓延到果肉，使果肉也变成水浸状。发病后期，病斑出现很多褐色点状菌斑并开裂，有泡沫状浸出物溢出，果实很快腐烂。

②发病规律。病菌主要在种子内或随同病株残体在土壤中越冬，成为次年的初侵染源。病菌主要通过伤口、气孔侵染，嫁接苗的伤口、污染的刀具和器皿及人为的传播均有利于病害流行。病害远距离流行靠带菌的种子传播。西瓜表面上的病菌菌脓借雨水、风力、昆虫及农事操作等途径传播，形成多次再侵染。此病菌除可为害西瓜外，还可侵染甜瓜、南瓜、西葫芦、黄瓜等葫芦科植物。田间的自生瓜苗、野生葫芦科瓜苗等也是该病菌的侵染源。该病菌喜温暖、潮湿的环境条件。在炎热、光照强、伴有暴风雨的天气条件下发展蔓延最快。此外，一般连作年限长、基肥不足或缺少氮肥、瓜苗长势弱的地块发病严重。

③防治方法

a. 当田间发现病株应就地销毁。

b. 选用抗病品种。瓜皮为淡绿色的品种最易感病；瓜皮为淡绿色至深绿色条斑的品种耐病；瓜皮为单一深绿色的品种最耐病。

c. 药剂防治。发病初期用铜制剂（络氨铜、甲霜铜、铜大师、可杀得）以及农用硫酸链霉素喷施。最好用克菌康 1 000～1 200 倍药液喷雾，隔 7～10 天喷 1 次，连续 3～4 次即可防治。发病初期也可以用刀片轻轻刮掉病皮表面，用 72％农用硫酸链霉素 300～400 倍液在病部抹施，有较好的控制作用。注意喷施铜制剂需适量，因为铜过量会使西瓜植株生长受抑制。

6）西瓜根腐病

①症状。西瓜苗定植后即可发病。该病主要为害瓜根和茎基部。一开始呈水渍状，然后呈浅褐色至深褐色腐烂，病部不缢缩，其维管束变褐色，但不向上扩展。后期病部往往变糟，组织破碎，仅留下丝状维管束。受害植株的茎蔓一开始蔓尖微卷上翘，生长慢，最后全株叶片中午萎蔫，早晚恢复，慢慢枯死。

②发病规律。根腐病可由镰刀菌、腐霉菌等多种真菌引发，一般发病具备的主要条件是根部及附近有伤口。据田间调查，新疆露地西瓜在6月上旬至6月下旬开始发病，7月中旬、下旬发病最为严重，病株率高达80%以上。天气晴朗病害发展慢，阴雨天浇田、低洼地、黏土地、盐碱地、连作地发病较重。

③防治方法

a. 农业防治。实行3年以上轮作，采用高畦栽培，认真平整土地，防止大水漫灌及雨后田间积水，苗期发病要及时松土，增强土壤透气性，降低土壤湿度，提高地温。

b. 药剂防治。发病初期可用50%多菌灵可湿性粉剂500倍液喷雾；或77%可杀得可湿性粉剂500倍液喷雾；或用50%甲基托布津可湿性粉剂600倍液喷雾。发病严重时可用70%代森锰锌可湿性粉剂1 000倍液加50%扑海因可湿性粉剂1 000倍液灌根。

（3）甜瓜主要病害及其防治技术

1）甜瓜角斑病

①症状。甜瓜全生育期均能发病，主要为害叶片，也可为害茎蔓及果实。病状最早呈现在子叶上，为圆形或不规则的浅褐色、半透明点状病斑。在潮湿条件下，叶片呈现水渍状小点，病斑渐扩大，受叶脉限制呈多角形或不规则形，有时叶背病部溢出黄白色液体（即菌脓），后期病叶变黄褐色干枯。病斑变脆而易开裂脱落。茎蔓、果实上的病斑初呈水渍状、凹陷，并带有大量细菌黏液，果实表面病斑处易溃烂，裂口并向内扩展一直达种子上，致种子带菌。

②发病规律。病原为细菌中丁香假单胞菌流泪致病变种。病菌随病残体在土壤中或附着于种子表面越冬，成为翌年的初侵染源。病菌可由寄主的伤口和自然孔口侵入，带菌种子发芽时也可侵入子叶，通过风雨、昆虫和人的接触传播，形成多次重复侵染。当温度在22～28℃时，潮湿多雨田间湿度大，是病害发生的主要条件，地势低洼、连作田发病重。

③防治方法

a. 农业防治。实行与非葫芦科、茄科、豆科作物2年以上的轮作；选无病瓜留种，并于播种前进行种子消毒，消毒方法是用55℃的温水浸种20 min，或用0.1%汞液浸种10 min，或次氯酸钙300倍液浸种30～60 min，捞出后清水洗净，或用200 mg/L硫酸链霉素或新植霉素浸种2 h，捞出催芽播种；及时清除病叶、病蔓；及时追肥、合理浇水，对保护地栽培要加强通风降湿管理。

b. 药剂防治。于发病初期用50%琥胶肥酸铜（DT）可湿性粉剂，或60%琥乙磷铝（DTM）可湿性粉剂 500 倍液，或用 25％瑞毒铜可湿性粉剂 600～800 倍液，或新植霉素、农用链霉素 4 000 倍液等，每亩喷洒 50～70 kg 药液。

2）甜瓜疫病

①症状。此病菌能侵害根、茎、叶、果实，以茎蔓及嫩茎节发病较多，成株期受害最重。发病初期茎基部呈暗绿色水渍状，病部渐渐缢缩软腐，呈暗褐色。患病部叶片萎蔫，不久全株萎蔫枯死，病株维管束不变色。叶片受害产生圆形或不规则形水渍状大病斑，扩展速度快，边缘不明显，干燥时呈青枯，叶脆易破裂。瓜部受害软腐凹陷，潮湿时，病部表面长出稀疏的白色霉状物即孢子囊和孢囊梗。

②发病规律。病原为甜瓜疫霉，属鞭毛菌亚门、甜瓜疫霉属真菌：该菌只侵染甜瓜，不侵染茄科。病菌以菌丝体、卵孢子等随病残体在土壤或粪肥中越冬，成为翌年主要初次侵染源，种子带菌率较低。翌年条件适宜孢子萌发长出芽管，直接穿透寄主表皮侵入体内，在田间靠风、雨、灌溉水及土地耕作传播；寄主发病后，孢子囊及游动孢子借气流、雨水传播，进行重复侵染，使病害迅速蔓延。病菌发病适温 28～30℃，当旬平均气温 23℃时开始发病，在适温范围内，高湿（相对湿度 85％以上）是本病害流行的决定因素。发病高峰多在暴雨或大雨之后，田间地势低洼处，有积水不能及时排除，再遇大水漫灌，病害将严重发生。该病为土传病害，连年栽种瓜类作物的田块发病重。施用带病残物或未腐熟的厩肥易发病。追肥伤根者，发病重。

③防治方法

a. 农业防治。选用 5 年未种过葫芦科、茄科的肥地，以沙壤土新荒地为好；加强田间管理，采用高畦栽培，土地整平，开好沟，植株生长前期和发病初期要严格控制灌水，中午高温时不要浇水，严禁串灌（最好灌外水），防止田间有积水；合理施肥，田间发现病株及早拔除，收获完毕后及时清除田园残物。

b. 药剂防治。病害即将发生时使用化学药剂灌根或喷雾，选用 72％克露（霜脲锰锌）可湿性粉剂 700 倍液，或 69％安克锰锌可湿性粉剂 1 000 倍液，或 72.2％普力克水剂 600 倍液，或 25％甲霜灵可湿性粉剂 800～1 000 倍液，或 58％甲霜灵锰锌可湿性粉剂 500 倍液，或 64％杀毒矾可湿性粉剂 400～500 倍液，或 70％乙磷锰锌可湿性粉剂 500 倍液，25％甲霜灵加 40％福美双可湿性粉剂按 1∶1 混合 800 倍液灌根，每株灌药液 0.25～0.5 kg，每隔 7～10 天 1 次，连续防治 3～4 次。

3）甜瓜叶枯病

①症状。主要为害叶片。真叶染病初见褐色小点，后病斑逐渐扩大，边缘稍隆起，病健部界限明显，但轮纹不明显，边缘呈水渍状，几个病斑汇合成大斑，致叶片干枯。果实染病，症状与叶片类似，病菌可侵入果肉，形成果腐。

②发病规律。病原为瓜链格孢，属半知菌亚门真菌。以菌丝体在病残体内及分生孢子在病组织外或黏附在种皮上越冬，成为翌年的初侵染源。分生孢子借气流或雨水传

播，萌发后可直接侵入叶片，条件适宜，3天即可显症，不久形成分生孢子进行再侵染。坐瓜后遇25℃以上气温及高湿，病害易流行，特别是浇水后或风雨过后，病害迅速扩展。土壤瘠薄、生长弱的瓜田发病重。

③防治方法

a. 农业防治。选用无病种瓜留种，用种子质量0.3%的75%百菌清可湿性粉剂，或50%扑海因可湿性粉剂拌种，也可用40%甲醛（福尔马林）300倍液闷种2 h，清水冲洗后播种；不与葫芦科作物连作，尤其不要与大棚黄瓜邻作；加强栽培管理，增施有机肥，提高植株抗病力，防止大水漫灌，早期发现病叶及时摘除深埋或烧毁。

b. 药剂防治。进入开花期后，日均温25℃以上，掌握在发病前开始喷洒75%百菌清可湿性粉剂600倍液，或58%甲霜灵锰锌可湿性粉剂500倍液，或40%大富丹可湿性粉剂400倍液，或50%扑海因可湿性粉剂500倍液，或50%速克灵可湿性粉剂1 500倍液，隔7～10天喷1次，连续4～5次。病情严重时，雨后补喷可提高防效。

4）甜瓜细菌性叶斑病

①症状。甜瓜叶、果实及茎上均可发病。叶部病斑初为水浸状圆形斑点，然后发展为边缘黄色的褐色小斑点，并迅速扩大变褐色扩展到叶脉，沿叶脉往叶柄发病，最后多个病斑愈合成大型褐色病斑，自叶缘干枯。幼果及未成熟果多在降水多的高温环境发病，果皮上出现绿色水浸状斑点。以后，在成熟果实上发展为不规则中央隆起的木栓化病斑，斑点周围呈绿色水浸状。木栓化斑可发生龟裂。茎上发生褐色病斑，接着病斑围茎扩大腐烂，造成茎蔓顶枯萎而死。

②发病规律。病原为黄单胞细菌。病原细菌附着在种子上，种子发芽时侵入茎、叶发病。本病细菌也可随受害残株在土壤中越冬，随来年水滴等从叶、茎的气孔、水孔等处侵入植株。在植株体内繁殖后从病斑及气孔等处溢出，随水滴溅散，进行重复侵染。本病在冷凉湿润的条件下发病重。夏季多日照、高温、干燥时发病轻。

③防治方法

a. 种子消毒。用45%代森铵水剂300倍液浸种15～20 min，冲洗后晾干播种。或用氯化苦熏蒸剂对苗床消毒处理。

b. 药剂防治。发病初期，喷洒77%可杀得可湿性粉剂800倍液，或50%消菌灵1 500倍液，或72%农用链霉素粉剂或新植霉素（100～200）mg/L，或氯霉素（50～100）mg/L，或14%络氨铜水剂350倍液。隔7～10天喷1次，连续喷4～5次。

5）甜瓜炭疽病

①症状。甜瓜生长全生育期均可发病，以中、后期发生为重。叶片发病，初为黄色水浸状圆形病斑，病斑扩大后变褐色，有时出现同心轮纹，干燥时病斑易破碎。茎蔓或叶柄上的病斑椭圆形，稍凹陷，上生许多黑色小斑点，即病菌分生孢子盘。果实病斑初为暗绿色水浸状小斑点，后扩大成圆形、凹陷的暗褐色病斑，凹陷处常龟裂，潮湿时，

病斑上溢出红色黏质物，即病菌的分生孢子堆，严重时病斑连片造成瓜果腐烂，

②发病规律。病原为葫芦科刺盘孢，属半知菌亚门真菌。病菌主要以菌丝体或拟菌核（未发育成的分生孢子盘）在土壤中的病株残体或种子上越冬。越冬后的病菌产生大量分生孢子，是重要的初次侵染源。潜伏在种子上的菌丝体直接侵入叶引起幼苗发病。病菌分生孢子主要借风、雨水、流水、害虫和人畜活动进行传播。甜瓜在储藏运输中病菌也能侵入发病。

③防治方法

a. 加强栽培管理。选择排水良好的沙壤土种植，与非瓜类作物进行 3 年以上的轮作；施足基肥，增施磷、钾肥，提高植株的抗性；雨后及时排除田间积水，收获后把病蔓、病叶和病果清出田外，烧毁或深埋。

b. 药剂防治。发病初期开始喷药，可用 65%代森锌可湿性粉剂 400～600 倍液，或 70%代森锰锌可湿性粉剂 500 倍液，或 50%多菌灵可湿性粉剂 500～700 倍液，或 50%甲基托布津可湿性粉剂 700 倍液，或 80%炭疽福美可湿性粉剂 800 倍液，或 2%抗霉菌素（农抗 120）200 倍液，每隔 7～10 天喷 1 次，连续 2～3 次；喷药时混入微肥或喷施宝叶肥，效果更佳。储藏或远运的瓜，必须经过严格挑选，剔除病、伤果实。有条件时采用低温储运或涂抹保鲜剂，温度最好控制在 4℃左右。温度过高过低都易造成果实腐烂。

6）甜瓜霜霉病

①症状。本病主要为害叶片。发病初期叶片上先出现水渍状黄色小斑点。病斑扩大后，受叶脉限制呈不规则多角形、黄褐色。在潮湿条件下，叶背病斑上长有灰黑色霉层（即孢囊）。病情由植株基部向上蔓延，严重时病斑连成片，全叶黄褐色，干枯卷缩，叶易破，病田植株一片枯黄。瓜瘦小，品质变劣，甜瓜含糖量降低。

②发病规律。病原为古巴假霜霉菌，属鞭毛菌亚门真菌。病菌以卵孢子在土壤中的病残体上越冬，也可在温室瓜上越冬，病原菌以菌丝体、孢子囊通过气流、雨水、害虫传播。孢子囊萌发后，自寄主气孔或直接穿透寄主表皮侵入。

霜霉病的发生和流行与温、湿度关系最大，特别是湿度。湿度越高，孢子囊形成越快，数量越多。孢子囊的萌发必须在叶面有水滴或水膜存在，而在干燥条件下，孢子囊 2～3 天后即失去萌芽力。因此，暴雨、大雨或漫灌后，病组织出现水渍状，并迅速扩展，易造成病害发生和流行。孢子囊的产生，要求光照和黑暗交替的环境条件，一般连作地、地势低洼、栽培过密、肥料不足、浇水过多、排水不良、地面潮湿等地发病重。

③防治方法。选用抗病品种、加强药剂保护和改进田间栽培管理相结合的综合措施。

a. 农业防治。种植抗病性较强的品种；选择地势高、土质肥沃、质地沙壤的地块栽种甜瓜，要求施足基肥，追施磷、钾肥；在生长前期适当控水，结瓜后严禁大水漫灌，并注意排除田间积水；及时整枝打杈，保持株间通风良好。

b. 药剂防治。霜霉病通过气流传播，发展迅速，易于流行。故应在发病初期及早喷

药才能收到良好防效。常用药剂有72%克露（克霜氰、霜脲锰锌）可湿性粉剂700倍液，或72%普力克水剂600倍液，或25%瑞毒霉可湿性粉剂或25%甲霜灵可湿性粉剂800～1 000倍液，或70%百德富可湿性粉剂，或40%乙磷铝可湿性粉剂250～300倍液，或75%百菌清可湿性粉剂600倍液，或68%甲霜灵锰锌可湿性粉剂400倍液，或70%乙磷锰锌可湿性粉剂500倍液，或64%杀毒矾可湿性粉剂400倍液，或50%福美双可湿性粉剂500倍液，或波尔多液1∶1∶200倍液，应注意苗期有些品种易产生药害。每亩喷药液60～70 kg，隔7～10天喷1次。

7）甜瓜软腐病

①症状。茎蔓和果实均可受害。整株或一支蔓的叶迅速枯萎死亡是其典型特征。受害株蔓的茎端部至中间几厘米处发生暗绿色水浸状病斑，并形成软腐，同时与枯萎病相似，维管束变褐色。感病果实初为水渍状病斑，渐扩大，稍凹陷，病部发软，色泽变深，病斑周围有水渍状晕圈，从病部向内腐烂，有臭味。

②发病规律。病原为软腐欧氏杆菌软腐病亚种细菌，属欧氏杆菌属。病菌随病残体在土壤中越冬。主要通过伤口侵入寄主，侵染寄主的薄壁细胞组织，自伤口侵入后，先在伤口和细胞间吸收养分，然后分泌果胶酶，分解中胶层，导致细胞离析、组织崩溃和软腐。主要通过雨水、灌溉水和昆虫传播。

③防治方法。病菌主要通过伤口侵入寄主，因此田间操作要注意避免造成伤口，还要注意把虫害消灭在蛀食以前，防止害虫传播细菌；加强田间管理，注意通风透光，降低田间湿度，增施底肥，及时追肥，促进植株生长健壮，自然伤口少，减少病菌侵入机会；及时清除病株，减少菌源。

8）甜瓜蔓枯病

①症状。主要为害瓜蔓，叶和果实也会受害。病蔓开始在近节部呈淡黄色。油浸状斑，稍凹陷，病斑椭圆形至菱形，病部龟裂，并分泌黄褐色胶状物，干燥后呈红褐色或黑色块状。生长后期病部逐渐干枯，凹陷，呈灰白色，表面散生黑色小点，即分生孢子器及子囊壳。叶片上病斑黑褐色，圆形或不规则形，其上有不很明显的同心轮纹，叶缘老病斑上有小黑点，病叶干枯呈星状破裂，果实上初期产生水渍状病斑，中央变褐色枯死斑，呈星状开裂，引起瓜腐烂。蔓枯病与枯萎病不同之处是病势发展缓慢，维管束不变色。不同甜瓜品种抗病性有明显差异，一般薄皮甜瓜较厚皮甜瓜抗病性强。

②发病规律。病原有性世代为甜瓜球腔菌，属子囊菌亚门，球腔菌；无性世代为黄瓜壳二孢菌，属半知菌亚门，壳二孢属。病菌以分生孢子器和子囊壳在病残体上、土壤里越冬。种子表面也能带菌。次年分生孢子或子囊孢子借助气流、雨水传播。病原菌可以从茎的节间、叶和叶缘水孔及伤口侵入。

高温高湿、叶蔓茂密、通风不良、缺肥植株生长弱有利发病；重茬地、低洼地发病重，施肥和整蔓造成伤口病菌易侵染。

③防治方法

a. 农业防治。以健株留种，播前种子消毒；实行2～3年的轮作；施用充分腐熟的有机肥，并注意氮、磷、钾肥的合理搭配。

b. 药剂防治。在发病初期全面喷施70%代森锰锌可湿性粉剂500倍液，50%的甲基托布津或多菌灵可湿性粉剂500倍液，70%的百菌清可湿性粉剂600倍液或用50%混杀硫悬浮剂500～600倍液，或用1∶50倍托布津或敌克松液或甲基托布津液加杀毒矾药液涂抹病部。

9）甜瓜裂果病

①症状。甜瓜的果实表面出现大的裂缝，这种有裂缝的果实称为裂果。网纹型甜瓜中的网纹也可以说是一种小龟裂，在网纹发生过程中也会出现大的开裂，成为裂果。如果在网纹发生的初期，愈伤组织发达就会出现粗的网纹。如果网纹粗细超出正常标准，伤口又没有愈合，就形成了裂果，失去了商品价值。另外，在接近收获期裂果也很多，裂果先是从肉薄的尾部（花痕部）开始的。无网纹甜瓜上也会发生裂果。除了裂果以外，在果柄附近的肩部发生许多小龟裂，成为同心圆状的裂果。

②发生原因。裂果多是在果实表面硬化后，内部发育剧烈进行的时候发生的。它的发生受到果皮的硬化程度和吸水量的影响。天晴光照强时，表皮发生硬化，阴雨天硬化缓慢，如果这时灌水过多，植株吸水后就会引起裂果。温室用换风扇进行换气，果面上受到冷风后，也容易硬化，引起开裂。苗床地的甜瓜，根扎得过深，容易引起水分吸收过多而产生裂果，因此灌水时要十分注意。如果果面受到阳光直射，果面会老化变硬，容易产生同心圆形的小龟裂。在植株发生叶枯的情况下，更加重龟裂的发生。

③防治方法。注意果面的保护和灌水。网纹型的甜瓜当阳光直射强烈时，可用报纸遮住果实。无网纹型的甜瓜不能用报纸遮，所以果实附近的叶片十分重要，要加以保护。用报纸遮果可防止果实表面绿化，这点在夏季栽培的甜瓜上更为重要。

10）甜瓜菌核病防治

①症状。从苗期至成株期都可发病。幼瓜、凋萎花蒂、叶腋处较易发病，病害开始在下部老叶、落花上发生，进而为害叶柄、果实，被害瓜脐部形成水渍状病斑，软腐，向上发展，整个瓜条腐烂，腐烂部表面长满棉絮状菌丝体，最后产生黑色菌核。茎部被害，初产生褪色的水浸状病斑，病斑逐渐扩大呈淡褐色，病茎软腐，长出白色棉絮状菌丝体。茎表皮和髓腔内形成坚硬菌核，植株枯萎。幼苗期发病，在近地面幼茎基部，出现水渍状病斑，很快病斑绕茎一周，造成环腐，幼苗猝倒。

②发病规律。病原为核盘菌，属于囊菌亚门真菌。菌核在土壤中越冬，是菌核病的重要初侵染源，菌核遇有适宜的条件即萌发，出土后形成子囊盘，经一段时间后放射出大量的子囊孢子，子囊孢子靠气流传播，落在衰老的叶、花上，在适宜的条件下，即可侵染发病。菌核可以随种子调运进行远距离传播。菌核一般可存活1～3年或更长，越

冬后翌年萌发率在90%以上。

③防治方法

a. 农业防治。深翻，使菌核不能萌发；实行轮作，未发病的温室或大棚忌用病区培育的幼苗，防止菌核随育苗土传播；及时清除田间杂草，有条件的覆盖地膜，抑制菌核萌发及子囊盘出土，发现子囊盘出土，及时铲除，集中销毁；加强管理，注意通风排湿，减少传播蔓延。

b. 棚室内药剂防治。采用烟雾法或粉尘法，于发病初期，每亩用10%速克灵烟剂250～300 g熏1夜，也可于傍晚喷撒5%百菌清粉尘剂或10%来克粉尘剂，每亩每次喷1 kg，隔7～9天喷1次。

c. 露地药剂防治。于发病初期喷洒40%菌核净可湿性粉剂500倍液或50%农利灵（乙烯菌核利）可湿性粉剂1 000～1 500倍液，或50%速克灵可湿性粉剂1 500～2 000倍液，或50%扑海因可湿性粉剂1 500倍液，或50%苯菌灵可湿性粉剂1 500倍液。

11）甜瓜白粉病

①症状。此病主要侵染叶片、叶柄；茎蔓也可受害，果实受害少。发病初期，叶面上产生白色粉状小霉点，不久逐渐扩大成一片白粉层即病菌菌丝体、分生孢子梗及分生孢子，以后蔓延到叶背、叶柄和蔓上、嫩果实上。后期白粉层变灰白色，白粉层中出现散生或堆生、黄褐色、小粒点后变成黑色，即病菌有性世代的闭囊壳，病叶枯焦发脆，致使果实早期生长缓慢。

两种病菌的寄主范围很广，具有较强的专化型及生理小种。

②发病规律。病原菌为子囊菌亚门两个属的真菌：即白粉菌属的二孢白粉菌和单丝壳属的单丝壳白粉菌。而新疆以瓜类单丝壳白粉菌为主。甜瓜白粉病以有性世代的闭囊壳随病残体遗留在田间越冬，或以菌丝体在温室植株上越冬。田间发病靠产生的分生孢子借气流传播，其次是雨水。分生孢子在10℃内都能萌发，而以20～25℃为最适。灌水过多，排水通风不良以及闷热，病势发展快，病情严重。

③防治方法。应选用抗病品种，加强栽培管理及药剂防治相结合的综合措施。

a. 农业防治。田间应注意加强水肥管理，防止植株徒长和早衰，施用有机肥，氮、磷、钾复合肥，保持植株通风好。及时整枝打杈，作物收获后清除病株残体，减轻第二年侵染源。

b. 药剂防治。调查发病中心，植株发病初期及早喷药，控制病源蔓延。选用15%粉锈宁可湿性粉剂1 000～1 500倍液，或20%粉锈宁乳油1 500～2 000倍液，相隔15～20天喷1次，防治效果显著。或用50%硫磺悬浮剂200～300倍液，或30%敌菌酮400倍液，或用50%甲基托布津可湿性粉剂1 000倍液，或50%托布津可湿性粉剂500～800倍液，每隔7～10天喷1次，每亩喷药液60 kg左右。

12）甜瓜细菌性果腐病

①症状

a. 幼苗症状。幼苗发病后，首先在子叶背面叶脉中间出现水浸状黄色小斑点，之后沿叶脉逐渐发展为黑褐色坏死斑，有时在下胚轴也会出现这种症状，严重时幼苗会塌陷、死亡。第1～2片真叶上的症状是在近叶脉处出现水浸状，然后变黄进而变成褐色病斑。如果遇上长期阴雨天或管理不善苗床湿度过大，幼苗叶片水浸状病斑不断扩大，直至幼苗死亡。相反，如幼苗受到侵染，但苗床湿度等条件不利于发病，则在子叶上形成褐色病斑，或在前几片真叶上也形成少量褐色病斑，随后植株可完全正常生长。

b. 叶片症状。甜瓜细菌性果腐病在植株营养生长旺盛时期发病较轻或基本不发病，叶片上的症状表现不明显，典型症状仍为近叶脉处出现水浸状，之后病斑变为浅褐至红褐色，沿叶脉分布。叶片上的症状易与其他叶部病害如角斑病、叶枯病、霜霉病、炭疽病症状混淆。

c. 果实症状。果实初期症状为瓜面出现水浸状小点，之后的症状因品种和天气的差异而略有不同。有些品种（果皮和果肉较软的品种多些）受到浸染后，当天气晴好、空气湿度较小时，果实表面的水浸状小点会自然愈合，呈疮痂状，同时果实内部侵染部位会收缩变硬木栓化；当天气不好、空气湿度较大时，果实表面的水浸状小点3～5天内变成浓黄色，并逐渐扩大为水浸状病斑。切开果实，沿果实表面侵染部位向内腐烂，严重的整个果实液化变质。有些品种（脆肉品种居多）受到浸染后，当天气晴好、空气湿度较小时，果实表面的水浸状小点也会自然愈合，呈疮痂状或果皮崩裂，侵染部位愈合后果实还能继续生长，同时果实内部侵染部位会收缩变硬木栓化；当天气不好、空气湿度较大时，果实表面病斑并无太大变化，只是透过果皮发现果肉发暗、黑，切开果实，沿果实表面向内腐烂，但不呈液化变质。网纹类甜瓜受感染较轻时伤口也会自然愈合，但在伤口周围网纹很难形成。

②发病规律。种子带菌是甜瓜细菌性果腐病传播的主要途径，病原菌可以长期存活在土壤中，或在连茬瓜类作物或葫芦科野草的植株或残体中越冬，一旦条件合适就会大暴发。高湿是该病害得以流行的环境条件。病菌可通过雨水和不合理的灌水迅速传播。人工操作如整枝、激素蘸果等农事操作可交互感染加重该病的发生。

③防治方法

a. 制种地的选择和种子消毒。种子生产时最好选择干旱少雨、不适合该病发生的地区或地势较高、不易积水的地块。利用双氧水等浸泡和快速干燥种子是生产健康种子、防治甜瓜细菌性果腐病蔓延最有效的措施。具体的做法是：将甜瓜种子从果腔中掏出后发酵12～24 min，之后将种子用清水洗净，转入1%的双氧水中浸泡15 min，捞出后再用清水清洗一遍，在甩干机（可用洗衣机代替）内甩5～10 min，脱去种子表面的水分。采种前注意收听收看天气预报，一定选在晴天的上午将种子晾晒，保证种子当天能基本晒干。若遇阴天则将甩去水分的种子在烘干机内（料温≤30℃，环境温度≤40℃，风量≥2 230 m³/h）快速烘干 2 h 以上，基本能使种子的含水量降到 10% 以下，可避免病菌（包括甜瓜细菌性果腐病病原菌和其他病菌）在种子表面滋生繁殖。

b. 育苗期管理苗床应选地势较高、通风良好、未种过瓜类作物的地块，在疫区最好用福尔马林等处理土壤。应尽量保持幼苗和苗床的干燥，早春育苗要铺设地热线增温，降低苗床的湿度，缺水时最好采用床下渗灌，不要从上向下撒水喷淋。若发现疑似病株，应将疑似病株及其周围植株连同营养钵一同移出，以免病菌扩大蔓延。

c. 采用高畦栽培降低土壤的含水量，浇水时要小水慢浇，田间排水要畅通，雨后田间不要积水。保护地内有条件应采用滴灌、全程地膜覆盖，注意经常放风，保持保护地内空气比较干燥。

d. 田间作业整枝打杈、激素蘸果等活动的交互感染会加速病害的扩散。整枝打杈用的剪刀等工具要经常用酒精或福尔马林消毒，对疑似细菌性果腐病的植株要用专用剪刀，并做到随用随消毒。采用激素保果或促使果实膨大时要用喷果的方式，不要蘸果。

e. 药剂防治。发病初期用铜制剂（络氨铜、早霜铜、铜大师、可杀得）以及农用硫酸链霉素喷施。最好用克菌康 1 000～1 200 倍药液喷雾，隔 7～10 天喷 1 次，连续 3～4 次即可防治。当发病初期也可以用刀片轻轻刮掉病皮表面，用 72%农用硫酸链霉素 300～400 倍液在病部抹施，有较好的控制作用。

13）甜瓜黑斑病

①症状。甜瓜黑斑病主要为害叶片。中下部叶片先发病后逐渐向上蔓延，重病株除心叶外，均可受害。叶部病斑零星分布，圆形或不规则形，初黄绿色，后中央黄白色，边缘黄褐色，病健交界处有明显的黄色晕圈。叶片背面病斑呈水渍状。病斑多在叶脉间发展，高湿条件下病斑迅速扩展或融合成黑色大斑块，叶片枯焦，叶缘上卷，似火烤状，但不脱落，病部偶见稀疏的灰褐色霉层。

②发病规律。甜瓜黑斑病病菌为半知菌亚门真菌的细交链孢。以菌丝及分生孢子在病残体上或黏附于种子表面越冬，成为翌年初侵染源。分生孢子借气流或雨水传播，条件适宜时分生孢子萌发直接侵入叶片，可多次再侵染。高温高湿（25～32℃）是该病发生流行的重要条件。保护地高温高湿、通风透气不良则发病迅速且严重。

③防治方法

a. 种子消毒用 55℃温水浸种 15 min，立即投入冷水中冷却，晾干后使用。

b. 加强栽培管理施足腐熟有机肥，提高植株抗病力；合理密植，及时清除病残体，摘除病叶；有条件的地区可实行轮作；保护地注意通风透气、排湿降温，防止大水漫灌。

c. 药剂防治。发病前喷洒 75%百菌清可湿性粉剂，或 50%扑海因可湿性粉剂、或 70%代森锰锌可湿性粉剂等进行预防保护；发病初期先清除病叶，再用 50%咪酰胺锰络合物可湿性粉剂，或 10%苯醚甲环唑水分散粒剂，或 80%代森锰锌可湿性粉剂等喷施处理，可收到良好防治效果。保护地也可用5%百菌清粉尘剂喷施。药剂防治时应注意轮换药剂，尤其是内吸性杀菌剂不能长期连续使用，以免病菌产生抗药性。

14）甜瓜根腐病。同西瓜根腐病的防治。

（4）西葫芦主要病害及其防治技术

1）西葫芦白粉病

①症状。西葫芦在保护地生产易发生白粉病。白粉病主要为害叶片，发病初期在叶面或叶背面产生白色圆形小粉斑，不断的往周围扩展，严重时叶片全部布满白粉，后期白粉的霉斑变为灰白色，叶片变黄，有时在病斑上产生小黑点。

②发病规律。病菌在病残体上存活，靠气流传播。高温、高湿发病严重。

③防治方法

a. 选用抗病品种，注意通风散湿，防止结露。

b. 药剂防治。发病初期喷15%粉锈宁可湿性粉剂1 000～1 500倍液，或70%甲基托布津800～1 000倍液，或农抗120水剂200倍液，或50%硫磺悬浮剂250～300倍液等药剂，6～7天喷1次，交替使用。

2）西葫芦灰霉病

①症状。主要为害花朵及幼瓜。病菌多从开败的花侵入，使花、果腐烂，长出灰色霉层。大瓜受害，组织变黄褐色，并生有淡灰色霉层，叶片病部近圆形，边缘比较明显，生有少量灰霉。

②发病规律。病菌随病残体存活，也可以菌核体在土壤中越冬。低温、高湿为发病条件。

③防治方法

a. 加强管理，高畦覆盖地膜，适当控水，经常通风排湿，及时除掉病花、病叶等。

b. 发病期可选用50%速克灵可湿性粉剂1 000倍液，或50%扑海因可湿性粉剂1 000～1 500倍液，或50%多菌灵可湿性粉剂500倍液，或50%农利灵500倍液，或40%特立克800倍液，每5～7天喷1次，连喷2～3次。阴雨天可用20%速克灵烟剂，或10%速克灵粉尘剂。结合2，4-D沾花加入0.40%用量的速克灵或多霉灵，既防落又防病。

3）西葫芦绵腐病

①症状。主要为害果实，在果实初为椭圆形水浸状暗绿色病斑，稍凹陷，皮下果肉变褐腐烂，表面生白色霉层。有时也为害茎、叶，在叶柄及茎部初生水浸状暗绿色病斑，潮湿时软腐似开水烫过。

②发病规律。病菌在土壤中越冬，随流水传播。土壤低温、高湿有利发病。

③防治方法

a. 土壤处理，用乙磷铝锰锌，按每平方米用药10 g，加适量细土拌匀，撒于苗床或定植穴内。

b. 药剂防治，可用70%代森锰锌可湿性粉剂500倍液，或80%乙磷铝锰锌可湿性粉剂500倍液，或58%瑞毒锰锌可湿性粉剂500倍液，或50%瑞毒铜可湿性粉剂500倍液，或50%DT 500倍液，7～10天喷1次，连喷2～3次。

4）西葫芦褐斑病

①症状。主要发生在叶片上，自下而上发病，病斑圆形，中间黄白色，边缘黄褐色。叶面病斑稍隆起，表面粗糙，叶背面水渍状，有褪绿晕圈。

②发病规律。病菌在种子上或病残体上存活，随气流和浇水传播。高温、高湿造成病害流行。

③防治方法

a. 种子消毒处理，用55℃温水浸种15 min，加强通风散湿。

b. 药剂防治。可用75%百菌清可湿性粉剂600倍液，或50%扑海因可湿性粉剂1 000倍液，或50%倍得利可湿性粉剂500倍液，每7天喷1次，连喷2～3次，阴雨天可用40%百菌清烟剂或5%百菌清粉尘剂。

5）西葫芦菌核病

①症状。主要为害果实及茎蔓。果实染病，残花部先呈水浸状腐烂，后长出白色菌核，菌丝上散生鼠粪状黑色菌核。茎蔓染病呈水浸状病部变褐，后长出白色菌丝和黑色菌核，最后茎蔓枯死。

②发病规律。本病由核盘菌侵染所致。病菌主要以菌核随病残体在土壤中，也可混杂在种子中越冬、越夏。温、湿适宜时，菌核萌发长出子囊盘，散放出子囊孢子借气流传播，主要侵染谢花的花瓣，以及寄主下衰老的叶片。菌核还可生长菌丝，直接侵染引起病害流行。病菌萌发侵染和发病最适的温度15～20℃，相对湿度85%以上，属低温高湿病害。因此，北方冬春季保护地、老菜区、连茬地发病重；保护地浇水过量，放风不及时均易加重病情。

③防治方法

a. 土壤处理。病区西葫芦收获后，深翻土地30 cm以上，将菌核埋入深土层，或在夏季利用太阳能进行土壤消毒。病田夏季灌水10天以上，促进菌核腐烂。

b. 种子消毒。用10%盐水漂种2～3次，以淘除菌核。50℃温水浸泡10 min，可杀死混杂在种子内的菌核，再催芽播种。

c. 农业防治技术。高畦覆盖地膜栽培，并用滴灌或膜下暗灌浇水方法，可防止土壤病菌传播，随时摘除病瓜、病叶、雄花和植株下部枯黄老叶，减少菌源，利于通风透光。棚室适时放风排湿。

d. 药剂防治。发病前或初发病时，喷施50%速克灵可湿性粉剂1 500～2 000倍液，或50%扑海因可湿性粉剂1 000倍液，或50%农利灵可湿性粉剂1 000倍液，或40%菌核净可湿性粉剂500倍液，或25%粉锈宁可湿性粉剂3 000倍液等，视病情每隔7天左右喷1次，连喷3～4次，药液喷到幼瓜、雄花及植株下部茎、叶上。保护地可于傍晚密封棚室，喷撒5%百菌清粉尘剂，每亩用量1 kg，或用45%百菌清烟剂进行烟熏，每亩用药量180～200 g，或10%速克灵烟剂250 g进行熏烟。

6）西葫芦花叶病毒病

①症状。发病时嫩叶上出现浓绿和淡黄相间的花斑，病叶皱缩、叶小和叶柄变短。严重时植株萎缩，节间短粗。发病后期叶片变黄，甚至枯死。病瓜畸形，瓜皮有黄绿相间的斑驳，瓜面有明显的病状凸起。该病主要通过蚜虫汁液传播。高温干旱蚜虫多，杂草丛生和植株生长弱利于发病。

②发病规律。此病病原为植物病毒，由蚜虫传播，种子和人工操作接触传播。高温、干旱、日照强，缺肥发病重。

③防治方法

a. 全棚消毒处理，前茬收后，播种以前，用5%菌毒清300倍液，再加磷酸三钠500倍液，全棚喷洒。

b. 清除温室内杂草，用40%乐果乳油1 000倍液，或50%抗蚜威可湿性粉剂3 000倍液，或10%吡虫啉可湿性粉剂5 000倍液防治蚜虫。生长期间7～10天喷1次5×10^{-6}的α-萘乙酸或磷酸二氢钾300倍液或尿素200倍液，提高抗病能力。

c. 药剂防治，发病初期可喷5%菌毒清300倍液，或绿芬威1号600倍液，或20%病毒A可湿性粉剂500倍液，或1.5%植病灵乳剂1 000倍液10天喷1次，连喷2～3次。

（5）苦瓜主要病害及其防治技术

1）苦瓜白粉病

①症状。苦瓜白粉病主要为害叶片。病害开始发生时叶片上产生近圆形粉斑，直径4～6 mm不等。病害发生严重时粉斑密布在叶面上并且连成一体，导致叶片逐渐变黄，最终叶片干枯死亡，使植株正常生长和结瓜受阻，生育期缩短，产量降低。

②发病规律。温暖潮湿的天气，氮肥施用过多或肥料不足，植株生长过旺或生长不良，都容易发病。

③防治方法

a. 喷洒2%农抗120，或2%武夷霉素水剂200倍液，隔6～7天再喷1次。

b. 发病初期喷洒15%粉锈宁可湿性粉剂1 500倍液，或70%普菌克可湿性粉1 200倍液，或50%卡苯得可湿性粉700倍液，或20%三唑酮乳油1 500倍液，或30%特富灵可湿性粉1 500倍液。每7天1次，连续2～3次。

c. 保护地采用烟雾剂熏蒸，每亩用45%白菌清烟剂200～250 g，分别放置在棚内4～5处，用暗火点燃，发烟后闭棚，熏蒸1夜，次晨通风，隔7天熏1次。以上药剂要交替轮换使用。

2）苦瓜白绢病

①症状。苦瓜白绢病是真菌病害。可引致全株枯萎，茎基缠绕白色菌索或菜籽状茶褐色小菌核，患部变褐腐烂。土表可见大量白色菌索和茶褐色菌核。

②发病规律。病原为半知菌亚门的齐整小菌核。病菌以菌索及菌核随病残体遗落在土中越冬，借助灌溉水、流水传播，从伤口侵入致病。发病后菌核又借助流水传播或借助菌丝攀援接触邻近植株进行再次侵染致病。高温多湿的天气有利于发病。土质黏重及地势低洼或高温多湿的年份发病重。连作地，土壤偏酸，通透性好的沙壤土，施用未腐熟的土杂肥，往往发病较重。

③防治方法

a. 病田实行轮作。无法轮作时，在收获后深翻并引水泡田一段较长时间，并采用毒土营养杯育苗，整地时撒施毒土（40%五氯硝基苯 15 kg/hm^2混 200 倍细土）。

b. 及时拔除病株烧毁。病穴及其邻近植株浇灌 5%冈霉素水剂 1 000 倍液，或 50%菌核净可湿性粉剂 1 000 倍液，或 20%甲基立枯磷乳油 1 000 倍液，或 90%敌克松可湿性粉剂 500 倍液，每株（穴）浇灌药液 0.4～0.5 kg。也可用 40%五氯硝基苯加细沙配成 1∶200 的药土撒入拔除病株的穴中与穴土混合，每穴撒 100～150 g，隔 10 天撒 1 次。

c. 用培养好的哈茨木霉 0.4～0.5 kg，加 50 kg 细土，混匀后撒在病株基部，可有效地控制病害扩展。

单元 2

3）苦瓜霜霉病

①症状。苦瓜霜霉病主要为害叶片，初期出现浅黄色小斑。后扩大，病斑受叶脉限制呈多角形和不规则形，颜色由黄色渐变成黄褐色至褐色，严重时病斑融合为斑块。湿度大时，叶背长出白色霉状物，但天气干燥时很少见到霉层。

②发病规律。苦瓜霜霉病原是古巴假霜霉菌。该病病原孢子悬浮于空气中，借气流和风雨传播，在叶片上有水膜时最易萌发，从细胞间隙和气孔侵入。一般气候温暖，雨水多，或昼夜温差大、早晨雾大露重条件下发病严重。

③防治方法

a. 清除田间病残体，大棚栽培多施有机肥，早春少浇水，多中耕，提高棚温，注意通风，降低空气湿度。

b. 苦瓜霜霉病可选用：72%霜露速净或克露可湿性粉剂 1 000 倍液，或 64%卡霉能可湿性粉剂 800 倍液，或 58%瑞毒霉锰锌或双福可湿性粉剂 800 倍液，或 40%百可宁或百菌清悬浮剂 600 倍液，或 70%绿普安可湿性粉剂 500 倍液。每 7～10 天喷 1 次，连续 2～3 次。

4）苦瓜斑点病

①症状。主要为害叶片，叶片初现近圆形褐色小斑，后扩大为椭圆形至不定形，色

也转呈灰褐至灰白，严重时病斑汇合，致叶片局部干枯。潮湿时斑面现小黑点即病原菌分生孢子器，斑面常易破裂或成穿孔。

②发病规律。病菌借雨水溅射辗转传播，高温高湿天气病害易流行，连作、地势低洼、偏施氮肥的地块发病严重。

③防治方法

a. 在重病区避免连作，注意田间卫生和清沟排渍。

b. 避免偏施过氮肥，适当增施磷钾肥，在生长期定期喷施植宝素或喷施宝等促植株早生发减轻为害。

c. 结合防治苦瓜炭疽病喷洒 70%甲基硫菌灵（甲基托布津）可湿性粉剂 800 倍液加 75%百菌清可湿性粉剂 800 倍液，或 40%多硫悬浮剂 500 倍液，可兼治本病。

5）苦瓜枯萎病

①症状。苦瓜枯萎病是真菌性病害，发生在主蔓茎节部，染病后初时发生水烫症状，病部很快向上下两头的节间扩展。以后的病部变褐腐烂收缩，患部以上茎叶失水下垂枯萎。此病也可在地面根须部发生，染病后初时也呈现水烫症状，随后病部变褐腐烂收缩，地上部植株失水枯萎。

②防治方法

a. 选种抗病品种。

b. 土壤处理。整地时翻土暴晒 5～7 天，让土壤充分晒白风化。每亩施石灰 50～75 kg，中和土壤酸性和抑制病菌生长。

c. 高畦深坑。高温多湿容易发生枯萎病，采用高畦深坑种植法，降低地下水位，防止雨后积水，使畦面土壤通风，可减少病害。

d. 剪疏叶片。病害开始发生时，疏剪基部叶片，使田间植株、畦面通风排湿，能抑制病菌的发育和传播，可减轻病害发生。病害开始发生时，速将病株拔除，同时喷 75%百菌清可湿性粉剂 500～800 倍液，或用 50%多菌灵可湿性粉剂 500～600 倍液，或用 70%敌克松原粉 500～800 倍液，每隔 7～10 天喷 1 次，连续 3～4 次。每次把药液喷在植株下半段的茎蔓上，以喷至叶片至湿不滴水为度，能收到较好的效果。

6）苦瓜疫腐病

①症状。苦瓜疫腐病主要为害果实，多在成熟果实和接近成熟果实上发病。受病部位呈水烫状，表面生有黏质细白霉状物，一旦感病，病部扩展迅速，直至整个果实霉烂，最后病瓜软化、腐烂。

②发病规律。病菌以菌丝体、厚垣孢子和卵孢子随病残体在土壤中越冬，翌年越冬菌源产生孢子囊，借风雨、灌溉水等传播蔓延，引起发病，病害潜育期短，病情在田间发展流行较快。病菌喜高温、高湿的气候条件，发病流行适宜温度为 25～28℃，相对湿度在 90%以上。

③防治方法。防治苦瓜疫腐病，应采取综合防治措施。

a. 采用高畦栽培、避免大水漫灌，雨后及时排水。

b. 轮作换茬。发病重的地块，可与非瓜类蔬菜进行轮作，能有效地减轻病害的发生。

c. 适时采收，避免瓜条过熟，减少发病机会，初见病瓜要及时摘除深埋。

d. 药剂防治。发病初期及时喷药防治，药剂可选用25%甲霜灵可湿性粉剂1 000倍液，或75%施得乐可湿性粉剂800～1 000倍液，或77%可杀得可湿性粉剂600倍液，或58%甲霜灵锰锌可湿性粉剂500倍液。以上药剂交潜轮换使用，均可取得良好的防效。

7）苦瓜炭疽病

①症状。当叶片感病时，最初出现水浸状纺锤形或圆形斑点，叶片干枯成黑色，外围有一紫黑色圈，似同心轮纹状。果实发病初期，表皮出现暗绿色油状斑点，病斑扩大后呈圆形或椭圆形凹陷，呈暗褐或黑褐色，当空气潮湿时，中部产生粉红色的分生孢子，严重时致使全果收缩腐烂。

②发病规律。病原属真菌中的半知菌，以菌丝体、拟菌核在土中病株残体或附着在种皮上越冬。种子带菌能直接侵入子叶，病斑上的分生孢子通过风、雨、昆虫传播，可直接侵入表皮细胞而发病。病菌在6～32℃均能生长发育，但最适温度为22～27℃，平均气温达18℃以上便开始发病。气温在23℃、湿度在85%～95%时，病害流行严重。所以，此病在高温多雨季节，低洼、重茬、植株过密、生长弱的地块，发病均重。

③防治方法

a. 在无病健壮的植株上留种瓜。播种前进行种子消毒，可用40%福尔马林100倍液浸种30 min，冲洗净后播种。

b. 选择高燥肥沃的地块种苦瓜。用有机肥做底肥并增施磷、钾肥，生长中期及时追肥，严防脱肥，苗期发现病应及早拔除。定植后注意摘除病叶、病果。拉秧后及时清洁田地，重病地块要实行3～4年轮作。

c. 收瓜时，特别是收种瓜时，要防止损伤果皮，以减少病菌侵染机会。储放苦瓜的地方要保持阴凉、通风、干燥，以抑制病菌蔓延。

d. 发病初期，随时摘除病叶，并用80%代森锌800倍液，或用50%甲基托布津1 000倍液喷洒叶片，7～10天喷1次，共喷3～4次即可。

8）苦瓜菌核病

①症状。主要在茎和瓜上发病。茎部发病多在茎基部或苦瓜秧中、下部，初水浸状褪色病斑，不久软化，并迅速发展，高湿度时病部长出茂密白色霉，其上部茎叶迅速枯萎。发病后期产生菌核。瓜上发病多从花器感染，花瓣初生水浸状软化，其表面密生绒毛状白霉，后期也产生黑色菌核。

②发病规律。由核盘菌引起，同黄瓜菌核。保护地一般比露地发病重。结瓜期通风不良、浇水多、高温高湿，发病露地在春季低温时大发生。老菜区、密植、排水不良、土壤水分高等地病重。

③防治方法

a. 保护地采取高畦铺地膜栽培。结瓜期增加通风量，降低温度。发病后及早拔除销毁，并适当控制浇水。

b. 露地栽培选择排水良好的地块。实行与大田作物2～3年轮作。

c. 南方采取高厢栽培，雨季加强排水，减少土壤水分。

d. 发病初期喷洒50%扑海因可湿性粉剂1 500倍液，或50%农利灵可湿性粉剂1 500倍液，或50%多菌灵可湿性粉剂500倍液。药液喷到瓜秧中、下部茎叶和地面。保护地还可用45%白菌清烟剂、10%二甲菌核利烟剂熏烟，或10%多白粉尘剂喷粉。

9）苦瓜灰霉病

①症状。主要为害果实和花，茎、叶也可发病。病菌多从开败的花瓣处侵入，病花腐烂变软，并产生灰色霉层。随后由病花向幼瓜扩展，使病瓜初期顶尖褪绿，呈水渍状软腐，枯萎病部生出霉层。叶片一般由脱落的烂花或病须附着在叶面上引起发病，产生大圆形枯死斑，病斑22～45 mm，边缘明显。烂瓜、烂花附着在茎上，能引起茎部腐烂，严重的茎蔓折断，整株死亡。

②发病规律。该病由半知菌亚门灰葡萄孢菌侵染所致。病菌主要以菌丝或分生孢子及菌核在土壤种越冬，次年适宜条件下侵染苦瓜。在冬春季可在棚室多种蔬菜上发病。病菌靠气流、水溅及农事操作传播蔓延。发病最适宜温度为23℃，最适宜湿度为90%以上。棚室保温性能差，棚内湿度大，植株生长弱，均发病重。

③防治方法

a. 高畦栽培，最好覆地膜。

b. 施足有机肥，适时追肥，避免偏施氮肥，增施磷、钾肥。均匀灌水，切忌大水漫灌，雨后及时排除田间积水。

c. 密度不要过大。生长中、后期适时适量摘除植株中、下部老叶，改善株间通风透光条件，抑制发病和病情发展。

d. 及时摘除病花、病瓜、病叶。为减少病菌侵染，可摘去幼瓜上的残花。

e. 收获后彻底清除田间病残体，并深翻土壤。

f. 发病初期及时用药剂防治，药剂可选用50%多菌灵可湿性粉剂500倍液，或50%甲基托布津可湿性粉剂500倍液，或50%苯菌灵可湿性粉剂1 000倍液，或50%扑海因可湿性粉剂1 500倍液，或50%速克灵可湿性粉剂2 000倍液，或50%农利灵可湿性粉剂1 000倍液，或65%甲霉灵可湿性粉剂1 000倍液，或50%多霉灵可湿性粉剂800倍液，或30%克霉灵可湿性粉剂700倍液。

(6) 南瓜主要病害及其防治技术

1) 南瓜白粉病

①症状。南瓜白粉病苗期、成株期均可发病。植株生长后期发病重，主要为害叶片、叶柄或茎，初在叶片上或嫩茎上出现白色小霉点，后扩大为1～2 cm霉斑，条件适宜，霉斑迅速扩大，且彼此连片，白粉状布满整个叶片，致叶片枯黄，但不脱落。

②发病规律。本病由子囊菌亚门单丝克白粉菌真菌引起。南瓜白粉病病菌主要以菌丝体在寄主上越冬，主要通过气流传播，分生孢子萌发温度为10～30℃，适温为20～25℃，田间湿度大，气温16～24℃，或干湿交替出现发病重。栽培环境条件与病害发生有关，如种植过密、偏施氮肥、大水漫灌、植株徒长、湿度较大，都有利于发病。

③防治方法

a. 选用抗病品种。

b. 采用深沟高厢栽培，及时排水，降低田湿度。

c. 预防期用达科宁500倍液连续喷两遍，间隔7～10天喷1遍。发病初期可喷15%粉锈宁可湿性粉剂1 000倍液，或40%福星乳油4 000倍液，或世高2 000～2 500倍液。隔7～10天1次，防治2～3次。

2) 南瓜病毒病

①症状。南瓜病毒病在南瓜的茎、叶、果实上均可引起感染。主要表现为叶绿素分布不均匀，叶面出现黄斑或深浅相间斑驳花叶，有时沿叶脉叶绿素浓度增加，形成深绿色相间条，严重者致使叶片出现凹凸不平，叶脉皱曲变形，一般新叶症状较老叶明显，病情严重时导致茎蔓和顶叶扭缩，开花结果后病情趋于严重，致使果实表面凹凸不平、严重畸形或出现疵状突疤、绿斑等，失去商品价值。

②发病规律。引起南瓜病毒病的毒原主要有黄瓜花叶病毒、西瓜花叶病毒1号，2号、南瓜花叶病毒和小西葫芦花叶病毒。南瓜病毒病主要通过蚜虫传播，蚜虫是主要传播源，也可通过机械或种子传播。在农事操作中，也很易通过授粉、整枝等造成的伤口汁液摩擦机械传播，种子带毒率也高。一般高温后蚜虫大发生，管理粗放，病毒病发生较严重。

③防治方法

防治工作应始终贯彻“预防为主，综合防治”的指导方针，只有以农业综合防治为基础，抓住主要虫害兼顾其他虫害，选择高效低毒农药，才能有效地控制病毒病的发生，同时保证产品的安全、优质。

a. 农业综合防治。不从病株上采种，并用温汤浸种的方法减少种子带毒率；采用除草剂清除田间及四周杂草，以有效减少毒源植物；育苗前应进行大棚消毒，彻底消灭棚内虫源。采用防虫网室育苗，防止蚜虫潜入；发现中心病株应及早拔除，在田间整枝、绑蔓，授粉时要注意先健后病，接触病株后要用肥皂清洗，避免人为传播。使用银灰膜、铝箔膜等措施可达到避蚜防病的目的。

b. 药剂防治。育苗时及时防蚜，可用25%抗蚜威乳油3 000倍液，或10%～40%蚜虱净可湿性粉剂5 000倍液喷雾，防治蚜虫。在田间蚜虫点片发生阶段要注意早期防治，连续用药2～3次。可选用20%康福多浓可溶剂7 000～8 000倍液（亩用量12～14 g）喷雾，12.5%必林可溶剂（每亩用量30 g）喷雾，这两样药剂用药间隔期15～25天；0.38%苦参碱水剂500倍液（每亩用量200 g）喷雾，间隔期7～10天。发病初期喷施5%菌克毒克（宁南霉素）200倍液，或5%菌毒清250倍液，或20%病毒A可湿性粉剂500倍液，或1.5%植病灵乳剂800倍液；隔10天左右防治1次，连喷2～3次。最好在苗期即开始用上述药剂，效果更好。

3）南瓜疫病

①症状。南瓜的茎、叶、果均可引起感染。茎蔓部感染，病部凹陷，呈水渍状，变细、变软，致病部以上枯死，病部产生白色霉层。叶片染病初生圆形暗色水渍状斑，软腐、下垂，干燥时呈灰褐色，易碎裂。果实染病初生大小1 cm左右凹陷水渍状暗色至暗褐色斑，后迅速扩展，并在病部产生白色霉状物。

②发病规律。该病害以土壤传播为主。在农事操作中，如授粉、整枝、压蔓造成的伤口，加之大棚内湿度大，病菌容易传播入侵。南瓜疫病菌是以卵孢子在病残体上和土壤中越冬，成为主要侵染源，越冬后的病原菌经雨水飞溅或灌溉水传播到茎基部或近地面果实上，引起发病，而大棚立架栽培的西洋南瓜则是由湿气流传播病菌孢子感染，引起发病。一般雨季或大雨后天气突然转晴，气温急剧上升，病害就大流行。

③防治方法

a. 农业综合防治。采取高畦深沟栽培方式，减少灌溉水与根茎部的直接接触；灌水后，应及时通风换气，降低大棚内湿度和温度，避免棚内高温高湿；发现病株及时铲除，深埋或烧毁；人工授粉结瓜后3～4天，及时摘除遗留花蒂，是减少大棚立架栽培南瓜疫病感染的重要措施。其次，选用抗病品种；及时整枝摘除底部老叶，加强通风见光，增强植株本身的抗性等。

b. 药剂防治。发现中心病株初期，及时选用药剂防治，如喷施50%甲霜铜可湿性粉剂800倍液，或72%普立克水剂600～800倍液，及69%的安克锰锌可湿性粉剂1 000倍液等，每隔4～5天喷施1次，连续交替用药2～3次，可有效控制该病害的发生。

4）南瓜蔓枯病

①症状。为害叶片、茎蔓和果实。叶片染病，病斑初呈褐色，圆形近圆形，具有轮纹；蔓染病，病斑椭圆形至长梭形，灰褐色，边缘褐色，有时溢出琥珀色树脂胶质状，果实染病，近圆形灰白色斑，发病重时呈不规则褪绿斑或黄色圆斑，后变灰色至黑色。

②发病规律。病菌在土壤中、种子表面或温室棚架上越冬。通过雨水或田间灌溉水传播。当温度为18～25℃，相对湿度85%以上，通风不良，土壤含水量过大，植株旺

长，瘦弱时发病重。

③防治方法

a. 种子消毒。用 55℃温水浸种 20 min 后，立即投入冷水中冷却，再催芽播种。

b. 农业措施。与非瓜类蔬菜实行 2～3 年轮作。及时清除病残体，并将其带到田外销毁。采用高畦覆盖地膜的栽培方式，在地膜下浇暗水。采用配方施肥技术，后期要追施氮磷钾复合肥。施用充分腐熟的有机肥，增施微肥，提高植株抗性。

c. 药剂防治。发病初期，先将茎蔓部病斑轻刮，然后用赤霉素溶液（浓度视含有效成分定），或百菌清悬浮剂 50 倍液，或 50%甲基硫菌灵硫黄悬浮剂 50 倍液涂抹患部。发病初期喷 75%百菌清可湿性粉剂 600 倍液，或 50%混杀硫悬浮剂 500～600 倍液，或 40%新星乳油 7 000 倍液，或甲基托布津可湿性粉剂 1 000 倍液，或 80%代森锰锌可湿性粉剂 600 倍液，掌握在发病初期全田用药，隔 3～4 天后再喷 1 次，以后视病情变化决定是否用药。

5）南瓜霜霉病

①症状。主要为害叶片，发病初期叶片上先出现水浸状黄色斑点，病斑逐渐扩大后，受叶脉限制呈黄褐色不规则多角形病斑（略微呈圆形）。在潮湿条件下，病斑背面长有灰白色霉层。该病一般由下部叶片向上部叶片发展，发病重时，病斑连成片，使叶片变黄干枯、易破碎，病田植株一片枯黄，似火烧一样。

②发病规律。当气温在 15～22℃，相对湿度大于 83%时，易发病。叶面有水滴和水膜的时间达到 2～6 h，病菌就极易浸染叶片。

③防治方法

a. 农业措施。选抗病品种，选土质肥沃的沙壤土栽培，施足底肥，特别是钾肥，结瓜期严禁大水漫灌，及时整枝、打杈、保持良好通风。对长势差的瓜秧喷叶面肥。

b. 药剂防治。霜霉病通过气流传播，发病迅速，打药必须及时，一般在发病前 5 天就要预防，常用药 40%乙磷铝可湿性粉剂 250 倍液，或 50%甲霜铝铜可湿性粉剂 500 倍液，72%杜邦克露可湿性粉剂 600～800 倍液，上述杀菌剂要交替使用 5～7 天 1 次，连喷 3～4 次。

6）南瓜斑点病

①症状。为害叶片和花轴。叶斑圆形至近圆形或不定规则形。叶缘黑褐色，病健部交界处呈湿润状，湿度大时斑面密生小黑点，严重时叶斑融合，致叶片局部枯死。花轴或花染病呈黑色湿润状，或呈黑褐色腐烂。

②发病规律。高温多湿的天气是发病的重要条件，地势低洼或株间郁闭通透性差发病重。

③防治方法

a. 农业措施。露地栽培时，雨季及时排水，避免田间积水。适时整枝打杈，打掉底部老叶，注意改善株间通透性。保护地栽培时，采用覆盖地膜的栽培方式，实行膜下浇水，及时通风，排除湿气。

b. 药剂防治。发病初期及时喷洒70%甲基托布津可湿性粉剂800倍液加75%百菌清可湿性粉剂800倍液，或50%敌菌灵可湿性粉剂400～500倍液，或40%多硫悬浮剂600倍液，或50%扑海因可湿性粉剂1 500倍液，每7～10天1次，连续防治2～3次。

（7）丝瓜主要病害及其防治技术

1）丝瓜霜霉病

①症状。丝瓜霜霉病主要为害叶片。发病初期在叶片正面出现不规则的褐绿黄色斑，逐渐扩展成多角形黄褐色病斑，湿度大时病斑背面长出灰黑色霉层，后期病斑连片，整叶枯死。霜霉病给丝瓜生产带来严重为害，造成病斑累累，瓜叶干枯，植株早衰，瓜条弯曲、瘦小、老化，产量和品质显著下降。

②发病规律。丝瓜霜霉病病原与黄瓜霜霉病同属一种病菌，称为古巴假霜霉真菌，病菌在病残体上越冬，低温阴雨，空气湿度高，昼夜温差大，田间排水不良，均有利于发病。大田栽培病菌借风雨传播。其孢子囊可悬浮于空气中随气流传到叶片，在有水膜时萌发侵入。一般在20～30℃的暖热、多雨、雾大、露重的高湿气候，此病易发生流行，子叶就开始有受害，结瓜期病斑显著地由下往上蔓延。如品种不抗病，肥水不足，株间通透性差，都会加重病害的发生。

③防治方法

a. 选用抗病品种。

b. 农业措施。选择地势高、排水良好的田块，施足底肥，增施磷、钾肥；合理密植改善田间通透性；及时清除老、黄、病脚叶。

c. 药剂防治。发病初期可用72%霜扑600～800倍液或60%霜疫速康600～800倍液，或金雷多米尔600～800倍液，或50%蓝迪1 000～1 500倍液，或72.2%普力克水剂400～600倍液，或58%的瑞毒霉可湿性粉剂800倍液，或64%杀毒矾400～600倍液等喷施。药剂交替使用，7～10天喷1次，连续防治2～3次。

2）丝瓜病毒病

①症状。丝瓜病毒病在上部幼嫩叶片染病时，嫩叶呈浅绿色与深绿色相间的小环斑，叶片皱缩；在下部老叶染病时呈黄色环斑或黄绿相间花叶，叶脉皱缩，致使叶片歪扭和畸形。发病严重的叶片变硬，发脆，叶缘缺刻加深，后期产生枯死斑，黄色病叶从下逐渐往上发展。果实染病，幼瓜上小下大，呈旋状畸形，或细小扭曲，瓜上产生褪绿色斑。

②发病规律。丝瓜病毒病由多种病毒侵染引起，以黄瓜花叶病毒（CMV）为主，还有甜瓜花叶病毒（MMV）、烟草环斑病毒（TRSV）等5种。丝瓜病毒病靠蚜虫传播，也可通过农事活动和汁液接触传播蔓延。有的病毒如MMV可通过带毒种子传播，

单元 2

TRSV 除通过接触传毒外，还可经线虫传播。

③防治方法

a. 播种前丝瓜种子用 0.5%肥皂水或 0.1%磷酸二氢钠溶液浸泡 24 h，可防止种子带毒传病；从育苗开始就要注意及时防治蚜虫和线虫，防止媒介传毒蔓延。

b. 合理施肥，多施农家肥，不偏施氮肥，以免瓜苗得病。

c. 不连作，不与黄瓜、甜瓜混种。

d. 从发病初期起用 20%吗啉胍乙铜可湿性粉剂（毒克星）600 倍液，或用 5%菌毒清水剂 500 倍液，或用 20%菌毒清霜霉威水剂 800 倍液喷雾，每隔 7 天喷 1 次，连续喷药 3 次以上，喷药后如遇雨要抢晴补喷，可以控制病情。

3）丝瓜炭疽病

①症状。主要为害叶片。病斑多从叶缘开始，半圆形至圆形，褐色至灰褐色，斑面轮纹明显或不明显，后期斑面出现小黑点病征（病菌分孢盘及分生孢子）。病斑易破裂，或部分脱落造成叶片穿孔。严重发病时叶片病斑相互连合成斑块，叶片绿色面积大减，植株长势渐衰，早落架，产量降低。

②发病规律。病原为半知菌亚门的瓜类刺盘孢菌。病菌以菌丝体和分生孢子盘随病残体遗落在土壤中越冬，以分孢盘上外生的分生孢子作为初侵与再侵接种体，依靠风雨传播，从叶片伤口或表皮直接侵入致病。温暖多湿的天气及植地环境有利于病菌发育、孢子形成和萌发，从而有利于病害的发生。在地势低洼、排水不良、密度过大、通透性差、氮肥过多、灌水过多及连作重茬的地块，本病发生较重。

③防治方法

a. 注意寻找抗（耐）病品种。

b. 播前种子消毒。可结合预防其他病害，采用拌种法进行，即 75%百菌清加 70%甲基托布津加 25%甲霜灵（1∶1∶1）混剂，药量为种子质量 0.2%，拌后密封 24 h 才能播种。

c. 加强农业防治。抓好以肥水为中心的栽培防病。低湿地应整治排灌系统，适度浇水防土壤过湿，雨后及时清沟排渍降湿；配方施肥，避免偏施过施氮肥，适时喷施叶面营养剂，促植株稳生稳长；注意行向布局，结合田间管理抓好田园清洁卫生，改善株间通透性。

d. 及早喷药预防控病。上架封行开始，最迟于见病后，喷施 75%百菌清加 70%托布津（1∶1）1 000～1 500 倍液，或 69%安克锰锌加 75%百菌清（1∶1）1 000～1 500 倍液，或 75%百菌清可湿性粉剂 600 倍液，或 50%甲基硫菌灵 800 倍液，或 60%代森锌可湿性粉剂 500 倍液喷雾防治，每隔 7～10 天防治 1 次，连防 2～3 次，效果明显。

4）丝瓜白粉病

①症状。主要为害叶、叶柄和茎。叶片正背面初生圆形或不规则白粉斑后来连片，

叶片变黄，叶枯。发病初期，不易发现，严重后防治困难，影响产量。

②发生规律。该病病原为瓜类丝壳白粉菌真菌。病菌以菌丝或分生孢子在寄主上越冬，成为翌年的初侵染来源，分生孢子借气流或雨水传播。

③防治方法

a. 选用抗病品种。

b. 秋后彻底清除田间病残体，并集中烧掉。

c. 发病初期可选用25%粉锈宁500倍液，或40%福星乳油8 000倍液，或20%粉锈宁乳油1 000倍液喷雾防治，隔5～7天防治1次，连防2～3次，效果较好。

5）丝瓜疫病

①症状。主要为害果实、茎蔓。近地面的瓜先发病，最初出现暗绿色圆形斑，扩展后呈暗褐色，病部凹陷，并向瓜面四周呈水渍状浸润，上面长出灰白色霉状物。湿度大时，病瓜迅速软化、腐烂。茎蔓发病部初呈水渍状，后整段软化湿腐，病部以上的茎叶萎蔫枯死。

②发病规律。病菌来源于种子或土壤中，通过风雨及灌溉水传播。植株坐瓜后，雨水多，湿度大易发病，土壤黏重、地势低洼、重茬地发病严重。

③防治方法

a. 选用抗病品种。

b. 实行轮作，选择高低适中、排灌方便的田块，采用高垄栽培，及时中耕、整枝，摘除病果、病叶；采用地膜覆盖，增施磷、钾肥等。

c. 发病初期喷洒40%乙磷铝可湿性粉剂200倍液，或75%百菌清可湿性粉剂500倍液，或80%大生可湿性粉剂600倍液，或72%杜邦克露可湿性粉剂800倍液，或69%安克锰锌可湿性粉剂900倍液等，隔7天1次，防治2～3次。

6）丝瓜绵腐病

①症状。苗期感病可在子叶未凋萎之前引起猝倒病。主要在坐果期发病，初期呈水渍状斑点，扩展后变为黄色或褐色水浸状大病斑，与健部分界明显，后半个或整个果实腐烂，并在病部外围长出一层茂密的白色棉絮状菌丝体。

②发病规律。病菌主要来源于土壤中，通过雨水溅射到靠近地面的瓜条上致病。结瓜期阴雨连绵、湿气滞留易发病。

③防治方法

a. 育苗期要注意防治幼苗猝倒病。

b. 定植时采用高畦栽培，铺地膜，开沟排水，搭架要高些，避免瓜条与地面接触，棚室栽培的要注意通风降湿。

c. 发病初期喷药防治，药剂同疫病。

3. 叶菜类的主要病害种类、特点、发病规律及综合防治

（1）芹菜病害主要病害及其防治技术

1）芹菜斑枯病

①症状。芹菜斑枯病，也叫叶枯病，是芹菜种植区的主要病害。一种表现为芹菜老叶先发病，然后传染到新叶及叶柄。叶片上病斑散生，且大小不等。初期为淡褐色小斑点，后扩大、褐色，然后坏死。此类型为大斑型，直径一般为 5～10 mm。

另一种是叶斑中间呈黄白或灰白色，边缘黄褐，有许多小黑粒，病斑有一圈黄色晕环，形状大小也不同。叶柄、茎部感染为褐色或圆形稍凹陷斑，中间散生有黑色小点。

②发病规律。病原为芹菜小壳针孢和芹菜大壳针孢。菌丝体潜伏在种子皮内，也可在病株根部越冬存活，其传播主要借助风、雨、水滴等，一般适宜在 20～25℃温度下或雨季发生、流行。芹菜发病后会生长不良，抵抗病虫害能力下降，严重时可造成大量减产。

③防治方法

a. 提倡浸种消毒。留种应在无染病地域和无病株发生的植株上采集，严防带菌种子传播。带菌的种子，可采用药物熏蒸剂消毒，也可采用 45～50℃温水浸种 30 min，再放入冷水降温，晾干后再播种。

b. 合理轮作倒茬。一般在种植区应进行 2～3 年轮作，能阻止或减少病害发生。

c. 清除园地。将发病后的病株、茎和病叶等集中清理，拔除后燃烧或深埋，防止病菌二次传播。

d. 科学管理。适当提早和延迟播种的时间，应避开发病严重的夏秋季高温期。一方面平衡施肥，增加用豆饼加过磷酸钙拌禽畜粪及沼气池用过的沼渣、沼液等有机肥增强蔬菜抗病能力。另一方面大棚种植区内应注意通风透光、排湿，减少昼夜温差，防止湿度过大或农用薄膜结露珠、水滴，不给斑枯病的形成创造适宜的发病环境和机会。

e. 及时药物防治。芹菜斑枯病发病初期应早发现，早防治，应在早期用 45%百菌清烟雾剂熏蒸。每亩用药一般 200～250 g，还可以用 58%瑞毒霉锰锌 500 倍液，或 64%杀毒矾可湿性粉剂 500 倍液，或 40%多硫悬乳剂 500 倍液等药物交替轮换使用，每 7 天喷 1 次，连喷 3～5 次。

2）芹菜斑点病

①症状。主要为害叶片，其次是叶柄和茎。叶片初病时产生黄色水浸状圆斑，扩大后病斑呈不规则状，褐色或灰褐色，边缘黄色或深褐色。叶柄及茎上病斑初为水浸状圆斑或条斑，后变暗褐色，稍凹陷。高温低湿时病斑有白霉，易被水冲掉，遇阳光也消失。

②发病规律。昼夜温差大，夜间叶片结露；生长期间缺肥缺水，大水漫灌，空气湿度过大，生长不良等都容易发病。

③防治方法

a. 综合防治。一是无病株采种，进行种子消毒。二是选用抗病良种，如文图拉。三是发病重的地方实行 2～3 年以上轮作换茬。四是加强田间管理。合理密植，加强通风排湿。发病初期及时摘除病叶，将病残体深埋或烧掉。

b. 药剂防治。喷 50%多菌灵可湿性粉剂 500 倍液，或 75%代森锰锌可湿性粉剂 600 倍液，或 77%可杀得可湿性粉剂 500～600 倍液，或 50%加瑞农可湿性粉剂 600～800 倍液。隔 7～10 天 1 次，连续防治 2～3 次。

3）芹菜软腐病

①症状。主要发生于叶柄基部或茎上。先出现水浸状、淡褐色纺锤形或不规则形的凹陷斑，后呈湿腐状，变黑发臭，仅残留表皮。

②发病规律。芹菜软腐病是一种常见的细菌性土传病害，一般在生长中后期封垄遮荫、地面潮湿的情况下易发病。病菌主要在土壤中越冬，通过昆虫、雨水或灌溉水等从伤口侵入，发病后可通过雨水或灌溉水传播蔓延。发病适温 25～30℃，雨水多或浇水过勤、湿度大、伤口多时易发病。重茬地、低洼地、排水不良的地块发病重。

③防治方法

a. 实行 2 年以上轮作。选用抗病品种，无病土育苗。

b. 避免伤根，培土不要过高。雨季注意排水，发病期尽量少浇水或停止浇水。一旦发现病株应及时拔除，病穴用 1∶20 的福尔马林消毒或换土，也可撒一些石灰给土壤消毒。

c. 用农抗 751 粉剂或丰灵可溶性粉剂，按种子质量的 1%拌种后播种，或用 2%农抗 751 水剂 100 倍液 15 mL 拌 200 g 种子，晾干后播种。

d. 在播种沟内，每亩用 2%农抗 751 水剂 5 kg，或丰灵可溶性粉剂 1 kg，加水 50 kg，均匀洒在芹菜地的垄沟内。

e. 苗期用丰灵可溶性粉剂 500 g，加水 50 kg，灌根和喷洒叶柄及基部，或在浇水时，每亩随水加入农抗 751 水剂 2～3 kg。

f. 发病初期，可喷浓度为（100～150）mg/L 的农用链霉素或新植霉素溶液，每隔 7 天喷 1 次，连喷 2～3 次。也可用 30%DT 可湿性粉剂 400～500 倍液，或 70%敌克松可湿性粉剂 700 倍液，或 77%可杀得可湿性粉剂 600～800 倍液等，喷洒植株和浇灌根颈部，10 天后再喷灌 1 次。还可用喷施 72.2%的农用硫酸链霉素可溶性粉剂 3 000 倍液，或 14%的络氨铜水剂 350 倍液，隔 7～10 天 1 次，连喷 2～3 次。

4）芹菜常见生理病害

①烧心

a. 症状。开始时心叶叶脉间变褐，以后叶缘细胞逐渐死亡，呈黑褐色。生育前期较少出现，一般主要发生在 11～12 片叶时。

b. 发病规律。发病原因主要是由缺钙引起的。夏季栽培的芹菜易发生烧心。在高温、干旱、施肥过多时容易发生。酸性土壤发生严重。

c. 防治方法。主要从管理入手，做到温度、湿度适当；其次是要氮磷钾配合适量施肥；对酸性土壤要施入石灰，把土壤的酸碱性调到中性；发病初期可喷洒0.5%硝酸钙水溶液。

②空心

a. 症状。从叶柄基部向上扩展，在同一植株上是外叶先于内叶。空心部位出现白色絮状木栓化组织。

b. 发病规律。多发生在沙壤土地上，植株生长的中后期；此外，过量喷施赤霉素，土壤干旱或温度过高、温度过低使芹菜受冻也易空心。

c. 防治方法。应选择非沙性土壤，施足腐熟有机肥，适时追肥，发现叶色浅，脱肥时，可喷洒0.3%尿素加1%白糖；喷施赤霉素时应加入尿素。

③叶柄开裂

a. 症状。主要表现为茎基都连同叶柄同时裂开。若遭病菌侵染，则会发生腐烂。

b. 发病规律。一是缺硼引起的；二是在低温、干旱条件下，生长受阻所致；此外，突发性高温、多湿，植株吸水过多，造成组织快速充水，也造成开裂。

c. 防治方法。一是施足充分腐熟有机肥，每亩施入硼砂1 kg，与有机肥充分混匀；二是叶面喷施0.1%～0.3%硼砂水溶液。管理中注意均匀浇水。

(2) 菠菜主要病害及其防治技术

1) 菠菜炭疽病

①症状。炭疽病主要为害叶片和茎部。叶片受害，初期产生淡黄色的污点，后逐渐扩大成灰褐色的圆形病斑。为害采种株茎部，产生菱形病斑。

②发病规律。病菌以菌丝体在病残体组织内或附在种子上越冬，成为翌年初浸染源。春天条件适宜时，产生的分生孢子通过风、雨、昆虫等传播，由伤口或直接穿透表皮侵入，发病后又产生分生孢子进行再浸染。雨水多、地势低洼、排水不畅、密度过大、通风不良等发病重。

③防治方法

a. 农业防治。一是实行3年以上轮作。二是合理密植，浇水适宜，防止大水漫灌。施足有机肥，追施复合肥，使菠菜生长良好。加强通风，降低湿度，及时把病残体清除干净，减少病菌在田间传播。三是从无病地或无病株上采种。播前将种子用52℃的水浸20 min后捞出，再放入冷水中冷却，晾干后播种。

b. 药剂防治。发病初期，用80%炭疽福美可湿性粉剂600～800倍液，或40%多丰农可湿性粉剂400～500倍液，或50%拌种双可湿性粉剂400～500倍液，或2%农抗120水剂200倍液，每隔6～7天喷1次，连喷2～3次。也可用8%克炭灵粉尘剂，防治时不加水，每亩次喷1 kg，隔7天喷1次，连喷2～3次。

2）菠菜霜霉病

①症状。主要为害叶片。受害部位初为淡绿色水渍状圆形小斑点，形如开水烫过似的，后随着病情的发展，病部扩大为黄色圆形病斑，后期呈不规则形，叶背病斑上产生灰白色霉层，再变为紫灰色，病斑先从基部叶片开始，后逐渐向上发展，干旱时病叶枯黄，潮湿时腐烂。除成株的叶片感病外，幼苗也可感病，在苗茎和子叶上也能够产生白色的霉，发病早而严重的幼苗常常枯萎死亡。此病发生后，不仅造成严重减产，甚至失去食用价值。

②发生规律。病菌以菌丝体在被害株内或以卵孢子在土壤中越冬，翌年经风雨传播为害。种子内混杂的病株残屑，为秋季、冬季发病的重要病源。当气温在 7～16℃，在多雨多雾潮湿的环境下，被害部位发生大量的分生孢子、借风雨反复传播为害。这是造成田间病害蔓延的主因。在栽培条件下，连作由土壤中遗落的卵孢子数量多，初侵染源大，发病重。轮作田发病轻。秋菠菜播种越早，发病越重。低洼积水、密度过大、通风不良、植株衰弱的田块也易发病，初冬及春季发生较重。

③防治方法

a. 农业防治。与非十字花科蔬菜实行 2～3 年轮作。选择地势高燥、排灌方便的田块种植。注意增施磷、钾肥；收获时彻底清除残株落叶，带出地外深埋或烧掉；合理密植，适当灌水，降低田间湿度。

b. 重病田应实行 2～3 年轮作，加强栽培管理，做到密度适当，雨天及时排水，降低田间湿度。

c. 发病初期开始喷洒 40％乙磷铝可湿性粉剂 200～250 倍液，或 58％甲霜灵锰锌可湿性粉剂 500 倍液，或 64％杀毒矾可湿性粉剂 500 倍液，隔 7～10 天喷 1 次，连续防治 2～3 次。应注意在采收前 10～15 天停止用药。

3）菠菜病毒病

①症状。被害植株心叶萎缩或呈花叶状，老叶提早枯死脱落，植株卷缩成球形。受黄瓜花叶病毒浸染的病株表现为叶形细小、畸形，节间缩短，呈丛生状，新叶黄化；被芜菁花叶病毒浸染的病株，叶片形成不规则、浓淡相间的大花斑；叶缘向上卷；感染甜菜花叶病毒的植株，叶脉透明，新叶变黄，产生斑驳和向下卷曲。

②发病规律。由黄瓜花叶病毒（CMV）、芜菁花叶病毒（TuMV）或甜菜花叶病毒（BMV）单独或复合侵染引起。病原体在越冬菠菜及田间杂草上越冬，田间传病主要靠蚜虫。秋季干旱年份，根茬菠菜和保护地菠菜发病较重。早春温暖，春菠菜发病重。早播地、窝风地、靠近萝卜和黄瓜地的菠菜发病重。

③防治方法

a. 物理防治。在田间挂银灰色布条，可起到避蚜作用。

b. 综合防治。一是栽培措施。选择通风良好，远离萝卜、黄瓜的地块种植菠菜；

遇到春旱和秋旱，应多浇水，可减轻发病；施足有机肥，增施磷、钾肥，提高抗病力。二是清洁田园。在冬季和早春应将田间、地边及垄沟的杂草清除干净，并彻底清除病株，并将其带到田外深埋或烧毁。三是药剂防治。及时用药剂防治蚜虫，特别是在菠菜苗期。可在发病前或发病初期喷20%病毒A可湿性粉剂500倍液，或5%菌毒清水剂300倍液、或抗毒剂1号300倍液，增强免疫力。

（3）茼蒿主要病害及其防治技术

1）茼蒿病毒病

①症状。全株发病，全生育期皆可发生。早发病的，全株明显矮缩；迟发病的，植株生长受抑制，生育迟缓。病株叶片有的表现褪绿或叶色浓淡不均，呈轻花叶或重花叶；有的叶片表现畸形、皱缩、卷曲；有的叶片变得窄细，呈条状或线状；甚至有的病株出现为顶芽或腋芽簇生状。

②发病规律。本病病原为病毒，由菊花B病毒（简称CVB）和黄瓜花叶病毒（简称CMV），单独或复合侵染所致。两种病毒寄主较广，均可借助汁液和介体昆虫传毒而致病，种子和土壤则不传毒。菊花B病毒传毒虫媒为桃蚜和马铃薯蚜，作非持久性传毒。黄瓜花叶病毒传毒虫媒主要是桃蚜和棉蚜，也作非持久性传毒（即不能终生传毒，需重新获毒才再具有传毒能力）。当高温干旱的天气或环境条件有利于蚜虫繁殖时，病害也普遍而严重。

③防治方法

a. 加强肥水管理。高温干旱年份尤应注意适时适度浇水、追肥，并运用叶面喷施营养剂等办法，改善田间生态条件，促植株早生快发，增强抗耐病能力，可减轻发病。

b. 及早灭蚜防病，尤其在当地有翅蚜迁飞高峰和蚜虫点片发生阶段，及时喷洒20%菊马乳油2 000倍液，或10%溴马乳油1 500～2 000倍液，或50%避蚜雾可湿性粉剂2 500～3 000倍液，有条件采用银灰色薄膜避蚜和黄板诱蚜。

c. 茼蒿花叶症状出现时，连续喷洒磷酸二氢钾，可喷施20%病毒A可湿粉500倍液，或1.5%植病灵乳剂1 000倍液，或抗病毒剂1号水剂250～300倍液，每隔7天1次，2～3次或更多，促叶片转绿、舒展，以减轻为害。

2）茼蒿叶枯病

①症状。叶片病斑圆形至不规则形，淡褐色，后中部褪为灰褐色至灰白色，边缘褐色，湿度大时，斑面出现暗灰色霉层，此即为本病病征（分孢梗及分生孢子）。严重时病斑连合为斑块，终致叶片枯死。

②发病规律。本病由半知菌亚门的尾孢菌侵染所致。病菌以菌丝体及分生孢子在病株上或随病残体遗落在土壤中越冬，以分生孢子作为初侵与再侵接种体，借助气流传播入侵致病。温暖潮湿，多雾露的天气有利于发病。大叶茼蒿比小叶茼蒿较多发病。

③防治方法

a. 加强肥水管理。注意增施磷钾肥，避免偏施过施氮肥，适时喷施叶面肥；适度浇水，防止干湿不当，促植株壮而不过旺，稳生稳长，增强抗耐病能力。

b. 发病初期及时喷药控病。可选喷40％三唑酮多菌灵可湿粉800～1 000倍液，或20％施宝灵悬浮剂1 000倍液，或75％百菌清加70％代森锰锌（1∶1）1 000～1 500倍液，或40％三唑酮硫磺悬浮剂800倍液，7～10天1次，2～3次，前密后疏，交错喷施，喷匀喷足。

3）茼蒿炭疽病

①症状。主要为害叶片。叶斑多数从叶缘开始，半圆形（边缘）或近圆形（叶面），横径4～7 mm不等，灰褐色至褐色，边缘色较深，发病与健康部位分界明显或不甚明显，有的斑面微现轮纹，潮湿时斑面出现朱红色针头大液点或小黑点，此即为本病病征（分孢盘和分生孢子）。

②发病规律。病原为胶孢炭疽菌，病菌以菌丝体和分孢盘在病株上或随病残体遗落在土中存活越冬，翌春温湿适宜时，分孢盘产生分生孢子，借助雨水溅射或小昆虫的活动等媒介传播，从伤口或自然孔口侵入致病。发病后病部又形成新的分孢盘和分生孢子，作为再次侵染接种体进行侵染致病。通常本病在温暖多湿、雾大露重的天气有利于发生。低湿、排水不良，或过度密植，或偏施过施氮肥的地块和植株较易发病，本病同轮斑病一样，以大叶茼蒿发病为多见。

③防治方法

a. 栽植不要过密，清沟排渍，施用日本酵素菌沤制的堆肥或腐熟有机肥，避免偏施、过施氮肥。

b. 为了促进植株早生快发，减轻发病，可喷施植宝素、增产菌等生长促进剂，或混入杀菌剂作根外施肥。

c. 在发病初期，用70％多菌灵可湿性粉剂1 000倍液加75％百菌清可湿性粉剂1 000倍液、或70％代森锰锌可湿性粉剂500倍液，或36％甲基硫菌灵悬浮剂500倍液，或50％苯菌灵可湿性粉剂1 500倍液，或80％新万生可湿性粉剂500～600倍液，每亩喷药液55 L，隔7～10天喷1次，连续2～3次。采收前7天停止用药。

（4）莴笋主要病害及其防治技术

1）莴苣霜霉病

①症状。莴苣幼苗和成株均可发生霜霉病，尤以成株受害严重。主要为害叶片，先从植株下部叶片出现淡黄色病斑，逐渐向上蔓延，病斑近圆形，或因受叶脉限制呈多角形，以后病斑变褐色，干枯，严重时，病斑互相连接，全叶干枯坏死。潮湿时，叶背病斑长出白色霉状物，此为病原菌的孢囊梗及孢子囊。

②发生规律。本病是由鞭毛菌亚门莴苣盘梗霉真菌侵染引起，病原菌在南方地区无明显越冬现象，病菌可以通过气流、雨水和昆虫传播，孢子囊产生游动孢子，产出芽

管，从寄主的表皮或气孔侵入，引起侵染发病，并进行重复侵染。莴苣霜霉病一般在阴雨连绵的春季发病较重，栽种过密、土壤潮湿、排水不良、田间小气候湿度大的田块容易发病。

③防治方法

a. 选种抗病品种。如万年青、尖叶莴苣、青麻叶莴苣等品种较为抗病。

b. 实行轮作。在 2～3 年内不种莴苣，改种植茄科或其他十字花科蔬菜。

c. 农业防治。及时收获，清除下部病叶，集中深埋或作饲料。加强田间管理，合理密植，清沟排渍，降低菜田小气候湿度。

d. 药剂防治。加强检查，发现病害要及时喷药防治。可用 58%甲霜灵锰锌可湿性粉剂 500 倍液，或 64%杀毒矾可湿性粉剂 500～600 倍液，或乙磷锰锌可湿性粉剂 500 倍液，或 40%乙磷铝可湿性粉剂 200～250 倍液等，喷雾防治。每隔 7～10 天喷 1 次，连续防治 2～3 次。

2）莴笋菌核病

①症状。植株的整个生育期都可受菌核病为害，中后期荫蔽多，通风透气性差，湿度大，为害更重，植株下部的茎、叶柄或叶片一般先发病，茎部受害后，引起地上部分萎蔫，最后枯死，叶柄、叶部受害，症状与茎部相同。发病部位初期呈水浸状，淡褐色，逐渐扩大引起组织软化腐烂，但无臭味，在潮湿条件下病部产生浓密白色棉絮状菌丝，后期菌丝体交织扭集成白色颗粒，并产生黄色水珠，白色颗粒长大后成为黑色褐色的鼠粪状菌核。

单元 2

②发生规律。莴笋菌核病是由子囊菌亚门核盘属病原真菌侵染所致。菌核在土壤中越冬，遇适宜条件，形成子囊盘，放射出子囊孢子，通过风雨传播，成为初侵染源。田间侵染一般通过带病组织与健株接触，菌丝直接蔓延为害。

菌核萌发适温 15℃左右。子囊孢子萌发的温度范围 0～35℃，适温 5～10℃。菌丝 0～30℃都能生长，适温 20℃。菌核在 pH 值为 6.8～10 的环境中可以生长，相对湿度高于 85%有利于孢子萌发及菌丝生长，低于 70%发病轻。因此，当田间气温在 20℃左右，相对湿度高于 85%时，会导致病害的流行。

③防治方法

a. 水旱轮作，深耕，消灭菌核，切断初侵染途径。

b. 勤松土锄草，及时清除植株下部老黄脚叶和病株。

c. 地膜覆盖，抑制子囊盘出土，阻止孢子传播。

d. 增施磷钾肥，忌偏施氮肥，增强植株抗性。

e. 发病初期，及时用药防治。可选用 40%菌核净可湿性粉剂 400～500 倍液；或 50%托布津可湿性粉剂 500 倍液；或 40%多菌灵胶悬剂 500 倍液；或 40%纹枯利可湿性粉剂800～1 000 倍液；或 50%速克灵可湿性粉剂 1 500～2 000 倍液；或 50%扑海因可湿性粉剂1 000倍液喷雾，每亩用量50～75 kg，视植株大小而定，7～10天1次，连续3～4次，也可用70%五氯硝基苯粉剂每亩0.25 kg混细土15 kg，均匀撒于行间。

3）莴笋灰霉病

①症状。莴笋灰霉病主要为害茎基部和叶片，苗期开始发病，受害叶和幼茎病部出现淡褐色渍状病斑，严重时小苗枯死；成株发病距地面较近的叶片开始，初呈水浸状不规则形病斑，扩大后褐色腐烂，致上部茎叶凋萎，湿度大时病部发生灰褐色或灰绿色霉状物，最后，整株倒伏腐烂，干枯死亡。

②发生规律。致病菌为灰葡萄孢属弱寄生菌，莴笋植株在处于极度衰弱，或器官受冻、受伤，或在环境不正常的情况下，才易被病菌侵染。相对湿度在90%以上，温度较低的情况下有利于病害的发生。分生孢子萌发的最适温度为21～23℃。

③防治方法

a. 选种抗病品种。如万年青、尖叶莴苣、青麻叶莴苣等品种较为抗病。

b. 实行轮作。在2～3年内不种莴苣，改种植茄科或其他十字花科蔬菜，最好水旱轮作。

c. 烧毁病株，摘除老叶，使田间通风透光。

d. 追施磷钾肥，提高抗病力。

e. 药剂防治。发病初期喷50%速克灵可湿性粉剂1 000倍液，或40%多菌灵胶悬剂600倍喷药，或50%扑海因可湿性粉剂1 000～1 500倍液，每7～10天1次，连喷2～3次。或用农抗BO-10，浓度为100单位，隔4天喷1次，连喷3～4次。

4）莴笋褐斑病

①症状。莴笋褐斑病开始叶片上发生水渍状斑点，扩大后呈圆形或不规则形病斑，褐色或淡褐色，有同心纹，初发生在外叶上，继而向内叶蔓延，潮湿时病斑上有暗灰色霉，严重时病斑连接成片，使叶片变褐色干枯。

②发生规律。病原菌为真菌莴笋壳针孢。病菌以分生孢子器在病叶上越冬，分生孢子靠雨水或灌水、浇水传播。高温和高湿条件下发病严重。

③防治方法

a. 消灭野莴苣等杂草；去掉老叶、病叶，排水通气透光，不施过多的氮肥。

b. 药剂防治，在发病初期喷75%百菌清可湿性粉剂，或25%甲霜灵可湿性粉剂600倍液，或58%甲霜灵锰锌，或40%有机铜水剂800倍液等。各种农药要轮换使用，每7～10天1次，连喷2～3次。

5）莴笋软腐病

①症状。叶片、茎或根冠有伤口时，就容易被病菌侵入，开始现半透明水渍状，2～3天后病部颜色变深，表皮略下陷，溢出白色细菌溢滴物，内部除维管束外都腐烂呈黏滑软腐状，有臭味。

②发生规律。病原菌为细菌。带菌的土壤、肥料、昆虫都能作为侵染的来源。高温高湿有利于病害的发生。

③防治方法

a. 选用抗病品种。如直立性品种的植株，茎基部水分容易蒸发，伤口易愈合，可减少病菌侵入。

b. 前作选用葱、蒜、韭菜为好；基肥充分腐熟；深沟高畦栽培，忌大水漫灌，根际泡水；铲除病株，病穴用石灰消毒。

c. 药剂防治。在发病初期即喷药剂于植株基部，以控制病害的蔓延。可用新植霉素 4 000 倍液，或农用链霉素 200～300 单位，或 40％有机铜水剂 800 倍液。每 7～10 天 1 次，连喷 2～3 次。

6）莴笋嫩茎裂口的原因及预防。莴笋嫩茎裂口的现象是肉质嫩茎膨大后期纵向裂开，深达中部，经风吹雨淋日晒，现出黄褐色肉质，潮湿时易腐烂。其发生的原因如下：

①水肥不均匀。肉质茎肥大前期缺水，使茎表皮木质化，中后期和成熟前大量浇水追肥或遇降雨，肉质茎迅速膨大，但表皮不能随之膨大而裂口。

②品种。紫色笋含水量大，产量高，容易裂口。因此，栽培上应注意水肥管理，采用不裂品种，采收在未裂口之前。

③土壤缺硼，也会引起裂口。应适当追施硼肥预防裂口。

（5）生菜病害主要病害及其防治技术

1）生菜灰霉病

①症状。灰霉病主要为害叶片和茎基部，幼苗受害多在接近地面的茎、叶上。定植后从老叶开始发病。病部成水渍状病斑，叶片变黄枯死，病茎腐烂，密生鼠灰色霉，严重时近地面整个基部被侵染，使植株凋萎。

②发病规律。灰霉病为真菌性病害，以菌核在土壤和病残株上越夏或越冬，条件适宜时萌发长出分生孢子梗及孢子，并随风传播蔓延。菌丝在 4～32℃温度范围内均可生长，适温为 15～21℃。空气相对湿度在 95％以上并有水滴时有利发病，低于 60％时发病轻或不发病。

③防治方法

a. 选健康植株留种，播种前用盐水（盐 0.5 kg 加水 5 kg）选种，并清除与种子混杂的菌核。

b. 摘除老叶，改善通风条件，加强换气，减轻病害。

c. 地膜覆盖栽培，合理施肥，增施磷、钾肥，清洁田园，拔除中心病株。

d. 药剂防治，可喷施以下几种药剂，50％多霉灵可湿性粉剂 1 000～1 500 倍液，或 50％甲霉灵可湿性粉剂 1 000～1 500 倍液，或 50％利得（异菌福）可湿性粉剂 800～

1 000 倍液，或 50％多菌灵可湿性粉剂 500 倍液，或 50％托布津可湿性粉剂 500 倍液，或 50％氯硝铵可湿性粉剂 400 倍液，或 65％代森锌可湿性粉剂 400 倍液，或 50％退菌特 800 倍液，或抗菌剂“407”800 倍液，或石灰∶硫酸铜∶水为 1∶2∶(200～240) 的波尔多液，7～10 天喷 1 次，连续喷 2～3 次。

2）生菜软腐病

①症状。软腐病的发生在生长后期，其病原物为细菌，土壤、肥料、昆虫均可带菌。秋播生菜进入结球期和收获期时，叶茎外观无异常。病原菌由伤口侵入，秋初高温时易发病。感染株白天萎蔫，傍晚恢复正常，严重时夜间萎蔫不能恢复。解剖观察可见精髓部空洞化，发出恶臭，最后茎部腐烂死亡。

②发病规律。病菌主要在病株及土壤肥料中的病残体上越冬，或在其他蔬菜上继续为害过冬。通过浇水、施肥或昆虫传播，由植株的伤口和生理裂口侵入。病菌的生长温度为 4～39℃，最适温度为 25～30℃。田间水肥管理不当、害虫数量多或因农事操作等造成的伤口多发时发病严重。

③防治方法

a. 农业防治。尽早腾茬，及时耕翻整地，使前茬作物残体在植物前充分腐烂分解；重病地块采用高垄或高畦种植；施用充分腐热的农家肥；适时种植，使感病期避开高温和雨季；高温季节种植选用遮阳网或无纺布遮阳防雨；浇水后或降雨后注意随时排水，避免田间积水；发现病株及时清除。高垄栽培，避免大水漫灌。

b. 药剂防治。定植后连续喷几次 95％CT 杀菌剂水剂（醋酸铜）500 倍液，或 14％络氨铜水剂 350 倍液；发病初期可选用 45％代森铵水剂 1 000 倍液、农用链霉素 200～300 单位，或 100 万单位新植霉素 4 000 倍液，每隔 7～10 天喷 1 次，连续喷 2～3 次，注意喷射近底部的部分，以控制病害。

3）生菜腐烂病

①症状。腐烂病为在结球叶表面的 2～3 层叶上产生水渍状病斑，以后到整叶腐烂，并向内叶转移。从结球开始，冻害越重病也重，最重部位的叶汁可溶性固形物含量降低。进入结球期根部生命力下降，病害若延续到收获期，受损严重。

②发病规律。丝核菌以菌丝体和菌核在土壤中或病残体上越冬，通过浇水、有机肥料等途径传播。温暖高湿、栽培密度过大、植株生长不良时易受侵害。软腐细菌在带菌的枯枝落叶、杂草和土壤肥料中的病残体上越冬，病菌靠灌溉水、未腐熟农家肥和昆虫传播，由伤口侵入植株。管理粗放、地势低洼、虫害严重、植株遭受机械损伤时易发病。

③防治方法

a. 选用抗病品种。目前生产上栽培的品种单一，长期种植，种性退化抗病性降低。应选择抗逆性强、生长健壮、高产和抗病的优良品种。2002 年引进美国加利福尼亚州的美国速生、大速生菜等品种，抗病性明显优于当地主栽品种。

b. 种子干热处理。播前将种子置于72℃恒温箱中处理72 h，然后浸种16～18 h，放入15～20℃环境中催芽，待80%左右种子发芽时播种，可提高种子发芽势，增强植株抗病力。

c. 合理密植。生菜在高温高湿下抗病性差，按株行距20 cm×30 cm栽植，可改善植株通风透光条件，采用地膜覆盖栽培，避免在低洼地种植。

d. 加强管理。播前及时清除田间枯枝落叶和病残体，发现中心病株要随时拔除并进行烧毁，基肥必须是充分腐熟的有机肥。要适期播种，尽量避开高温季节栽培，出苗后小水勤浇，不可过分蹲苗，采用膜下浇水或滴灌技术，防止大水浸灌和土壤积水，高温季节利用遮阳网遮蔽，棚室栽培要注意通风排湿。在幼苗长到3～4片真叶时，喷施1 500倍的尿素、葡萄糖水溶液，每隔7～8天1次，连续3次，可加强叶片营养，调节体内氮糖比，提高植株抗病性。

e. 土壤消毒。大田种植在整地前撒施五氯硝基苯2～4 kg/亩，撒匀深翻，7天后播种。棚室用福尔马林150倍液喷施墙体、地面等部位，密闭一昼夜随后通风，6天后播种。

f. 药剂防治。由真菌引起的植株腐烂，发病初期用70%甲基托布津可湿性粉剂500倍液，或50%多菌灵可湿性粉剂600倍液，喷洒于植株基部。由细菌导致的病害，喷施新植霉素，每隔7～8天进行1次，连续2～3次，可控制腐烂病。

4）生菜叶枯病

①症状。叶枯病主要为害叶片，病斑不规则灰褐色至深褐色，叶边缘呈黄褐色，病斑上撒生黑色小点，即是病菌分生孢子器。

②发病规律。低温高湿条件下发展迅速。另外，白天干旱，夜间露多，温度过高或过低时，生长不良，抗病力下降，病害加重。

③防治方法

a. 选用无病种子或进行种子消毒，使用保存两年的陈种子有一定防病效果，新种子一定要消毒后使用，可用48～49℃温水浸种30 min，浸种时不断搅拌，使种子受热均匀，浸种后立即投入冷水中降温。此法对种子发芽率有影响，一般降低发芽率10%左右，但消毒比较彻底。

b. 消除病株残体，发病初期可摘除病叶减少病源。

c. 药剂防治，以防为主，定植缓苗后，每隔10～15天喷1次波尔多液（1∶0.5∶200），或65%代森锌可湿性粉剂500倍液，或45%代森铵水剂1 000倍液，或75%百菌清可湿性粉剂500～800倍液，或石灰铜粉（80份石灰，20份硫酸铜），或石灰铜硫磺粉（30份石灰，10份硫酸铜，10份硫磺粉），或10%世高水悬浮剂1 500～2 000倍液。

（6）蕹菜主要病害及其防治技术

1）蕹菜轮斑病

①症状。主要为害叶片。发病时，开始在叶片上产生褐色的小斑点，以后扩展成圆形、椭圆形，或不规则形的病斑。严重时，一些小病斑连成大病斑，最后叶片枯死，病斑一般具有比较明显的同心轮纹，而且长有黑色的小点。

②发病规律。蕹菜轮斑病是由半知菌亚门蕹菜叶点菌真菌侵染引起。侵染循环病菌以菌丝体或分生孢子在病残体内越冬。第二年条件适宜时，随气流或雨水、灌溉水传播。靠近地面的叶子先发病，在发病部位又产生分生孢子，靠气流、雨水或农事操作传播，进行再侵染。雨多、湿度大，发病重。病地连作发病重，种植密度过大，浇水过多，雨后不及时排水，保护地不通风，湿度大，发病也重。

③防治方法

a. 收获后应彻底清除病残落叶，并适当深翻土壤。

b. 重病田实行1～2年轮作。

c. 药剂防治。发病初期喷洒25%培福朗水剂800倍液，或70%甲基托布津可湿性粉剂600倍液，或50%敌菌灵可湿性粉剂400倍液，或40%多硫胶悬剂500倍液，或45%特克多悬浮剂600倍液，喷雾防治。也可用每亩1 kg 5%百菌清粉尘剂喷粉防治。

2）蕹菜白锈病

①症状。本病主要为害蕹菜叶片，叶面和叶背均有病斑，在叶面，被害部呈淡黄绿色至黄色斑点，后渐变褐，边缘不明显。在其相对位置的叶背，则产生白色的疱斑，疱斑表面破裂后，散出白色粉状物（孢子囊）。为害严重时，叶片凹凸不平，变黄枯死。叶柄和茎受害成肿胀畸形，直径增粗，也产生白色疱斑。

②发病规律。本病由鞭毛菌亚门蕹菜白粉真菌侵染所致。病菌以卵孢子随同病残体留在土中或种子上越冬。第二年环境条件适宜时，卵孢子萌发，外壁开裂，伸出一个薄膜泄囊，在泄囊里形成游动孢子，通过雨水反溅传播侵染，继续在病部产生芽管侵入为害，并辗转重复再侵染。

③防治方法

a. 实行轮作。该病仅为害旋花科植物，对发病严重的蕹菜地要进行1～2年的轮作，改种其他蔬菜。

b. 用无病种子或种子消毒。可用种子质量的0.3%的35%甲霜灵拌种。

c. 药剂防治。掌握在发病初期适时喷药防治，可用40%乙磷铝可湿性粉剂200倍液，或25%甲霜灵铜可湿性粉剂600～700倍液，或58%甲霜灵锰锌可湿性粉剂500倍液，或64%杀毒矾可湿性粉剂500倍液，或58%雷多米尔可湿性粉剂500～800倍液，或64%杀毒矾可湿性粉剂500～600倍液。每隔10天喷1次，连续喷2～3次，可控制病情扩展。

3）蕹菜褐斑病

①症状。主要为害叶片，叶片布满病斑，不堪食用，严重时引起叶片早枯，叶片上病斑近圆形，有时受到大叶脉限制，呈半圆形或不规则形，病斑较大，成熟病斑直径可达5～10 mm，病斑为褐色或黑色，依品种不同而有差异，通常病斑边缘色深，中部色浅。病斑上有明显的轮纹，多数病斑中部能套一个小斑，其中心色淡，边缘色深，几个病斑可汇合成较大的斑块。病斑沿主脉发展后，可使叶片扭曲。干燥时，病斑中部开裂，潮湿时，病斑两面生黑色霉状物。

②发病规律。褐斑病属半知类假尾孢属旋花假尾孢。以菌丝体在病叶内越冬，翌年产出分生孢子，借空气传播蔓延。

③防治方法

a. 露地和保护地种植均可选用吉安大叶蕹菜、泰国蕹菜、广西尖叶蕹菜、赣蕹1号等优良抗病品种。

b. 收获后及时清洁田地，以减少菌源。

c. 提倡采用高畦栽培，雨后及时排水，防止湿度过高。

d. 发病初期喷洒50%多菌灵悬浮剂500倍液，或60%多菌灵盐酸盐（防霉宝）可湿性粉剂600倍液。7～10天喷1次，连续防治2～3次。

4）蕹菜病毒病

①症状。花叶病毒病由黄瓜花叶病毒、烟草花叶病毒、甜菜曲项病毒等几种病毒单独或复合侵染所致，露地或棚室栽培的蕹菜都有严重发生。蕹菜植株感染后，全株发病，轻者表现花叶，生长不良，发棵不旺，严重的矮缩畸形，造成严重减产，甚至全田绝收。田间可见多种症状，最常见的是叶片出现黄绿相间的花叶或斑驳，病叶皱缩，叶片增厚，心叶症状最明显，有的病株以叶片黄化为主，病叶全部或大部分变金黄色，有的幼叶小而畸形，多成窄条状纵卷，丛生，病株矮缩，高度不及健康株1/20。

②发病规律。由多种病毒复合侵染引起，可经汁液、虫媒及种子传毒。田间农事操作和有利于虫媒的天气，对发病有利。

③防治方法。同茼蒿病毒病。

（7）落葵主要病害及其防治技术

1）落葵蛇眼病

①症状。主要为害叶片，病斑近圆形，直径2～6 mm不等，边缘紫褐色，分界明显，病斑中部黄白色至黄褐色，稍下陷，有的易穿孔，严重时叶部布满病斑，影响产量和品质。

②发病规律。病菌随病残体在土壤里或种子上越冬，第二年以分生孢子进行初侵染植株，病部产生分生孢子借风雨、灌水进行再侵染。南方菜区田间常年有寄主，病菌碾转传播为害，种子是远距离传病的主要途径。湿度是病害发生的决定性因素。雨水多的年份或季节发病重。

③防治方法

a. 合理密植，避免浇水过量及偏施过施氮肥。

b. 种子用55℃温水浸种15 min，或52℃温水浸种0.5 h。

c. 药剂防治。发病初期喷洒75%百菌清可湿性粉剂1 000倍液，或40%多硫悬浮剂600倍液，每隔7～10天喷1次，连续防治2～3次。也可用武夷菌素150倍液或农抗“120”150倍液防治。

2）落葵灰霉病

①症状。生长中期开始发病。病菌侵染叶和叶柄，初呈水渍状斑，在适合的温、湿度条件下，迅速蔓延致叶萎蔫腐烂；茎和花序染病，在茎上引起褪绿水渍状不规则斑，后茎易折或腐烂。病部可见灰色霉层。

②发病规律。该病菌以分生孢子在病残体上或以菌核在土壤中越冬。春季条件适宜时，菌核产生菌丝体，菌丝体产生分生孢子，分生孢子靠气流即农事操作进行传播蔓延。分生孢子在凋萎的花瓣和花托等处腐生，然后侵染花、果实和叶片。从病部产生的分生孢子可再靠气流或农事操作而传播，进行多次再侵染。

灰霉病是高湿型病害。相对湿度达80%以上时开始发病，达90%以上时有利该病的发生，相对湿度达60%～70%时，不利于病害的发生。当温度为20～25℃时，连续阴雨，灰霉病可严重发生。阴雨天气多，光照不足，气温偏低，保护地通风不良，或连作多年的老温室，种植密度过大，管理差，有机肥偏少，氮肥偏多，氮、磷、钾比例失调等都有利于灰霉病的发生。

③防治方法

a. 去除病残体。收获后彻底清除病残体，集中烧毁，并进行深耕，减少菌源。

b. 加强肥水管理。保护地内应重施腐熟的优质有机肥，增施磷钾肥，以提高植株的抗病能力。要适当控制浇水，有条件的可用取滴灌技术，禁止大水漫灌。

c. 药剂防治。在定植前用50%速克灵可湿性粉剂1 500倍液或50%多菌灵可湿性粉剂500倍液喷淋苗，达到无病苗进棚。在棚室内发病初期，要及时施药防治。可用50%速克灵可湿性粉剂1 200倍液，或50%扑海因可湿性粉剂1 500倍液，或25%使百克乳油1 000倍液，或75%百菌清可湿性粉剂500倍液，隔7～10天喷1次，连续施药3～4次。由于灰霉病菌易产生抗药性，要注意交替轮换用药或几种药剂混合使用，有利于提高防效，延缓抗药性。

二、主要虫害种类、特点、发病规律及综合防治

1. 地面虫害种类、特点、发病规律及综合防治

（1）蚜虫。蚜虫俗称腻虫。在蔬菜上发生多，为害大，蔬菜上蚜虫有萝卜蚜、桃蚜、苜蓿蚜、瓜蚜、甘蓝蚜等。

1）形态特征。有翅胎生雌蚜体长 1.6～2.2 mm。无翅胎生雌蚜的桃蚜体长约2 mm，近菱形，全体绿色，有时为黄色或樱红色。腹管长，为尾片的 2.3 倍，尾片绿色，有 3 对侧毛。萝卜蚜体长约 1.8 mm，呈卵形，全体黄绿色或稍覆白色蜡粉，体背各节有浓绿横纹，腹管短，末端达尾片基部，尾片有 2 对侧毛。甘蓝蚜体长约 2.5 mm，全体暗绿色覆明显的白色蜡粉。腹管长于尾片，尾片有 2～3 对侧毛。苜蓿蚜体长 1.8～2.0 mm，体较肥大，黑色或紫黑色，有光泽，外覆很薄的蜡粉，腹背膨大隆起，节间分界不明显。瓜蚜体长 1.5～1.9 mm，体黄、黄绿、深绿或蓝黑色，腹部背面几乎无斑纹，全身微覆蜡粉，腹管黑色，圆管形。

2）为害症状。蚜虫中主要以其成蚜和若蚜吸食蔬菜汁液，使叶片卷缩发黄影响结实，且能传播病毒病。

3）发生规律。世代重叠严重，甚至无法分清世代。一般北方一年发生 10～20 代，华南地区则多至 40 代。长江流域以北地区以卵在石榴及越冬蔬菜等作物及杂草的基部越冬，冬季在棚室内可继续繁殖。蚜虫繁殖的适温为 16～22℃，一年中春末夏初和秋季为害严重。夏季高温、多雨和天敌的抑制，其蚜虫数量明显下降。有翅蚜对黄色有强烈趋性，对银灰色有负趋性。

单元 2

4）防治方法

①农业防治。及时清除杂草；蔬菜收获后清除残枝败叶；秋季十字花科蔬菜适当晚播（如大白菜），避开蚜虫发生高峰期。

②物理防治。在苗床四周铺约 15 cm 宽的银灰色薄膜，苗床上方隔 60～100 cm 挂 3～7 cm宽的银灰色膜，可驱避蚜虫，或用防虫网覆盖育苗。也可用黄板插于田间高约 70 cm，可诱杀有翅蚜。

③生物防治。利用食蚜蝇、蚜茧蜂等控制蚜虫。

④药剂防治。发现蚜虫可用 10%吡虫啉可湿性粉 3 000 倍液，或 50%抗蚜威可湿性粉剂 2 000 倍液，或 10%氯氰菊酯乳油 2 000 倍液，或 40%菊马乳油 2 000 倍液，或 10%除尽悬浮剂 2000 倍液，或 2.5%天王星乳油 3 000 倍液等药剂交替使用。保护地也可用 80%敌敌畏熏烟处理，每亩用药 400～500 g。上述药剂交替使用。

（2）红蜘蛛

1）症状。红蜘蛛具有食性杂、繁殖力强、传播快等特点，露地和保护地蔬菜均可发生。以成、若螨在叶背面吸食汁液，并结成丝网，受害叶片褪绿，出现白色小斑点，后褪绿变为黄白色，严重时变锈褐色似火烧，造成叶片干枯脱落，植株早衰枯死。

2）发生规律。高温、干旱的条件下，栽培管理粗放，地干缺水、杂草较多的菜地受害最重。随着气温逐渐升高，红蜘蛛为害将逐渐加重。

3）防治方法

①彻底清除菜田及其附近的杂草，减少虫源。

②加强田间管理，遇高温或干旱，及时灌水，增施磷钾肥，促进植株健壮生长，抑制红蜘蛛为害。

③结合田间管理，经常进行田间检查，发现少量叶片受害时，及时摘除虫叶销毁。

④药剂防治可用20%灭扫利乳油2 000倍液，或73%克螨特乳油1 000倍液，或1.8%爱福丁乳油3 000倍液，或15%扫螨净乳油1 000～1 500倍液，或1.8%的农克螨乳油2 000倍液，或20%螨克乳油2 000倍液，每隔7～10天喷1次，连喷2～3次。

（3）菜蛾（又称小菜蛾，俗称小青虫、吊死鬼、两头尖等）。菜蛾俗称小菜蛾，全国各地都有发生，是十字花科蔬菜的主要害虫。主要为害甘蓝、花椰菜、球茎甘蓝、白菜、萝卜、油菜等，还可为害番茄、马铃薯、姜、葱、洋葱等。

1）形态特征。成虫为灰黑色小蛾，体长6～7 mm，翅展12～15 mm。前后翅狭长，缘毛很长。老熟幼虫纺锤形，体长10～12 mm，胸腹部绿色，尾足后伸，超过腹部末端。卵长约0.5 mm，宽约0.3 mm，椭圆形。初产时乳白色，后变成淡黄绿色，有光泽。蛹长5～8 mm，外有灰白色网状薄茧，纺锤形，多附着在叶片上。

2）为害症状。菜蛾初龄幼虫潜叶为害，钻食叶肉，留下上下两层表皮，或在叶柄、叶脉内蛀食。2龄后在叶上取食，只留下一层表皮，俗称“开天窗”。较大的幼虫则把叶片咬成小孔洞。严重时将菜叶吃成网状。

3）发生规律。以蛹在秋季为害地附近的墙壁、树干、土缝、杂草及残株落叶间越冬。由于越冬场所不同，造成以后的世代很不整齐。成虫昼伏夜出，有趋光性。夜间及阴天栖息在茂密的植物上，成虫吸食花蜜，产卵在寄主上，卵散产，一雌虫可产卵120粒左右。卵期3～8天，多在清晨孵化，孵化后食卵壳，再食叶片。幼虫期11～20天，共4龄，在2龄前有潜食习惯，其余各龄在菜叶表面为害。幼虫多在心叶和叶背为害。受惊即倒爬行，或吐丝下垂，幼虫抗寒力很强。老熟幼虫在叶片的反面及枯草上化蛹。菜蛾的发生与降雨量有很大关系，在降雨较多的年份，有明显的抑制幼虫发生的作用，这也是夏季为害较轻的原因之一。菜蛾在10～40℃可以生存繁殖，成虫高温临界为42℃，在0～10℃时，可存活数月。卵、幼虫和蛹的高温临界为35℃左右。菜蛾的发育最适温度为20～30℃，因此，春秋两季发生严重。

4）防治方法

①合理安排茬口。菜田中应避免十字花科蔬菜周年连作，防止害虫连续发生为害。

②清洁田园。收获后及时清除残枝落叶，带出田外深埋或烧毁，消灭幼虫或蛹，减少田间虫口密度。

③灯光、性诱剂诱杀成虫。成虫发生期，田间可设置黑光灯诱杀成虫，也可用性诱蛾剂诱杀。

④药剂防治。在一、二龄幼虫发生关键时期，可用苏云金杆菌B.t乳剂500倍液，或5%抑太保乳油2 000倍液，或卡死克乳油2 000倍液，或2.5%溴氰菊酯乳油6 000

倍液，或5%锐劲特悬浮剂4 000倍液，或10%除尽悬浮剂2 000倍液，或15%安打浓乳剂3 000倍液，或24.5%爱福丁1 500～2 000倍液，或阿维菌素（齐螨素）3 500～4 500倍液，或菜蛾清1 500～2 000倍液，或23%绿菜宝2号1 000～1 500倍液等药剂交替使用。对于菜蛾的药剂防治，切忌单一种类的农药常年连续使用，特别应提倡用生物农药防治。

（4）菜粉蝶（菜青虫）

1）为害症状。为害十字花科蔬菜（甘蓝、花椰菜、白菜、萝卜油菜、芥菜等）最重的害虫。初龄幼虫在叶背啃食叶肉，留下一层透明的表皮，3龄后把叶吃成孔洞，严重时仅剩下叶脉和叶柄。

2）发生规律。菜粉蝶一年发生5～6代，以蛹在秋季为害田附近的屋墙、篱笆、风障、树干或砖石、土块、土缝、杂草或落叶下越冬。其极耐低温，可忍受－50～－32℃的低温。来年3月份越冬代开始羽化，但由于其越冬场所的差别，导致其成虫出现可以早晚相差1月之多，从而使生长季节的虫态不整齐，世代重叠。一年中，以7月以前和9月之后发生较重。

成虫白天活动，夜晚潜藏，经常在蜜源植物与寄主间来回飞翔。菜粉蝶的产卵量与成虫补充营养有关，卵量从100～500粒不等。从春到初夏，产卵量逐渐增多，卵散产于叶片上，飞舞时每停一次产卵一枚，以叶背为多，成虫寿命2～5周。

卵期3～8天不等，第一代为8天，第二代为4～5天，而第三代仅3～4天。

幼虫5龄，初孵幼虫具食卵壳的习性。2龄前剥食叶面，2龄后咬孔或蚕食叶片。一生中4～5龄食量大，占一生全部取食量的90%以上。幼虫老熟后，爬至底部叶层叶柄上或叶面上化蛹，而越冬代除外。

菜粉蝶的生长与环境条件密切相关，其幼虫生活的适宜温度为16～31℃，相对湿度为68%～80%；最适温度为20～25℃，湿度为76%，当高温超出32℃，湿度降至68%以下时，幼虫便会死亡。

3）防治方法

①农业防治。及时清除残枝败叶，深翻土壤；春茬可选用早熟品种并覆盖地膜早定植。

②生物防治。采用B.t乳剂、杀螟杆菌、青虫菌六号等，对水800～1 000倍液，在气温达20℃以上时喷洒，隔7～10天1次，连喷2～3次。

③药剂防治。关键应把幼虫消灭在3龄以前。可喷20%灭幼脲1号胶悬剂500～600倍液；或20%灭扫利乳油2 000～3 000倍液；或21%灭杀毙乳油3 000倍液；或2.5%天王星乳油3 000～4 000倍液；或2.5%功夫乳油2 000～3 000倍液；或20%斑潜净乳油2 000倍液；隔7～10天喷1次，连喷2～3次。防治小菜蛾的药也可用于防治菜青虫。

（5）菜螟（又称萝卜螟、白菜螟、菜心野螟、吃心虫、钻心虫等）

1）为害症状。主要以幼虫为害十字花科蔬菜（如大白菜、萝卜等），幼虫群栖为害靠近地面的老叶，致使受害叶呈网状。甘蓝结球时，幼虫蛀入菜球内为害，虫粪与虫丝连接污染菜球。还可蛀入种荚为害留种蔬菜。虫粪浓绿色，还能传播软腐病菌。

2）发生规律。菜螟每年发生 3～4 代，以蛹或老熟幼虫，在避风向阳、干燥温暖的土中，吐丝作一丝囊越冬，来年再作一茧化蛹。成虫孵化后，潜伏在菜地，夜间活动，有趋光性。卵散产于叶片、茎及外露的根上，尤以心叶为多。单雌产卵量 30～80 粒，平均 200 粒，但夏季较少。卵期 2～3 天。幼虫共 5 龄，小幼虫孵化后在叶片中营潜食生活。2 龄后钻出表皮，3 龄后钻入心叶为害，幼虫吐丝将心叶缠结藏于其中，食害心叶基部和生长点，使心叶枯死。4～5 龄后，向下钻蛀髓部。幼虫有转株为害的习性，一虫可为害 4～5 株植株。在 5～8 月份，幼虫期为 9～16 天。幼虫老熟后在菜根附近土表或裂缝中吐丝作茧化蛹，少数也可在菜心中化蛹。蛹期 5 天。菜螟喜产卵于 3～5 片真叶的幼苗上。有资料表明：秋萝卜当 1～2 叶时，着卵量为 2～3 粒/百株；3～5 叶时，为 3～14粒/百株；6～7 叶时基本上无卵。因而幼苗的 3～5 叶期是否与菜螟产卵期吻合是菜苗受害轻重的原因之一。另外，也与前茬作物有关，前茬为十字花科蔬菜，尤其是萝卜的后茬受害重。

3）防治方法

①农业防治。一是耕翻土地，减少虫源。二是调整播期，使菜苗 3～5 片真叶期与菜螟盛发期错开。三是适当灌水，增大田间湿度，抑制害虫。

②药剂防治：此虫是钻蛀性害虫，所以喷药防治必须抓住成虫盛发期和幼虫孵化期进行。可用灭杀毙或 40%氰戊菊酯乳油 6 000 倍液，或 2.5%功夫乳油 4 000 倍液，或 20%灭扫利乳油 2 000～3 000 倍液，或 2.5%天王星乳油 3 000 倍液。

（6）黄曲条跳甲（俗称地蹦子、土跳蚤）

1）为害症状。以甘蓝、花椰菜、白菜、菜薹、萝卜、芜菁、油菜等十字花科蔬菜为主，但也为害茄果类、瓜类、豆类蔬菜。成虫食叶，以幼苗期为害最重。刚出土的幼苗，子叶被吃后，整株死亡，造成缺苗断垄。幼虫只害菜根，蛀食根皮，咬断须根，使叶片萎蔫枯死。萝卜被害呈许多黑斑，最后整个变黑腐烂；白菜受害，叶片变黑死亡，并且传播软腐病。

2）发生规律。一年发生 4～5 代，以成虫潜藏越冬。来年春季，当 3～4 月气温升至 10℃左右时，成虫出蛰活动。成虫出蛰后先为害苔菜等越冬的十字花科蔬菜及野菜。5 月后大量迁入菜田为害油菜、小白菜、萝卜、留种株等。

成虫性情活泼，飞翔能力较强，具趋光性，善跳。早晚和阴天躲藏，中午前后大量活动。成虫寿命长，平均 50 天，最长可达一年。产卵期为 1～1.5 个月，故而田间虫态混杂。成虫产卵在离主根 3 cm 左右的土隙或细根上，深度在 1 cm 以内。也可在土表的

单元 2

根基咬一小孔，产卵其中。成虫产卵量差别很大，越冬代可达 621 粒，而 1～2 代仅 25 粒，故春季为害较重。

卵期 3～9 天，最长 15 天。幼虫 3 龄，历期 11～16 天。幼虫孵化后沿须根向主根剥食根的表皮，栖土深度：白菜为 3～4 cm，萝卜为 4～5 cm，最深可达 12 cm。老熟后的幼虫在土下 3～7 cm 处作室化蛹。

3）防治方法

①农业防治。清除菜地残株落叶，铲除杂草；播前深耕晒土。

②药剂防治。此虫是钻蛀性害虫，所以喷药防治必须抓住成虫盛发期和幼虫孵化期进行。可用 21%灭杀毙 3 000 倍液，或 90%敌百虫晶体 1 000 倍液，或 2.5%敌杀死乳油2 000倍液，或 10%氯氰菊酯乳油 3 000 倍液，或 50%辛硫磷乳油 1 000 倍液，或 2.5%天王星乳油 3 000 倍液。如果发现根部被害，可用 50%辛硫磷乳油 1 000～1 500 倍液，或 90%敌百虫晶体 1 000 倍液灌根。

（7）美洲斑潜蝇

1）为害症状。幼虫取食叶片正面表皮下的栅栏组织，虫道初为针尖状。随着幼虫成熟，虫道逐渐均匀变宽，为白色不规则蛇形，后期有的形成铁锈色，虫道两侧留有交替排列的粪便，形成一黑色条纹。叶正面虫道完整，终端明显变宽，这和南美斑潜蝇有明显区别。雌成虫取食和产卵时还刺伤作物叶片表皮，形成白色坏死产卵点和取食点。受害叶片叶绿素被破坏，影响光合作用。

2）发生规律。1 年发生 8～9 代，有明显的世代重叠现象。幼虫最适活动温度为 25～30℃，当气温超过 35℃时，成虫和幼虫活动受到抑制。另外，降雨和高湿均对蛹的发育不利，使虫口密度降低，故夏季发生较轻，春秋季为发生高峰期。成虫具有较强的趋光性，有一定飞翔能力，以产卵器刺伤叶片，吸取植株叶片汁液。雌虫把卵产在部分伤孔表皮下，卵经 2～5 天孵化。初孵幼虫潜食叶肉，并形成隧道，隧道端部略膨大，幼虫期 4～7 天，老龄幼虫咬破隧道的上表皮爬出化蛹。蛹经 7～14 天羽化为成虫。

3）防治方法。美洲斑潜蝇具有虫体微小、繁殖能力强、世代重叠明显、隐蔽为害、易产生抗药性等特点，给防治带来很大困难，必须采用综合防治措施。

①物理防治。黄板诱杀成虫。从成虫始盛期开始，在田间悬挂 30 cm×40 cm 大小的黄板诱杀成虫。或者用涂有黏虫胶的黄色自制诱虫器具进行诱杀。轻发生区加强田间调查，发现受害叶片及时摘除。

②农业防治。为害重的地区，要考虑蔬菜布局，把美洲斑潜蝇嗜好的瓜类、茄果类、豆类与其不为害的作物进行套种或轮作；适当疏植，增加田间通透性；收获后及时清洁田园，把被害作物的残体集中深埋、沤肥或烧毁。种植前耕翻土壤，害虫发生期增加中耕与浇水，破坏化蛹，减少成虫羽化。

③生物防治。保护与利用天敌昆虫进行防治，释放姬小蜂、反颚茧蜂、潜蝇茧蜂

等，寄生率可达50%以上。

④药剂防治。防治的关键应抓好“治早”和“治小”，重点抓好苗期防治，当受害叶片幼虫低于5头时，于幼虫2龄前（虫道短于1 cm）喷药，喷药宜在早晨或傍晚，注意交替用药，最好选择兼具内吸和触杀作用的杀虫剂。可选70%灭蝇胺可湿性粉剂2 000～4 000倍液，或1.8%阿维菌素乳油1 500倍液，或48%毒死蜱1 000倍液，或98%杀虫单可溶性粉剂800倍液，或10%吡虫啉可湿性粉剂2 000倍液，或5%抑太保乳油1 000倍液。还可用1.8%阿维菌素乳油与25%杀虫双水剂，或48%乐斯本乳油，或4.5%高效氯氰菊酯乳油，或98%杀虫单可溶性粉剂等混用防治。

（8）蔬菜白粉虱

1）为害症状。成虫和若虫刺吸寄主植物汁液，使被害植株叶片褪绿变黄，萎蔫甚至枯死，导致温室蔬菜减产或绝产。在寄主植物上分泌蜜露，引起霉污病，大大降低蔬菜商品价值。传播病毒病，给健壮植株感病造成为害。

2）发生规律。白粉虱的种群数量由春至秋逐步发展到高峰。发生程度与种植的作物有关，在黄瓜、菜豆、茄子等蔬菜上种群密度极大，而在油菜、菠菜、韭菜上种群数量难以发展。白粉虱繁殖力强，繁殖速度快，种群数量大，形体小易于隐藏，给防治造成很大难度。成虫随着植物的生长不断在顶部嫩叶产卵；卵以卵柄从气孔插入叶片组织中，与寄主植物保持水分平衡，极不易脱落；若虫在孵化后3天内，在叶背可作短距离游走，当口器插入叶片组织后就失去了爬行的机能，开始固定在叶片背面为害作物。

3）防治方法

①黄板诱杀成虫。利用白粉虱特有的强烈趋黄性，可在田间设置黄板诱杀成虫。具体做法是，用纤维板或硬纸板，裁成1 m高，0.2 m宽的长条，漆成橙黄色，上涂1层黏油，放置于植株行间与植株高度相同处，密度为每亩30～40块，7～10天涂抹1次黏油。该法操作简便，经济实用，没有污染，与其他措施配合使用可以收到良好的控制效果。

②覆银灰膜驱避。每亩用银灰色膜5 kg，和地膜一样覆盖，或将膜剪成10～15 cm宽的条，在田间拉成网眼状，每亩用银灰膜1.5 kg，也可驱避白粉虱。

③药剂防治。白粉虱世代重叠现象严重，同一作物上存在各种虫态，防治时必须连续几次用药才能收到较好的效果，同时注意喷药应在白粉虱发生初期进行，并注意轮换用药，防止白粉虱产生抗药性。当前使用的药剂和方法主要有：25%扑虱灵加2.5%高效氟氯氰菊酯乳油1 000～2 000倍液，浓度可根据虫口密度适当掌握，早期喷洒1～2次即可有效控制白粉虱；2.5%天王星乳油3 000倍液，可杀死成虫、若虫、蛹，但对虫卵的杀灭效果不明显，可将25%扑虱灵与天王星混用，以收到全面的杀灭效果；每亩用30%大功臣可湿性粉剂2 g（有效成分），持效期可达30天；25%灭螨锰乳油（又名甲基克杀螨）1 000倍液，对成虫、卵、若虫均有效；21%啶虫脒乳油加20%灭扫利乳油

2 000～3 000倍液连续使用2～3次，效果较好。

2. 土壤虫害种类、特点、发病规律及综合防治

(1) 蔬菜线虫

1) 为害症状。线虫对蔬菜植株的为害，一是直接的机械损伤，破坏植株表皮细胞；二是以吻针刺伤植株表皮分泌唾液，破坏细胞的正常代谢功能而产生病变。可通过地上部和地下部两个方面进行病株诊断。

①地上部植株症状。轻病株症状一般不明显。病情较重的地上部植株表现为营养不良、植株矮小、生育迟缓、色泽失常以及叶片变小、变黄，似缺肥症状，植株不结实或结实不良，如遇干旱则中午萎蔫，早晚能恢复。

②地下部根部症状。一般在侧根和须根上形成大量大小不等的瘤状根结，根结多生于根的中间，最初为白色，后变为褐色，表面粗糙，有时会开裂。不同蔬菜种类的症状还有所区别，如茄子受害根部会出现念珠状根结，根结上还可长出小的细根，成为一团团的须根，中间还夹裹着根结。马铃薯的根和块茎表面能看到金黄色胞囊。番茄根部发生大小粗细不均的根结。根结线虫与豆科蔬菜的根瘤有明显区别，根瘤的瘤状凸起明显多生于主、侧根的一旁，表面光滑，多为圆形或近圆形。用手捏坚实，剥开后可见粉红色或绿色菌液。而线虫瘤则手捏松软，奇形怪状，破碎后多呈麻团状松散纤维，呈白色或暗铅白色。

2) 发生规律。为害蔬菜的线虫主要是马铃薯金线虫、瓜类根线虫和根瘤线虫。我国南方线虫主要以卵、卵囊或2龄幼虫随病残体，大多在土壤中越冬，或在保护地内常年为害。翌年春天环境适宜时，越冬卵孵化为1龄幼虫（在卵内发育），蜕皮后孵出2龄幼虫。

2龄幼虫和越冬的2龄幼虫均具侵染能力，侵入植株后，引起周围细胞分裂，形成根结。4龄幼虫即可交尾产卵，卵可于根结中孵化，也有大量的卵被排出体外进入土壤，卵孵化后进行再侵染，致使寄主根部布满根结。一个成熟的雌虫，一般可产卵1 500～3 000粒。从卵到虫的一代生活史，时间长短不一，一般在七八天到数周之间。线虫主要分布在5～30 cm深的土层，其中95%的线虫在表土20 cm以内。主要通过病土、病苗、灌水和农事操作传播。

线虫喜温，但不喜过湿的土壤。一般线虫生存的土壤适宜温度为25～30℃，湿度为40%～70%，高于40℃或低于5℃时很少活动。55℃经1 min致死。根结线虫具好气性，地势高、质地疏松、盐分低、潮热的沙土或壤土利于线虫活动，发生重。

3) 防治方法

①农业防治

a. 轮作换茬。在线虫病发生严重地块，可将芹菜、黄瓜和番茄等高感蔬菜与大葱、大蒜、韭菜、辣椒等抗（耐）病蔬菜轮作。目前，日本防治线虫的方法之一就是在发病田块与对线虫免疫或高抗的万寿菊实行轮作，收到了很好的效果。另外，还可种植速生

叶菜诱集线虫，收获时根内的线虫被带出土壤，可有效减轻对下茬作物的为害。最好水旱轮作。

b. 培育无病壮苗。选择无病土或消毒土育苗，培育无病苗，减轻病害的发生，推广营养钵、穴盘育苗。

c. 及时清除病残体。前茬收获后一定要彻底清洁田园，集中烧毁或深埋病残体，切忌病根沤肥或用病土垫圈沤肥。

d. 保护地换土。针对线虫主要集中在土表以下 0～35 cm 的特性，将保护地 0～35 cm 的土层换成无根结线虫的土壤层，有较好的效果。

②物理防治

a. 水淹杀虫对重病田灌水 10～15 cm 深，保持 1～3 个月，使线虫缺氧窒息而死，可有效抑制线虫的侵染和繁殖。

b. 高温杀虫。前茬收获后深翻菜地，利用七八月的高温，用塑料薄膜平铺地面压实保持 10～15 天，使土壤 10 cm 深处地温达 30～40℃，可有效杀灭各种虫态的线虫。

③药剂防治

a. 灌根法。在作物定植以后若发现线虫，可用 50℃的辛硫磷乳油 1 000 倍液，或 2.5%阿维菌素乳油 2 000 倍液灌根，每株用药剂 300～500 mL。

b. 往年发病严重的田块施用药土，秧苗定植前用 10%益舒宝颗粒剂 5 kg/亩混细土 50 kg 均匀撒施，深耙 25 cm。

(2) 其他土壤害虫有地老虎、地蛆、蝼蛄、蛴螬、蚯蚓、蟋蟀、蜗牛、野蛞蝓、金针虫等，其特点、发病规律及综合防治措施见苗期常见虫害及其综合防治措施。

单元测试题

1. 简述主栽品种苗期常见的 2～3 种生理性病害及其防治措施。
2. 简述主栽品种苗期常见的 2～3 种病害的综合防治措施。
3. 简述主栽品种苗期常见的 2～3 种虫害的综合防治措施。
4. 简述不同品种、不同种植方式植株调整的方法。
5. 简述番茄、黄瓜、茄子、辣椒的植株调整措施。
6. 根据番茄、黄瓜植株长势偏弱、坐果性下降，提出环境调控措施。
7. 简述科学施肥方法及平衡施肥的优点。
8. 简述肥水管理对营养生长的影响。
9. 简述两种果菜类蔬菜高产的施肥方案。
10. 简述 10～12 种主要病害的特点、发病规律及综合防治。
11. 简述 4～5 种主要虫害的特点、发病规律及综合防治。

第3单元

采后质量管理

第一节 采后处理

培训目标 → 能进行质量检测采样

一、蔬菜产品中农药残留量的检测方法

农药残留量的检测方法通常分为理化分析和生物测定两大类。

1. 理化分析方法

理化分析方法即通常讲的利用仪器如气相色谱仪、液相色谱仪、气质联用仪、液质联用仪等进行农药残留量的分析检测。该方法的优点是可以定性、定量地检测农药残留量，也是国家规定的标准检测方法。但此方法需昂贵的仪器设备及训练有素的工作人员，消耗试剂多，检测成本高，并且检测时间长。当然，随着检测方法的研究与提高，现在已有比较快速检测方法，即农药多残留检测方法。目前，世界上许多发达国家已各自制定了本国的多残留检测方法，用于农药残留量的检测。我国也于 1998 年颁布了多残留的检测方法。现在许多研究机构还在进一步研究提高检测速度的方法，届时其检测速度将与快速检测方法基本相同。

2. 生物测定方法

蔬菜中农药残留的抽样检测，在许多发达国家早已成为制度化，因此对于农药残留量超标的蔬菜能有效地得到管理。由于我国蔬菜生产与国外情况不同，主要是分散的生产、销售，是小农大市场，理化方法不太适应市场销售的蔬菜。因此为了适应蔬菜生产和流通，应建立一套快速、简便的蔬菜农药残留的检测方法。生物测定方法就符合这一要求。

生物测定方法因其操作方法不同分为以下三种：

（1）活体生测。活体生测系用活体生物为供试材料，现一般利用实验室饲养的敏感性家蝇为试验材料，以这种家蝇接触供检蔬菜后的中毒程度，来表示供检蔬菜是否遭受农药污染及其被污染的程度。如安达市植检站利用敏感家蝇对低残毒生产区的蔬菜进行大面积多点次的检测工作，查出严重超标的蔬菜占 0.15%。此种方法简便易行，不需大型仪器设备，成本低，可在较短时间内（3 h）对蔬菜中的农药残留情况有所了解，但不能定性定量。用于超标蔬菜的筛选时比较方便快捷，适用于基层。

（2）生化生测（也称酶抑制法、快速农药残毒生化测定方法）。酶活性抑制测定是利用有机磷和氨基甲酸酯类农药具有抑制昆虫的中枢和周围神经系统中乙酰胆碱酯酶活性，造成神经传导介质乙酰胆碱的积累，影响正常传导，使昆虫中毒致死的原理来检测此类农药在食品中的综合残留量。

乙酰胆碱酯酶是一种水解酶，能够将神经系统传导神经兴奋的化学物质乙酰胆碱分解为乙酸和胆碱，以维持神经系统的正常生理功能，乙酰胆碱酯酶抑制剂与正常底物争夺乙酰胆碱酯酶结合部位，形成稳定的抑制剂—乙酰胆碱酯酶复合体，使酶丧失活力。

目前，此种方法主要是从家蝇或其他动物组织中提取乙酰胆碱酯酶，将乙酰胆碱酯酶与蔬菜样本提取液混合，以碘化乙酰硫代胆碱为底物，二硫双硝基苯甲酸（DTNB）为显色剂，经一段时间后比色，根据吸光值，计算乙酰胆碱受抑制的程度。

如果蔬菜提取液中不含农药或残留量很低，酶的活性就不被抑制，试验中加入的基质就被水解，水解产物与加入的显色剂反应产生颜色或水解产物本身有颜色。如果蔬菜的提取液中含有农药并残留较高时，酶的活性被抑制，基质就不被水解，当加入显色剂时就不显色或颜色变化很小。在 412 nm 测定吸光度的变化，计算出抑制率就可判断农药（有机磷和氨基甲酸酯类）的残留情况。

该方法对大多数有机磷和氨基甲酸酯类灵敏度高，检测速度快，受外界因素干扰少，结果比较稳定，成本低。

由于只能检测对乙酰胆碱酯酶具有抑制作用的有机磷和氨基甲酸酯类农药，对其他类型的农药造成的污染无法检测。

（3）利用免疫学技术进行检测。在农药免疫学检测技术中应用较多的为酶联免疫吸附技术（ELISA）。ELISA 是通过在合适的载体上，酶标限定量抗原竞争固项抗体结合位点或固项抗原与未知抗原竞争限定量的标记抗体结合位点，形成抗体复合物，在一定底物参与下，复合物上的酶催化底物使其水解，氧化或还原成另一种带色物质，由于酶的降解底物与显色是成正比的，通过眼观或分光光度计测定，从而确定是否存在未知抗原。

利用 ELISA 方法进行农业残留检测时，首先需将小分子的农药与大分子的载体蛋白结合，然后免疫兔子等动物产生抗体。用这种方法产生的抗体为抗农药多克隆抗体。多克隆抗体具有生产成本低，生产方法简便。但其特性会随动物种类，甚至同一动物的不同血液而发生变化，而且同一批动物生产的血清也是有限的。

一种产生可无限地提供抗体的方法是生产杂交瘤细胞系。这种方法是利用正常的生活周期短的生产抗体细胞与生活周期长的癌细胞融合产生新的杂交细胞，这种细胞具有两个亲本的特征，由这种细胞产生的单克隆抗体具有一种类型抗体的同源性，可以大批量地、长期地生产。

免疫方法具有专一性强、灵敏度高、快速、操作简单等特点。但每次只能检测一种农药或与其结构密切相关的农药或该农药的代谢产物。若需进行多残留检测，可将几种的抗体混合。目前我国所用的农药种类繁多，使用这种方法进行多残留监测，实际上还有一定的困难。

在快速检测时，先设一个检测限，当杀虫剂含量超过检测限时就会产生阳性结果，借此可决定是否需要利用仪器作进一步的定性、定量分析。若要利用免疫技术进行农药定量检测，需先制备标准曲线，之后根据制备好的标准曲线即可对农药残留进行定量。

利用免疫技术进行快速分析，相对于仪器分析方法，可减少对样品的提取、净化的要求，使分析变得容易。

目前，商品化的农药快速监测技术主要是应用生物化学方法。

1988年农业部环保所推出的“LI-88型农药残毒监测箱”，用以监测农产品及水中的农药残留，该速测箱将酶及显色剂分别吸附在滤纸片上，这种方法虽然简化了操作手续，但一般也降低了对某些农药的灵敏度，有时会造成漏检或误检。在美国也有类似的速测制品出售，因其对若干农药的灵敏度不高，故一般只用于农药在田间的消减监测，作为农民在施药田中工作的安全标准及法律依据，并不作为食物或饮水中农药残留的监测工具。如美国CHARM公司生产的杀虫剂速测试箱可对几十种有机磷和甲基氨基甲酸酯类杀虫剂进行快速监测分析。在单个的分析中，监测所有有机磷、甲基氨基甲酸酯类农药和他们的活性代谢产物的累积量。蔬菜样品只需简单的前处理。应用此技术可根据需要制定一个控制点，高于控制点即为阳性，低于控制点即为阴性，可用于蔬菜农残检测初筛。

二、蔬菜产品中亚硝酸盐的检测方法

食品中的亚硝胺是已被公认的一种化学致癌物，其前体包括硝酸盐和亚硝酸盐。同时由于化肥的广泛使用，尤其是化学氮肥，使蔬菜、水果中硝酸盐残留量过大。政府部门为此设定了有关卫生标准，如上海市地方标准“安全卫生优质蔬菜”（DB 31/T258. 1—2001）中就规定，蔬菜中亚硝酸盐限量卫生标准为≤4 mg/kg，硝酸盐为≤1 000 mg/kg。目前适用于蔬菜、水果中硝酸盐和亚硝酸盐的检测方法主要有比色法、示波极谱法、离子色谱法和毛细管电泳法等。采用离子色谱/电导检测器方式，建立了蔬菜、水果中硝酸盐和亚硝酸盐检测方法，具有精密度高，操作简便，易推广的特性。

采用离子色谱/电导检测器测定方法为：称取新鲜蔬菜样品10 g于研钵中，研磨匀浆，用50 mL浓度为0.01 mol/L NaOH溶液置入有盖锥形瓶中，于超声条件下提取10 min，静置，倾取上清液于离心管中，于转速为10 000 r/min的条件下，离心分离10 min，备用。将石墨化炭黑柱（ENVI-CARB）（Supelco）用5 mL纯水洗涤后，将样品溶液上柱，弃去前 2 mL 流出液，收集后 5 mL 样品溶液于 AS 40 自动进样器进样管中，经 0.45 nm 过滤器过滤后，自动分析。

第二节　畸形果及其预防

培训目标

→ 熟悉造成次品或等外品的各种畸形果类型。

→ 能采取预防各种畸形果的措施。

一、番茄畸形果及空洞果的症状和预防

1. 症状

(1) 畸形果。番茄果实出现尖顶桃形，不规则膨大，外皮出现大块木栓化疤痕或种籽外露状裂果。

(2) 空洞果。番茄果皮与果肉胶状物之间形成空洞，果实外观呈多棱形。

2. 病因

(1) 畸形果发生的原因

1) 在植株花芽分化和发育期遇到持续低温。当秧苗在第 1～3 个花序分化时遇到低温，一般平均温度在 8℃以下，且累计天数在 10～12 天时，则极有可能形成畸形花；在这样的低温下，如果再加上潮湿、光照不足、氮肥过多，则形成畸形花的可能性更大。

2) 植物生长调节剂使用技术不当。畸形花一般不易坐果，但由于目前广泛使用植物生长调节剂，使得原本不易结果的畸形花能够坐果，从而形成了畸形果。此外，植物生长调节剂对番茄畸形果的形成还表现在使用浓度过高或处理时间（特别是指处理时花朵所处的发育程度）不当，极易产生乳突状畸形果。

3) 肥水管理不善。是否产生畸形果，在很大程度上取决于秧苗的生长情况，而肥水条件又直接影响到秧苗的生长。在花芽分化期，如果植株养分积蓄过多，易使花畸形，并导致果畸形。当在 8 片真叶，茎粗达到 6.9～7.2 mm 时的植株，易结畸形果，畸形果率为 17%～30%；而在 8 片真叶时茎粗只有 4.8～5.2 mm 时，畸形果仅为 3%～5%。

(2) 空洞果发生的原因。空洞果主要是开花坐果期管理不当造成的。

1) 保花保果剂的影响。在开花前两天喷涂 2，4-D、坐果灵等激素，果皮发育快，胎座发育不良，致使子房中靠近果皮外形成空洞，另外保花保果剂使用浓度过大或在阴雪天气使用也会造成空洞果。

2) 坐果期遇较长时间低温弱光，光合产物减少，向果实输送养分供不应求。

3）坐果期浇水量不足，果实生长发育受阻。

4）需肥量多的大果型品种，如毛粉 802 等，供给的肥料跟不上。

3. 防治方法

（1）畸形果的防治

1）选用不易发生畸形果的番茄品种是预防番茄畸形的主要措施之一，一般中、小果形品种的畸形果发生较多，而大果形品种少。

2）育苗期要保持昼温 20～25℃，夜温 13～17℃，防止出现 10℃以下的低温，造成畸形花。

3）在幼苗发生徒长时，不能仅采取降温、干旱的控苗措施。应在保持合适温度基础上，适当控制水分，同时喷洒 85%比久可溶性粉剂 2 000 mg/kg，或喷洒 1 000～1 500 mg/kg 的矮壮素，既可控制徒长，又不影响花芽正常分化。

4）畸形果不能发育成正常果实，应尽早摘除，减少养分消耗，促使其他花、果生长。

（2）空洞果的防治

1）合理使用坐果激素。特别在早春低温时，要等花朵开放后再用激素喷涂。也可在花朵开放后，先振动花朵促使授粉后，再用激素处理，可收到防止落花，促进果实正常膨大之效。2，4-D 等激素使用时浓度要配制适当，同时要注意应在晴天早晨或下午使用。

单元 3

2）对毛粉 802 等大型果品种，开花坐果期要及时浇水施肥，防止因缺肥水造成营养不良。

3）早春番茄开花坐果后，如遇较长时间低温阴雪天气，应及时加温，保持夜温在 13℃以上。

4）空洞较轻的果实，可通过加强肥水管理，促使其正常成熟。空洞严重的果实，应尽早摘除，以免消耗养分。

二、辣椒畸形果的症状和预防

1. 症状

表现为果实生长不正常，长得像柿饼或蟠桃，或果实扁圆形或无规则形状，里面几乎无种子或种子发育不良。

2. 病因

由于辣椒在花芽分化或开花时遇上了恶劣的天气条件，如温度过高或过低，辣椒的花芽分化不良，或辣椒的花受精不良，或者是本来就没有发育完全引起的。一般来说，越冬种植的辣椒，如果种植过早，秋季坐不住果的情况较多，冬季及春季出现畸形果的概率较大。

3. 防治方法

(1) 注意温度控制。秋季在辣椒开花坐果时，温度不宜过高，如果大棚内的温度超过35℃或者是32℃连续2 h以上，辣椒就会出现授粉或受精不良的情况。

(2) 注意补肥。辣椒缺乏硼、钙等元素会导致畸形果，因此要经常注意喷洒含有硼、钙等元素的叶面肥或营养平衡剂，如叶面喷洒绿芬威3号以及硼酸或硼砂等。减少氮肥的施用量，增加钾肥，如磷酸二氢钾、硫酸钾等的施用量，及时喷洒甲壳丰或海力等营养平衡剂，有利于坐果。

(3) 注意控制植株长势。植株生长过旺，出现畸形果的几率会增大，可通过喷洒生长调节剂或进行整枝打杈等方式保证辣椒果实的正常生长。如果辣椒坐不住果，可能会导致植株生长过旺，可喷洒助壮素以及通过温度调控来保证植株的正常长势，以利于果实生长。

三、黄瓜畸形果的症状和预防

1. 症状

黄瓜畸形瓜包括弯曲瓜、大肚瓜、尖嘴瓜、蜂腰瓜、瘦肩瓜、钩子瓜等。弯曲瓜主要表现为瓜条中部向一侧弯曲；大肚瓜主要表现为瓜条中部到顶端部分膨大变粗；尖嘴瓜主要表现为瓜条中部到顶端逐渐变细变尖；蜂腰瓜主要表现为瓜条中部细如蜂腰，纵切瓜条可见变细部分果肉已经空洞，整个果实变得发脆；瘦肩瓜主要表现为瓜条基部变细变长，如瓶状；钩子瓜主要表现瓜先端弯曲如钩。

2. 病因

(1) 弯曲瓜。一是种植过密，田间郁闭，通风透光不良造成。二是土壤干旱，肥料不足，水分和养分缺乏造成。三是光照不足，温度过高过低造成。四是绑蔓不及时，正在伸长的瓜条受茎蔓、叶柄障碍，不能下垂伸长造成，应与生理原因区别。

(2) 大肚瓜。一是营养不良，特别是土壤中氮、钾、铁等元素不足时，植株长势弱，干物质积累少造成。二是雌花授粉不充分，受精种子迅速膨大造成。三是同一条瓜在膨大过程中，前期缺水，后期水分供应充足造成。

(3) 尖嘴瓜。大棚内单性结实或连续高温、干旱情况下或植株生长势弱，营养不良，使瓜条从中部到顶端部分膨大不良，果实长度也小得多，于是形成尖嘴瓜。

(4) 蜂腰瓜。一是高温干旱，植株本身长势弱、养分供应不及时、浇水不均匀而使瓜不能正常生长发育所致。二是缺硼或对硼的吸收受阻造成。花粉发育不正常时也会造成细腰瓜。

(5) 瘦肩瓜。当夜温低，温差大，有机营养积累多，易造成瘦肩瓜。特别是黄瓜摘心后更容易发生。

(6) 钩子瓜。主要是由于养分集中到茎叶中去而不能充分供应给果实，或因病虫害影响植株生长所致。

3. 防治方法

黄瓜畸形的防治应以防为主，当产生畸形瓜时，根据各自的管理水平，正确分析存在的问题，找准产生畸形瓜的原因，调整管理措施。

(1) 合理施肥。黄瓜种植应以有机肥为主，增施含秸秆较多的腐熟有机肥。化肥施用要增施磷、钾肥，补施微肥，最好进行测土平衡施肥。

(2) 合理密植。栽培密度应根据地力水平、品种特性确定，一般掌握在每亩栽2 867～4 000 株，大小行种植，以利通风透光。

(3) 均衡浇水。根据黄瓜长势和土壤墒情合理用水，采用小水轻浇，隔沟循环，适时适量的灌水方法，促进根系发育，防止大水漫灌，避免黄瓜沤根。防止土壤过湿过干，保证水分均衡供应。

(4) 加强温度管理。黄瓜结瓜期白天应掌握在23～30℃，夜间掌握在13～15℃，防止温度过高过低，特别是阴雨天，要注意保温，有条件的可增温增光。

(5) 喷施叶面肥。补充黄瓜植株营养，保证健壮生长。叶肥品种以磷钾及微量元素为主，一般10～15 天喷施 1 次。

(6) 适当疏瓜和及早摘除畸形瓜。当植株细弱时应适当疏瓜，减少结瓜数量，一般2～3 叶保留 1 个瓜，或将瓜全部摘除，待瓜秧恢复后，再留瓜生长。当雌花向上开放时，应将雌花摘除。同时出现畸形瓜应及早摘除。

四、茄子畸形果的症状和预防

1. 双身茄

花芽分化期遇低温，花芽分化不正常，子房分裂，开花时为畸形花，结果后为双身茄。开花期遇到低温或使用生长调节剂浓度过大，也易形成双身茄。即 2 个果实紧密排在一起，共用 1 个果柄。防止措施是在苗期花芽分化时，避免 15℃以下的低温。

2. 脐裂果

茄子果脐部分的果皮裂开，以致胎座组织及种子有时向外翻卷、裸露，成为脐裂果。其产生原因是花芽分化时，温度较低造成花柱分裂，结果后导致脐部开裂形成的。防止措施同双子房果。

3. 僵果

僵茄又名石茄，属于单性结实的畸型果，果实外观细小，质地坚硬，口感很差。形成石茄的原因是在开花前后遇到低温、高湿或日照不足，造成花粉发育不良，影响授粉受精。在茄子果实生长发育期间，如栽培管理不及时，缺少水肥，病虫严重为害，均能导致果实停止生长发育，或形成质硬、果形小的僵果。僵果产量低，而且品质低劣，往往失去食用价值。防止措施是加强田间管理，供应充足的水肥，及时防治病虫害等。

4. 变形果

果实生长前期环境条件正常，后期如缺水干旱或病虫为害，则形成脐部肥大而基部瘦小的变形果；在相反的条件下，易形成脐部瘦小而基部肥大的尖形果。开花时花器一侧受损，或一侧授粉受精不良，会长成一侧肥大，一侧瘦小的偏形果。变形果的防止措施是栽培中应加强肥水管理，防止旱涝不均；施肥应充足，并及时追肥；选用品种应用门茄开花早而侧枝发生晚的品种；发现侧枝夹门茄时，应人工移出果实。

5. 裂果

裂茄有萼裂、果裂两种。萼裂多因激素浓度使用过大造成。果裂的原因一是幼果受茶黄螨危害，使果实表皮增厚、变粗糙，而内部胎座组织仍继续发育，造成内长外部干，导致果实开裂。二是在果实膨大过程中，果实膨大时，土壤缺水，表皮硬化。又突然浇大水，果肉膨大，而果皮不能相应膨大，而造成裂果。其防治措施是浇水应均匀，忌忽旱忽涝。

6. 无光泽果

果实发育后期土壤干旱缺水，易产生暗淡无光泽的果实。防止措施是及时而均匀地浇水。

五、西葫芦的畸形瓜和预防

1. 症状

西葫芦的畸形瓜包括尖嘴瓜、细腰瓜、歪把瓜、大肚瓜。尖嘴瓜主要表现为瓜条中部到顶端逐渐变细变尖；细腰瓜主要表现为瓜条中部细如蜂腰，纵切瓜条可见变细部分果肉已经空洞；歪把瓜表现为瓜把歪向一边；大肚瓜主要表现为瓜条中部到顶端部分膨大变粗。

2. 病因

植株生长发育不良；坐果过多，造成营养缺乏；不能正常授粉受精；激素施用浓度过高或过低。

3. 防治方法

（1）加强肥水管理。一要施足底肥，二要氮、钾配合及时追肥，每一批瓜采后要追肥 1 次。田间水分前期以干控为主，结果期要保持湿润管理。

（2）注意调控温度。早熟栽培多采用塑料薄膜大棚套小棚的方法增温、保温。特别是要针对其对温度的要求进行变温管理，这样更有利于积累养分，减少消耗。

（3）进行人工授粉。每天上午 8：00—10：00 时正值雄花开放高峰期，要摘取雄花，去其花冠，将花药轻轻投于雌花的柱头上，一朵雄花可授 3 朵雌花，空气湿度较大时授粉效果较好。授粉要授匀，要落到实处。

（4）正确使用生长调节剂。保果激素处理，可用 20～30 mg/L 2，4-D，在开花的当天上午用毛笔蘸液涂于花梗或子房上，但注意不要让药液洒到茎叶上，以防产生药害；也可用 40～50 mg/L 番茄灵喷洒在雌花柱头上。

六、西瓜的畸形果和预防

1. 扁平瓜

主要发生在圆果形品种，因西瓜果实纵径发育速度不均衡所致。西瓜果实发育的特点是前期以纵向发育为主，中后期以横向发育为主。如果果实发育前期气温较低，果实纵向发育速度缓慢，难以达到应有的发育速度，果实发育中后期气温适宜，果实横向发育速度加速，从而形成横径大于纵径的扁平果实。扁平瓜的外部特征是果肩部较宽，果蒂部呈凹陷状，内部特点是果皮变厚，瓜瓤出现空心，纤维增多。

2. 歪瓜

又叫偏头瓜，是指西瓜一侧充分膨大，另一侧发育不良的果实。歪瓜的形成原因主要有两种：一是西瓜花芽分化期（1～5 片真叶期）遇到低温形成畸形花，而畸形花必将发育成畸形果实。二是开花坐果期间授粉受精不良，致使果实中种子分布不均，种子多的部位，果皮瓜瓤相应膨大，没有种子部位，果实发育较慢，从而形成歪瓜。防止歪瓜方法：

(1) 深耕土壤，增施有机肥，合理施用化肥，促进根系发育，使土壤中的钙能被植株很好地吸收。

(2) 注意保湿，促进幼瓜顺利膨大。

(3) 人工授粉时要均匀地在柱头上涂抹花粉。

3. 葫芦瓜

长形果或椭圆形果品种容易发生。其特点是果肩部（临近果柄处）没有充分发育，而果实中部和果蒂部发育正常，形成一头大一头小的果实。其形成原因是结果前期、中期肥水不足，尤其是缺水，植株生长不良，坠秧，病虫害等，使幼果发育严重受阻。而果实发育中后期条件改善，果实又迅速发育形成葫芦形。

防止葫芦瓜方法：在果实退毛后及时浇膨瓜水，结合浇水追施催瓜肥，保证结果期营养供应。

4. 裂果

在西瓜的花痕迹处出现龟裂，从幼果期直到收获时均可发生。发生裂果的原因：

(1) 薄皮品种和圆形西瓜品种易裂。

(2) 长期干旱后，突然灌水或下大雨，水分供应失调，造成裂果。

(3) 西瓜发育前期肥水不足，成熟期灌水过多发生裂果。

5. 空心瓜

(1) 横断空心瓜。从果实中心沿子房室裂开，是因为果实太靠近根部，体内种子数量少，遇到低温干燥时，同化物质输送不足，使种子周围不能很好膨大，后又遇到高温天气，果皮迅速膨大而形成空心瓜。

（2）纵断空心瓜。在西瓜长种子的那一部分裂开，多发生在果实膨大的后期，当种子周围已经成熟，而种皮附近一部分组织还在发育时，由于发育的不均衡性，使种子周围的组织分裂形成空心。

施用化肥过多或雨水过多，植株生长过旺，光合作用产物不能向果实运输，都可能形成空心。

七、甜瓜的畸形果和预防

1. 僵果

（1）症状。雌花开放后子房开始膨大，当长至核桃大小时，生长发育停滞。果实明显小于该品种的正常瓜，外皮坚硬，成熟期延迟，失去商品价值。

（2）发病原因

1）坐瓜节位低，形成坠秧，植株生长不良，营养条件跟不上，从而果实长不大。

2）没能及时地浇膨瓜水，或水肥条件不好，不能满足果实生长需要。

3）营养生长与生殖生长失调，营养分配不均匀。或者植株生长细弱，营养不良，阻碍了幼瓜的生长发育。

（3）防治方法

1）选择适宜的坐瓜节位。甜瓜的坐瓜节位对单瓜重、品质、成熟期影响极大。低节位坐瓜，瓜小易出现畸形。后期植株开始衰弱，高节位坐瓜，瓜小，肉薄，含糖量低。厚皮甜瓜适宜坐瓜节位在第 12～15 片叶。

2）合理水肥管理。坐瓜以后果实细胞进入分裂膨大阶段，需要大量水肥供应，待瓜长至核桃大小时要浇一次水，随水追肥，1 亩地施钾肥 20～30 kg，此刻如水分不足，细胞分裂减慢，果实变小。所以膨瓜水晚浇或水量不足等均可引起僵果。

2. 裂果

（1）症状。甜瓜接近成熟时，在瓜蒂附近发生放射状裂痕，瓜肩部出现同心圆状的龟裂。

（2）发病原因。一是瓜肩部受阳光直射而老化，加之室内温度过高，致使果肉迅速膨大。二是膨大期浇水过迟或果实已停止膨大时浇水。果皮已形成较厚木质化的细胞壁，浇水后细胞改变原来代谢而出现裂瓜。三是土壤中缺少钙和硼引起果皮老化，造成裂瓜。

（3）防治方法

1）选用采前裂果少的品种。

2）合理灌水，在膨大期少灌水，果实生育后期多雨地区要加强排水，避免田间积水，控制果实膨大期以后的水分供应。

3）保护果实附近叶片健全，防止果实直接暴露在阳光下。可在果实上盖草、盖叶，以免果皮提早硬化。

4）瓜坐稳后及时浇水，并用0.3%的氯化钙或0.12%～0.25%的硼酸水溶液叶面喷施1～3次。

3. 甜瓜着色不好

（1）症状。有些黄白、黄绿品种的甜瓜，其幼瓜是绿色，随着糖分积累，逐渐成熟后转变成本色泽，有时转色差，造成商品性降低。

（2）发病原因

1）转色慢主要由于氮肥过多，植株生长过旺，造成叶绿素转变成叶黄素受阻引起的生理现象。

2）甜瓜膨大后期成熟前突然遇病害，叶片光合能力低，制造营养不足，也会造成着色不良。

（3）防治方法

1）每亩沟施充分腐熟并经过无害化处理农家肥2 000～3 000 kg，磷酸二铵30 kg、硫酸钾15 kg，西甜瓜专用钾王3～4 kg，切忌多施氮肥，基肥应深施垄底为宜。

2）追肥。全期一般追2～3次肥，第一次在伸蔓期进行，每亩追尿素15 kg，硫酸钾15 kg；第二次在果实膨大期，第三次在头茬瓜采收结束后，分别结合浇水亩施二铵20～25 kg。

3）及时防治病虫害。

4. 肚脐瓜

（1）症状。甜瓜果实花痕大并膨大凸出的果实，称肚脐瓜。

（2）发病原因

1）与品种特性有关，果肉薄、花痕大的品种较易出现肚脐瓜。

2）开花较迟的雌花，花痕比较大，易产生肚脐瓜。

3）植株生长旺盛，多肥、高温等因素肚脐瓜产生较多。

（3）防治方法

1）选用优良品种。

2）适当控制肥水。

5. 其他

在晚熟甜瓜上还会出现以下畸形瓜：

（1）田间表现

1）尖嘴瓜。头部大，脐部尖，形如楔形。

2）驼背瓜。一面平直，一面拱起，形如驼背。

3）葫芦瓜。中间凹陷，头部小，脐部大，形如葫芦。

4）弓形瓜。一侧向里凹陷，一侧向外拱起，形如弯弓。

5）奶嘴瓜。除脐部凸起成奶嘴状，其他部位发育正常，形如乳房。

6）菱角瓜。非椭圆形，面上有棱，不规则。

（2）畸形瓜形成的原因

1）肥水管理跟不上，植株营养体弱。一是肥料供应不足，特别是基肥和开花后的追肥不足，很容易形成弱株。二是缺水，蹲苗时间太长，形成僵苗，要恢复生长需很长时间，限制了植株营养体系的建立。另外，就是在果实膨大期供水不足，导致缺水而生长受阻形成畸形瓜。三是病虫害导致植株营养生长不良，发生病毒病和蚜虫的为害，植株得病后生长缓慢，营养体变小，坐瓜难，即使坐瓜也多为畸形瓜。

2）受精不良。甜瓜在充分授粉受精后，子房产生大量生长素，促进果实膨大，如果受精不良，生长素生产不足，就会失去对养分吸收的竞争优势而导致畸形瓜的形成。引起晚熟甜瓜受精不良的原因主要有三方面：一是植株营养体弱，子房发育不全，即使在正常受精的条件下也容易形成畸形瓜。二是盛花期遇到大风、下雨或高温天气，减少昆虫的活动量，授粉昆虫少，甜瓜授粉概率不高或授粉不充分。三是由于高温干燥等不利的环境因素的影响，使花粉的活力降低，从而使授粉受精质量下降。

（3）防治办法

1）加强肥水管理，形成强健的营养体。在肥料管理上应该适时争早，施足底肥，及时追施打顶肥和伸蔓肥，并根据实际情况，酌情施用膨瓜肥，保证甜瓜的养分供应。在水分运筹上，应该适当蹲苗，以促进根系生长，但蹲苗时间不宜过长，否则易形成僵苗，影响甜瓜后期的营养生长，整枝后到果实膨大期结束的这段时间，应该保证充足的水分供应，促进其营养生长和果实的膨大。

2）增强授粉昆虫密度，提高授粉概率和质量。在甜瓜大田中放养蜜蜂效果比较显著，一般在45～90亩瓜田中间放养一箱蜜蜂即可。

3）增强花粉活力，提高花粉抗逆能力。一方面是培养健壮的植株，形成强大的营养体系，为花粉发育提供充足的营养物质；另一方面就是要克服不利的环境因素影响。生产中重要的方法就是合理灌溉，特别是在盛花期，应保证充足的水分供应，通过田间植株对水分的大量蒸发，改善田间的小气候，不但可以降低田间温度，还可以增大田间的湿度，为维持花粉的持久活力提供良好的生态条件。还可在花期喷施5～20 mg/L的2，4-D（或2，4-D三乙醇胺盐）液，可以刺激花芽分化，增强花粉对外界环境的抗逆能力，从而有利于完成受精过程，起到减少畸形瓜的作用。

4）合理灌水，及时翻瓜，促进果实均衡生长。切忌大水漫灌，最好浇水至瓜沟的2/3处，不上瓜厢，既保证充足的水分供应，又保持厢面的干燥。翻瓜可以显著提高甜瓜的商品性，改善甜瓜品质，同时使甜瓜各面均匀受光受热，生长发育均匀，减少阴面

单元 3

瓜的产生。翻瓜时间最好在瓜重 0.5 kg 左右时比较好，太小容易使瓜受到伤害，太大则阴面很难在短时间内恢复，翻瓜的间隔天数不宜太长，防止新的阴面产生，如果劳动力允许，7 天翻 1 次瓜，每个瓜在生育期中顺次翻动 3～4 次。

5）及时摘除畸形瓜。摘畸形瓜首先是要争早，在畸形瓜刚形成后摘除。其次摘畸形瓜应彻底，属畸形瓜的范畴的甜瓜应该一次性摘除，不要留到摘第二批时才摘除，否则畸形瓜消耗了大量的养分，对株体伤害过大，增加了结第二批瓜的难度。

八、草莓的畸形果及防止方法

1. 症状

果实过肥或过瘦，有的呈鸡冠状，或扁平状或凸出不平等形状。

2. 畸形果形成的原因

（1）与品种有关。品种本身育性不高，雄蕊发育不良，雌雄器官育性不一致，导致授粉不完全而产生畸形果。

（2）访花昆虫少。保护地内蜜蜂等访花昆虫少，或由于环境影响，花朵中花蜜的糖分含量低，不能吸引昆虫传粉，授粉不佳。

（3）温、湿度不适。高温、低温或高湿都可引起畸形果。开花授粉期，温度过低花粉发育不良，温度过高可导致花托变黑，高湿则影响花药开裂，且易形成水滴冲刷柱头。

（4）花期喷药。花期喷药能冲刷柱头，特别是当天开的花更严重，不但妨碍授粉，而且还会妨碍昆虫传播花粉，导致畸形果率提高。

3. 防治方法

（1）选用相应品种。在丽红、春香、宝交早生、红衣等品种中，以宝交早生最好。授粉品种可选择花粉量丰富的春香等与主栽品种混栽。

（2）棚内养蜂。保护地栽培的草莓花期早，前期自然出现的访花昆虫少，因而最好在棚内放养蜜蜂。每标准棚 5 000 只左右，可使授粉率达 100%。放蜂时间为上午 8：00—9：00 时和下午 15：00—16：00 时。

（3）控制温、湿度。开花坐果期应经常通风排湿、降温。白天温度一般保持在 20～28℃，夜间保持在 6～7℃，相对湿度控制在 90%以下。采用无滴膜扣棚，防止水滴冲刷柱头。

（4）疏花、蔬果。疏除次花和畸形小果，可明显降低畸形果率，且有利于集中养分，提高单果重量或果实品质。

（5）减少用药。采用无病毒苗，地膜覆盖等农业措施，尽量不用药或减少用药。病虫严重时应在花前或花后用药，开花期严禁喷药，必要时可将蜂箱搬出用烟剂处理。

第三节 技术管理

培训目标

→ 能组织实施年度生产计划。
→ 能制定主要蔬菜生产技术操作模式。

一、实施蔬菜生产计划

1. 品种选择技术

（1）根据适合性选择。兵团自育的品种中属于保护地专用的品种极少，大多为露地和保护地兼用品种，目前的主栽品种仍多为引进品种。在选择这些品种时应根据当地的气候条件特点、设施中的环境条件以及本地蔬菜商品的消费习惯等进行选择。

（2）根据适应性选择。北疆地区春季保护地蔬菜生产首先要求品种早熟，果菜类第一着花的节位要低；由于冬春季节生产常遇低温弱光天气，地温偏低，要求品种耐寒、抗病性强，根系比较发达，生长势强，连续坐果能力强，前期产量集中。此外，品质及商品性状要好，还要注意本地区在消费方面的习惯，如果实的颜色、形状都与销售价格及收益相关，不可一味追求产量。这些都是提高经济效益不可忽视的问题。

2. 蔬菜种类的宏观安排

优良品种必须要有科学的栽培技术才能发挥效益。栽培技术应注重不同环境条件下的综合环境控制，重视各项栽培管理手段，积极采用适用的技术措施，把影响作物生长的各种环境要素维持在适宜于作物生长的范围内，充分发挥品种的优良特性，使之达到优质、丰产、高效的目的。

（1）不同设施类型的配比。目前在蔬菜种植面积中，温室约占20%，大棚约占65%，小拱和露地都已很少。

（2）不同设施的适用种植种类。温室除育苗外，主要种植黄瓜、番茄、辣椒、芹菜等作物，在冬季上市。还有不少温室种植西瓜、甜瓜。

大棚主要种植辣椒、番茄、黄瓜、茄子、西葫芦、花椰菜等作物，上市期从4月底到7月。

小拱主要种植早葫芦、早甘蓝、辣椒、黄瓜、花菜、豇豆等，供应期从5月初到7月。

（3）考虑环境对不同蔬菜种类生长的影响。由于目前许多品种是在露地环境条件下选育的，在保护地环境中其部分特性会有不同程度的变化，如叶片变大、节间增长、株幅增加、生长势变旺、坐果性下降、风味变淡等。因此，在品种选用中既要了解品种的特征特性，又要注意环境对其的影响，采取适宜的栽培方法。

另外，在温室、大棚中连年种植蔬菜，必须十分重视由于连作而造成病虫害加重的问题。

3. 蔬菜（品）种类的横向安排

（1）适时选择种植期。普遍采用春提早、秋延后、冬春茬。近年来，黄瓜在温室种植的面积不断增大，菜农们抓住了其生长快、结瓜早且连续结瓜能力强、植株较耐寒等特性。温室番茄、辣椒生产上市期不宜在 6 月中旬后，此时蔬菜大量上市，价格偏低。

（2）早中晚熟品种搭配。大棚安排种植番茄较普遍，把成熟最早的红果品种安排种植约 20％的面积，早中熟品种粉果品种安排种植约 50％的面积，中晚熟粉果品种约占 20％，露地安排晚熟品种如毛粉系列种植约 10％的面积。通过技术控制使红果品种在粉果品种上市初期集中采收完毕，对不同熟性和品质的品种合理巧妙地应用，可收到显著效益。

4. 复种、间种与套种

（1）复种。当大棚早熟番茄、小拱葫芦、甘蓝在 6 月上旬及时清地后复种夏白菜或豇豆或晚熟甘蓝、花菜等。若清园延迟到 7 月上旬则复种一茬冬菜。若复种小菜，则可种三茬以上。

（2）间作。在大棚辣椒垄背上间作春萝卜或生菜，在垄沟内间作小白菜或芹菜。既不影响主栽作物生长，又增加了收入。还可实行冬瓜与花生套种，再间作早甘蓝；大棚花菜间作豇豆；温室作物间作平菇等。上述技术，在充分利用品种特性及自然资源、生物效益达到增产增收方面的效果显著，具有很大的潜力可挖。

（3）套种。如大棚茄子、辣椒套种苦瓜、丝瓜。草莓套种冬瓜等。

5. 种植方式及面积

（1）不同设施类型。温室早春提早种植占 10％，春季大棚种植占 90％。

（2）不同蔬菜种类所占比例。

1）大棚黄瓜占 60％，大棚辣椒占 20％，温室叶菜占 10％。

2）大棚番茄占 40％，大棚黄瓜占 40％，大棚茄子占 10％，温室叶菜占 10％。

3）大棚番茄占 60％，大棚辣椒占 20％，温室叶菜占 10％。

6. 育苗计划

育苗与分苗所占面积的比例，每亩番茄、茄子的盘式育苗需 3～4 m^2，分苗需 30 m^2；每亩辣椒的盘式育苗需 4～6 m^2，分苗需 25 m^2；每亩黄瓜营养袋育苗需 40 m^2。

采用 40 cm×50 cm×10 cm 规格育苗盘，每亩番茄、茄子育苗需播种 6～7 盘，辣椒 10～16 盘，分苗需宽 8 cm 规格的营养袋各 4 500 只，番茄、茄子每袋 1 株，辣椒每袋 1～2 株；黄瓜采用营养袋育苗，每亩用宽 10 cm 规格的营养袋 4 500 只。

二、制定蔬菜生产技术操作规程

1. 蔬菜生产操作规程制定的格式

（1）主体内容与适用范围。

（2）引用文件。

（3）立地条件。

（4）品种选择。

（5）育苗栽培。

（6）定植及定植后的管理。

（7）采收。

（8）清洁田园。

（9）病虫害防治。

2. 制定蔬菜生产操作规程案例——无公害番茄春大棚栽培技术操作规程

（1）主体内容与适用范围。本规程内容规定了达到无公害番茄产品质量要求的春季大棚生产番茄栽培的立地条件、品种选择、土肥水管理、田间管理、病虫害防治、采收等栽培技术措施。

本模式适用于新疆北部春大棚番茄无公害生产。

（2）引用文件。GB 4285 农药安全使用标准

GB /T 8321　农药合理使用准则

GB /16715.3　茄果类种子国家标准

NY 5005　无公害食品　茄果类蔬菜

NY 5010　无公害食品　蔬菜产地环境条件

NY/T 5005　无公害食品　茄果类蔬菜

NY/T 5007　无公害食品　番茄保护地生产技术规程

（3）立地条件

1）气候条件。根据新疆北部番茄种植区的气候条件，番茄是喜温、喜光、耐肥及半耐旱的作物。番茄不同生育时期对温度的要求不同，同化过程最适宜的温度是20～28℃，低于15℃高于35℃开花或授粉、受精不良，致死低温为1～2℃。年均日较差≥10℃，日照时数1 100～1 500 h。适用生育期80～130天的品种。番茄属于中光性植物，不需要特定的光周期。以16 h日照条件下生育最好，少于16 h则天数越长越好，超过16 h天数越短越好。番茄在30 000～35 000 lx才能正常生育，光饱和点为70 000 lx。

2）保护设施。在不适宜番茄生长发育的早春，人为创造番茄生长发育的大棚微环境所采用的定型或专用大棚种植番茄。采用塑料薄膜覆盖的拱形棚，其骨架常用竹、木、钢材或复合材料建造而成。由温室提早育苗与大棚种植配合使用。棚内外覆设二层

单元 3

以上保温覆盖方式。

3）土壤条件。种植土壤条件：土层深厚，排水良好，富含有机质的中性或微碱性壤土或沙壤土（pH 值 7～8.5），土层通透性好。土壤有机质含量在 1%以上。

（4）品种选择

1）选择品种的原则

①适合市场需求。

②在低温、寡光（光照弱、光照时间短）或阶段高温、低温条件下，生长发育及结果性状好。

③产量高，果形大而美观，品质好，耐储运。

④植株栽培性状好，适合保护地栽培。如生长势中等，叶量疏密适中，有利于通风透光。

⑤较抗或耐保护地病害。如灰霉病、叶霉病、早疫病、病毒病等。

2）选择品种的主要指标。中早熟品种，无限生长类型，果实着色后粉红色，果实近圆形，果皮厚，不裂果，果肉较厚，品质好。收获期集中，果实中后期膨大快，每穗坐果 4～6 个，单果平均质量 200 g 左右。亩产 4 000～5 000 kg。适于保护地大棚栽培。每亩定植 4 000～4 500 株。

（5）育苗栽培。冬季在温室内育苗，早春移栽到塑料大棚。1 月初进行种子处理，紧接着播种育苗。育苗每亩用种量 40～50 g。

1）种子消毒和浸种催芽。种子消毒一般采用温汤浸种，把种子装入纱布袋中放入 55℃热水中，维持 5～10 min。还可用磷酸三钠溶液浸种，先用清水浸种 3～4 h，再放入 10%磷酸三钠溶液中浸泡 20 min，捞出并清洗干净。还可用干热消毒，将干种子置于恒温干燥箱中 70℃下灭菌 72 h。

将消毒后的种子置入 25℃温水中浸泡 6 h，然后将用湿毛巾包裹，放在小盆中，上面盖一层湿毛巾再外包一层薄膜，放在 28℃的温度下催芽。为保证温度均匀，防止种子发霉，每天早晚用温水清洗两次，经 2～3 天，待种子大部分露白，即芽长出种皮可见根尖时，即进行播种。

2）苗床准备。在温室内，苗床畦宽 1～1.5 m，长度依播量而定，一般 30 g 播种量需要播种床 2～3 m²，苗床做 10 cm 高的畦埂，畦内耙平，铺 3 cm 厚营养土。或用规格育苗盘，内铺 7～8 cm 厚营养土。营养土要疏松肥沃未种过茄科作物的园土，加适量腐熟厩肥配成，一般拌入 10%的腐熟奶牛粪。

3）播种。在苗床内灌足水，待水渗下后将催芽的种子撒于畦面或盘面，上覆 0.8～1 cm 厚的营养土。为防止猝倒病，在覆土后再撒一层药土，药土用 50%多菌灵 12 g/m² 与营养土拌匀而成。其上再盖一层地膜保温保湿以利出苗。

4）分苗及苗期管理。出苗前室温白天控制在 25～28℃，夜间 12～18℃，促进出苗整齐。出苗后降温至白天20～25℃，夜间10～12℃，以防徒长。同时保持较高地温，以促进根系发育。

当第一片真叶展平后温度管理恢复到室温白天25～28℃，夜间15～28℃。2～3片真叶时进行分苗。

分苗可在分苗床进行，也可分到薄膜或纸做成的营养钵中。分苗床营养土准备与播种床基本相同，营养土铺好后不浇水，耙平后按10 cm行距开沟，再按10 cm株距摆上幼苗，边分苗边用细管浇足稳苗水，然后覆盖床土。

分苗后白天温度25～28℃，夜间15～20℃，在高温高湿下，促进缓苗，缓苗后白天降到23～25℃，夜间15℃左右，以促进花芽分化。

秧苗的形态表现：环境条件适宜、生育正常的苗表现叶肉厚，叶脉粗而隆起，叶片先端尖、有光泽。定植时大多能现大花蕾，植株呈长形，节间长短适宜均匀，第五节以后开始伸长，茎上下粗细一致，叶片手掌形，小裂片较大，叶柄短粗。

如果床土质量好，水分过多，空气湿度大，光照不良，密度过大或氮肥过多，夜间温度高都会形成徒长苗，徒长苗将使第一花序分化延迟、花数减少。如果夜温低、土壤干燥或土壤溶液浓度过大，则发生盐类障害，容易成为老化苗。

(6) 定植及定植后的管理

1) 整地施基肥。每亩施大棚优质厩肥5 000 kg左右，深翻作垄。垄宽55 cm，沟宽45 cm，垄高25 cm，垄面上覆盖宽90 cm的薄膜。

作垄可在早春定植前进行，也可在上年秋季完成，经过冬季积雪与融化、表土冻结与疏松，可使表层土壤细软松碎，有利于整垄。

2) 定植。冬春茬日历苗龄一般在70天左右，株高25 cm左右即可定植。生理苗龄为现大花蕾期。

一般3月25日至4月5日间10 cm处地温达到10℃以上时定植。定植前分苗床灌透水以便切坨囤苗。营养钵苗保持干燥，便于营养坨与袋或钵器脱离。定植株距30 cm，每亩定植4 000株左右。

3) 定植后的管理。早春茬定植时正是低温寡光季节，定植后保持较高的气温和湿度，促进地温升高，尽可有改善光照条件，对促进缓苗和开花结果非常重要。

①光照。如果光照强度不能满足番茄发育的要求，会影响果实发育丰满、果形小、产量低。采取措施：使用选择透光率高的保温醋酸乙烯膜，保持膜面清洁，搞好植株调整等。

②温度管理。定植后温室内温度控制不超过30℃不放风，缓苗后温度保持白天20～25℃，夜间15℃左右。进入结果期后温度调节在白天22～28℃，前半夜保持7～10℃，地温18～20℃范围，最低13℃以上。夜间外部气温较低，在大棚周围覆盖保温材料如棉苫、草苫、不织布、彩条布等，以防发生冷害。

单元 3

③湿度管理。最佳空气相对湿度的调控指标为：缓苗期 80%～90%，开花结果期 60%～70%，结果期 50%～60%。

④植株调整。缓苗后及时插架，用细竹竿规格材料。采用单杆整枝，只留主茎结果。当主杆结 3 穗果时摘心留下一个强壮侧枝使其结果，结 3 穗果时再留一个比较壮的侧枝结 3 穗果。全株共结 9 穗果。及时绑蔓，一般绑三道。果实膨大后，及时打底叶或老叶、病叶。

⑤保花保果。番茄落花现象比较普遍，对产量影响很大。防止措施：加强田间管理，防止土壤大肥大水、忽干忽湿。使用番茄灵（防落素PCPA），当50%以上的植株第一穗花有 2～3 朵花开放时，沾花或喷花。喷花浓度为 $30 \sim 50 \times 10^{-6}$，以早晨喷花效果最佳，隔 5～6 天再喷 1 次，连续喷 3 次，温度高时要降低浓度，温度低时浓度可适当提高。

⑥肥水管理。定植缓苗后根据植株状况及土壤墒情灌水，为避免降低地温，增加湿度，尽量控制灌水，对长势不旺的苗轻浇一次缓苗水。当第一穗果坐果并膨大至红枣大小时追一次催果肥，同时在果实膨大期至结果盛期喷施 3%～5%过磷酸钙浸出液和 0.3%磷酸二氢钾 2 次。

单元 3

整个生长期一般推荐施肥量尿素 39～48 kg，磷酸二胺 43～57 kg。在采收期每采一次果追施肥一次。

生产中不允许施用城市垃圾、污泥、工业废渣和未经无害化处理的有机肥。

(7) 采收。番茄开花到果实自然红熟约60天，于6月1日开始采收。及时采收，减轻植株负担，以确保商品品质，促进后期果实膨大。产品质量符合企业标准。

(8) 清洁田园。将残枝败叶和杂草清理干净，集中进行无害化处理。

(9) 病虫害防治

1) 主要虫害及防治。蚜虫、红蜘蛛、白粉虱、线虫等。

2) 主要病害及防治。

①苗期病害。猝倒病、立枯病、根腐病、沤根病。

②生长期病害。早疫病、晚疫病、叶霉病、灰霉病、病毒病、褐斑病、枯萎病、溃疡病、绵疫病、脐腐病等。

3. 制定蔬菜生产操作规程案例——无公害黄瓜春大棚栽培技术操作规程

(1) 主体内容与适用范围。本规程内容规定了新疆北部温室大棚黄瓜栽培的立地条件选择、品种选择、土肥水管理、田间管理、病虫害防治、采收与运输等栽培技术措施。

本规程适用于新疆北部春大棚黄瓜无公害生产。

(2) 引用文件

GB 4285　农药安全使用标准

GB /T 8321　农药合理使用准则

GB/16715.3　瓜菜作物种子　瓜类

NY 578　黄瓜

NY 5010　无公害食品　黄瓜

NY/T 5075　无公害食品　黄瓜生产技术规程

NY 5010　无公害食品　蔬菜生产地环境条件

(3) 立地条件

1) 气候条件。根据新疆北部保护地黄瓜生产区的气候条件，黄瓜生长发育期（4～9）最高温35℃，最适温18～29℃，低于10℃能引起生理紊乱，35℃时达到补偿点，高于35℃生理失调。年均日较差≥10℃，生育期90～130天，日照时数1 100～1 500 h。无霜期160天，每年可栽培春秋两季温室黄瓜。在类似环境亦可种植。

2) 保护地条件。在不适宜番茄生长发育的早春，人为创造番茄生长发育的大棚微环境所采用的定型或专用大棚种植黄瓜。采用塑料薄膜覆盖的拱形棚，其骨架常用竹、木、钢材或复合材料建造而成。由温室提早育苗与大棚种植配合使用。棚内外增设两层以上保温覆盖方式。

3) 土壤条件。土地的土层深厚，疏松肥沃，排水良好，富含有机质的中性土壤(pH值为6.5～7.0)，沙壤土，土层通透性好。大棚选用时考虑与非葫芦科作物轮作3年以上。

(4) 品种选择。选择抗病品种、优质、耐储运、商品性好、适合市场需求的品种。一般要求植株生长势中等，喜土壤湿润、天气晴朗的自然条件，对日照长短的反应不敏感。嫩果棍棒状，油绿色，瘤中等大小，白刺。

(5) 育苗栽培

1) 播种期。于1月20日播种在温室育苗，土床育苗于出苗后两片子叶展平分苗，3～4片真叶时于3月11日定植到塑料大棚，苗龄45天左右。

2) 营养土准备。采用育苗钵直接点播或用营养盘育苗再分苗到营养钵育苗。

①营养土的制备。要选用肥沃、疏松、无病菌、无杂草的床土。用松软的壤土与腐熟的牛粪，以拌入肥料10%的比例均匀混合。

②育苗盘育苗。营养盘要规格化（一般为40 cm×50 cm×10 cm)，装入营养土7～8 cm厚，或用锯末作基质。锯末要经开水烫后才能使用。

③育苗钵育苗。育苗钵的材料可用专用钵，也可用塑料薄膜袋，不易破裂，在育苗过程中根据幼苗的长势进行室内不同位置的移动，有利于促进或控制幼苗生长。袋高以12～15 cm，直径8～10 cm为宜。

④营养土消毒。按每100 g土加入30～50 g 75%百菌清可湿性粉剂和30～53 g 40%多菌灵粉剂，并与营养土充分混匀。

3）种子处理。将灭菌后种子放入5倍于种子的55℃的热水中搅拌，并保持55℃水温20 min，然后搅拌至水温降到30℃，停止搅拌，放入1/500高锰酸钾溶液中浸泡1 h，或用10%磷酸三钠水溶液浸种20 min。处理后的种子，需用清水冲洗干净，然后放入清水中再浸泡4～6 h，捞出后，用纱布或毛巾包好，放于30℃条件下催芽，出芽后温度降至常温。大部分种子露白即播种。

4）播种。育苗钵播种用镊子逐袋播种，每袋1粒，然后覆盖潮湿的营养土，厚1～1.5 cm。再用薄膜覆盖。

营养盘育苗要用镊子逐粒播种，按一定的密度且子叶方向平行的方式播种。

5）苗期管理。播后提高室温，气温保持在28～30℃，土温25℃以上，出苗后立即降温，白天气温23～25℃，地温15～18℃，昼高夜低，主要是大温差炼苗。白天温室温度要控制在25℃左右，夜间控制在13℃左右，利用这一温差，来增强黄瓜秧苗的抗逆性。但应注意夜间温度不得低于10℃，低了要及时覆盖小拱棚增温。

育苗钵要每日检查1次，见有顶土袋要立即提出，放至室温较低的区域。

非雌性型品种幼苗喷乙烯利，以增加雌花数量和降低了雌花节位，增加产量。在1～2片真叶时喷乙烯利水溶液。

(6) 定植及定植后的管理

1）定植前准备

①温室消毒。用硫磺烟雾剂进行温室消毒。方法：定植前10天，每立方米空间用硫磺100 g通电放烟熏24 h。

②整地、施肥、作垄。基施优质厩肥10 t，腐熟的油渣300～400 kg，撒施后，深翻浇足底水。南北向作垄，高垄栽培，垄高25 cm，行距100 cm，垄背覆盖宽90 cm的薄膜。

2）定植。定植方法及密度：黄瓜采用高垄栽培，每行双株（错位定植），株距35 cm，亩栽苗4 000株。定植压紧膜口，定植随即灌足水，定植3天后浇缓苗水。

3）定植后（出苗后）的管理。定植后管理关键在于调控好水、肥、气、热、光照条件，促进营养生长和生殖生长的平衡，通过管理创造一个有利于黄瓜生长而不利于病害发生的环境条件，从而达到高产优质的目的。

①定植到缓苗管理。关键是温度，白天保持28～30℃，夜间不低于15℃，缓苗后加大昼夜温差促根控秧，及时卸蔓上架，为始收打好基础。

②结果期管理。此期间加强肥水管理是获得高产、优质、高效的关键。

a. 湿度调节。此期间采用四段变温管理，控温降湿，生态防病，早晨即早揭帘，白天超过30℃放风，下午降到20℃关棚盖帘，前半夜维持15～17℃，后半夜11～13℃，早晨揭帘前保持8～10℃，白天25～28℃。

b. 光照调节。光照每天保证8 h以上。阴雪天尽量争取散射光。

c. 湿度调节。缓苗期 80%～90%，开花结果期 60%～70%，结果期 50%～60%。

d. 水肥管理。春黄瓜：根瓜采收前浇水，严寒期利用滴灌适量浇水，开春后随温度升高，进入盛瓜期需水量加大，需 7～10 天浇一水，结合浇水追施速效性化肥25 kg/亩，同时用 0.2%磷酸二氢钾进行叶面追肥 2 次。

生产中不允许施用城市垃圾、污泥、工业废渣和未经无害化处理的有机肥。

e. 植株调整。黄瓜缓苗后插细竹木杆吊绳牵引，每 4～5 片叶缚蔓一次。繁枝卸蔓方法是在黄瓜垄的上端南北向拉铁丝。生长点长到接近屋面时，除去下部叶、黄叶、病叶进行落蔓。同时打去过多的雄花和卷须。

(7) 采收。在播种后 65 天开始采收，以后 2～3 天采收 1 次，盛果期每天采 1 次。采收后要理顺码齐、装箱。

(8) 病虫害防治

1) 虫害防治。主要是蚜虫、红蜘蛛。

2) 病害防治。主要是霜霉病、白粉病、细菌性角斑病、黄瓜枯萎病、灰霉病等。

单元测试题

1. 简述蔬菜产品中农药残留量的检验方法。
2. 简述 2～3 种蔬菜的畸形果类型及其防治方法。
3. 简述蔬菜生产计划的主要内容。

理论知识考核试卷（一）

一、单项选择题（下列每题的选项中，只有1个是正确的，请将其代号填在横线空白处；每题1分，共40分）

1. 阳畦________延长，北________南________。

A. 东西　低　高　　　　B. 东西　高　低

C. 南北　低　高　　　　D. 南北　高　低

2. 我国生产的主要棚膜中，连续覆盖防老化期最长的是________。

A. PE普通膜　　　　B. PE防老化膜

C. PVC双防膜　　　　D. EVA多功能膜复合膜

3. 节能型日光温室的缺点是________。

A. 土地利用率不高　　　　B. 保温性差

C. 透光性差　　　　D. 适合冬季寒冷地区

4. 果菜类蔬菜苗期易出现沤根现象，沤根苗在茎基部和根部出现________。

A. 白色霉状物　　　　B. 褐色霉状物

C. 黑色霉状物　　　　D. 无霉状物

5. 猝倒病在床面湿度高时病部表面生有________棉絮状霉层。

A. 白色　　B. 褐色　　C. 黑色　　D. 黄色

6. 在西瓜栽培时，立枯病和猝倒病主要发生在________。

A. 开花期　　B. 结果期　　C. 苗期　　D. 伸蔓期

7. 为防止番茄上层果实直接暴晒在阳光下引起日灼病，摘心时应将果穗上方的________片叶保留，遮盖果实。

A. 2　　B. 1　　C. 3　　D. 4

8. 用________方式整枝，植株发育好，叶面积大，坐果率高，果实发育快，商品性状好，平均单果质量大，前期产量和总产量都较高。

A. 单干整枝　　B. 双干整枝　　C. 一干半整枝　　D. 改良单干整枝

9. 一般番茄早熟品种在早熟栽培，单干整枝时，留________穗果实摘心为宜。

A. 2～3　　B. 4　　C. 5　　D. 6

10. 在滴灌采用全溶肥料时，注意作物对施用肥料的浓度有一个安全要求，一般控制在________较为适宜。

A. 0.1%～0.2%　B. 0.2%～0.3%　C. 0.4%～0.5%　D. 0.5%～1.0%

11. 一般缺镁最先在________叶上表现症状，先是叶缘出现浅黄色失绿斑，并向脉间发展。

A. 老　B. 新　C. 心　D. 上部

12. 番茄晚疫病在叶片上发病，环境潮湿时常在叶背病健交界处长出一圈________霉状物；干燥时，病叶干枯。

A. 灰色　B. 褐色　C. 黑色　D. 白色

13. 番茄早疫病和番茄晚疫病都属于________性病害。

A. 细菌　B. 病毒　C. 真菌　D. 生理

14. 番茄灰霉病主要为害________。

A. 果实　B. 叶　C. 茎　D. 花

15. 番茄青枯病属于________性病害。

A. 细菌　B. 病毒　C. 真菌　D. 生理

16. 番茄青枯病多在________发生。

A. 苗期　B. 结果期　C. 白熟期　D. 开花期

17. 番茄花叶病，番茄蕨叶病，番茄条纹病都属于________性病害。

A. 细菌　B. 病毒　C. 真菌　D. 生理

18. 可以通过补充钙来防治的病害是________。

A. 番茄脐腐病　B. 黄瓜霜霉病

C. 番茄枯萎病　D. 辣椒炭疽病

19. 发生辣椒灰霉病时，在病部面上长一层________霉状物。

A. 灰色　B. 黄色　C. 褐色　D. 白色

20. 温度________湿度________对辣椒白粉病病害发生有抑制作用。

A. 高大　B. 高小　C. 低大　D. 低小

21. 辣椒灰斑病主要为害________。

A. 果实　B. 叶片　C. 茎　D. 花

22. 以下病害中属于生理性病害的是________。

A. 辣椒脐腐病　B. 辣椒黑斑病　C. 辣椒枯萎病　D. 辣椒白绢病

23. 当发生茄子青枯病时，用手挤压病茎的横切面，有________色的黏液渗出。

A. 黑　B. 红　C. 褐　D. 乳白

24. 采用高温闷棚方法防治黄瓜霜霉病的方法是：头天浇水后，在晴天中午闭棚 2 h，使植株生长点附近温度升到________℃，然后放风降温。

A. 42　B. 45　C. 50　D. 38

试卷

25. 高湿时，黄瓜枯萎病病茎表面长出________色霉状物。

A. 黑　B. 白　C. 灰　D. 乳白

26. 黄瓜黑星病主要识别特征是病部有________色胶状物和长出灰黑色霉层。

A. 琥珀　B. 白　C. 褐　D. 黑

27. 黄瓜瓜条被害，病部呈水渍状凹陷，并迅速腐烂，表面长出白霉，发出腥臭味，是由________病害。

A. 黄瓜黑星病　B. 黄瓜疫病　C. 黄瓜菌核病　D. 黄瓜枯萎病

28. 西瓜枯萎病病部在环境潮湿时，常见到________色霉状物。

A. 粉红　B. 白　C. 灰　D. 黑

29. 甜瓜在储藏运输中甜瓜炭疽病病菌也能侵入发病，温度最好控制在________℃左右。温度过高过低都易造成果实腐烂。

A. 2　B. 4　C. 8　D. 10

30. 甜瓜霜霉病发病初期，叶片上先出现水渍状黄色小斑点。病斑扩大后，受叶脉限制呈不规则多角形，黄褐色。在潮湿条件下，叶背病斑上长有________色霉层。

A. 灰黑　B. 褐　C. 白　D. 橘红

31. 甜瓜黑斑病病斑多在叶脉间发展，高湿条件下病斑迅速扩展或融合成________色大斑块。

A. 黑　B. 褐　C. 白　D. 橘红

32. 苦瓜疫腐病喜________的气候条件。

A. 低温高湿　B. 高温高湿　C. 高温低湿　D. 低温低湿

33. 芹菜烧心在生育前期较少出现，一般主要发生在________片叶时。

A. 11～12　B. 14～15　C. 16～17　D. 8～10

34. 莴苣幼苗和成株均可发生霜霉病，潮湿时，叶背病斑长出________色霉状物。

A. 黑　B. 褐　C. 暗灰　D. 白

35. 蕹菜白锈病主要为害蕹菜叶片，在病叶的叶背，产生________色的疱斑，疱斑表面破裂后，散出白色粉状物。

A. 黑　B. 褐　C. 灰　D. 白

36. 菜粉蝶的蛹耐低温很强，可忍受________的低温。

A. －50～－32℃　B. －20～－10℃　C. －25～－15℃　D. －60～－40℃

37. 黄瓜蜂腰瓜产生的原因之一是缺少元素________。

A. 锰　B. 铁　C. 锌　D. 硼

38. 在保护地栽培西葫芦时，用激素保果处理，可用________mg/L2，4－D，在开花的当天上午用毛笔蘸液涂于花梗或子房上。

A. 20～30　B. 10～20　C. 30～40　D. 40～50

39. 番茄叶霉病主要为害叶片，初生淡黄色或黄绿色，边缘不明显的褪绿色斑。在病斑背面密生________紧密的霉层。

A. 白色　　B. 褐色　　C. 紫灰色　　D. 黑色

40. 黄瓜灰霉病在较________温度和________湿条件下容易发生。

A. 低　高　　B. 高　高

C. 高　低　　D. 低　低

二、多项选择题（下列每题的选项中，至少有2个是正确的，请将其代号填在横线空白处。每题1分，共20分）

1. 蔬菜徒长主要是由于________。

A. 光照不足　　B. 温度偏高　　C. 湿度过大　　D. 播种过密

2. 苗期常见虫害有________等。

A. 地老虎　　B. 地蛆　　C. 蛴螬　　D. 野蛞蝓

3. 在进行黄瓜栽培时，常用的植株调整的措施有________。

A. 插架杆或吊蔓　　B. 整枝和绑蔓　　C. 摘叶、摘心　　D. 落蔓

E. 平茬栽培

4. 平茬再生栽培技术主要应用在以下哪几种蔬菜上________。

A. 黄瓜　　B. 辣椒　　C. 茄子　　D. 番茄

5. 当蔬菜缺少________元素时，叶片等组织器官上容易出现病斑且脉间失绿。

A. 氮　　B. 钾　　C. 磷　　D. 锌　　E. 镁

6. 在植物体内缺少________时，一般难见顶芽枯死。

A. 硫　　B. 铁　　C. 锰　　D. 铜　　E. 钼

7. 番茄晚疫病在叶片上发病多________开始，初生水浸状暗绿色，圆形或不规则形，后变褐色，大型，周缘不明显，扩大后相互愈合，形成不规则斑块，可达整个或大半个叶片。

A. 叶片中部　　B. 叶尖　　C. 叶缘　　D. 叶脉

8. 以下病害中属于生理性病害的是________。

A. 辣椒脐腐病　　B. 辣椒黑斑病　　C. 辣椒枯萎病　　D. 辣椒日灼病

9. 由细菌侵染引起的病害有________。

A. 茄子青枯病　　B. 黄瓜角斑病　　C. 番茄青枯病　　D. 辣椒青枯病

10. 引起黄瓜病毒病的病毒有________。

A. 黄瓜花叶病毒　　B. 西瓜花叶病毒　　C. 甜瓜花叶病毒　　D. 烟草花叶病毒

11. 西瓜细菌性果腐病可为害________。

A. 子叶　　B. 真叶　　C. 果实　　D. 瓜蔓

12. 防治甜瓜细菌性果腐病可用的农药有________。

A. 农用硫酸链霉素　B. 甲霜铜　C. 可杀得　D. 克菌康

13. 西葫芦花叶病毒病由________传播。

A. 蚜虫　B. 种子　C. 人工操作　D. 水

14. 南瓜白粉病可用________等农药进行防治。

A. 粉锈宁　B. 福星乳油　C. 世高　D. 代森锰锌

15. 南瓜斑点病为害________。

A. 瓜　B. 叶片　C. 花轴　D. 茎蔓

16. 蕹菜轮斑病是蕹菜叶点菌真菌侵染引起，病菌以________在病残体内越冬。

A. 菌丝体　B. 子囊盘　C. 分生孢子　D. 菌核

17. 蔬菜白粉虱对________等蔬菜为害严重。

A. 黄瓜　B. 菜豆　C. 茄子　D. 韭菜

18. 在作物定植以后若发现线虫，可用________等灌根，每株用药剂 300～500 mL。

A. 辛硫磷　B. 阿维菌素　C. 敌敌畏　D. 敌百虫

19. 目前适用于蔬菜、水果中硝酸盐和亚硝酸盐的检测方法主要________等。

A. 比色法　B. 示波极谱法　C. 离子色谱法　D. 毛细管电泳法

20. 西葫芦的畸形瓜和预防方法有________。

A. 加强肥水管理　B. 进行人工授粉

C. 注意调控温度　D. 正确使用生长调节剂

三、判断题（下列判断正确的请打“√”，错误的打“×”。每题 1 分，共 40 分）

1. 阳畦局部温差大，北框和中部温度较低，南框和东西部温度较高。（　）

2. 果菜类蔬菜苗期出现沤根现象是由于苗床温度过低或过高，再加上浇水过多或连续阴雨天气，光照强，幼苗过密等引起的。（　）

3. 蔬菜发生立枯病的症状是病斑逐渐凹陷，扩展后绕茎一周，最后病部收缩干枯，病苗死亡而倒伏。（　）

4. 茄子再生栽培时，如果是进行短时间的再生栽培，应选择中部再生形式。（　）

5. 黄瓜结果期的水肥管理以促进为主，原则上是先轻促，后大促，再小促。（　）

6. 氮素不足时，植株矮小，叶色浅淡。初期症状，先是新叶叶色失绿，变为浅绿或黄色。（　）

7. 黄瓜缺钙时幼叶叶缘和叶脉间呈白色、透明腐烂斑点，严重时多数叶脉间组织失绿，叶脉仍为绿色。（　）

8. 蔬菜作物缺硼，首先表现为顶端生长点停止生长，幼叶畸形，皱缩，叶脉间不规则褪绿。（　）

试卷

9. 钙、硼、硫、铁、锰、铜、钼等元素缺少时，最先在下部老叶上表现出来。（ ）

10. 番茄灰霉病在果实上多发生青果，可以先侵染果实柱头，然后由柱头延及果尖部分。也可以先侵染花瓣，然后发展到果蒂部分。（ ）

11. 番茄枯萎病与番茄青枯病症状主要区别在于植株得病后叶片枯黄。（ ）

12. 辣椒根腐病发生时，植株根颈部及根部皮层呈淡褐色至深褐色腐烂，极易剥离，木质部呈暗褐色，地上部维管束组织也变色。（ ）

13. 茄子黄萎病发病初期多在植株一侧的中、下部叶片开始发病。（ ）

14. 茄子褐纹病在果实上发病主要发生在熟果上，初生黄褐色或浅褐色圆形或椭圆形稍凹陷病斑，扩大后变为黑褐色，有同心轮纹，后期密生黑色小粒点。（ ）

15. 茄子菌核病可为害茎部，叶片和果实。潮湿时斑面产生白色棉絮状霉，后形成菌核。（ ）

16. 黄瓜疫病和黄瓜枯萎病，其共同的特点是维管束都变色。（ ）

17. 黄瓜黑星病主要识别特征是病部有琥珀色胶状物和长出白色霉层。（ ）

18. 发生西瓜枯萎病的病蔓，基部变褐，茎皮纵裂，常伴有树脂状胶汁溢出，干后呈红黑色。（ ）

19. 西瓜细菌性果腐病发病初期可用铜制剂以及农用硫酸链霉素喷施。（ ）

20. 甜瓜蔓枯病与甜瓜枯萎病不同之处是病势发展缓慢，维管束不变色。（ ）

21. 甜瓜细菌性果腐病在叶片上的典型症状为近叶脉处出现水浸状，之后病斑变为浅褐至红褐色，沿叶脉分布。（ ）

22. 苦瓜霜霉病与黄瓜霜霉病一样，湿度大时，叶背都长出白色霉状物。（ ）

23. 南瓜疫病菌是以菌丝体在病残体上和土壤中越冬，成为主要侵染源。（ ）

24. 播种前丝瓜种子用0.5%肥皂水或0.1%磷酸二氢钠溶液浸泡24 h，可防止种子带毒传病。（ ）

25. 丝瓜白粉病只在叶片背面初生圆形或不规则白粉斑，而在正面不发生。（ ）

26. 芹菜发生空心现象，在同一植株上是内叶先于外叶。（ ）

27. 缺硼是引起芹菜叶柄开裂的原因之一。（ ）

28. 莴笋菌核病发病部位初期呈水浸状，淡褐色，逐渐扩大引起组织软化腐烂，有臭味。（ ）

29. 莴笋褐斑病高温和高湿条件下发病严重。（ ）

30. 生菜腐烂病和生菜软腐病的病原物都是细菌。（ ）

31. 蕹菜白锈病为害叶柄和茎后，受害部位成肿胀畸形，直径增粗，产生白色疱斑。（ ）

32. 有翅蚜对黄色有强烈趋性，对银灰色有负趋性。（ ）

33. 蚜虫主要以其成蚜和若蚜吸食蔬菜汁液，使叶片卷缩发黄影响结实，且能传播病毒病。（ ）

34. 菜蛾的发生与降雨量有很大关系，在降雨较多的年份，有明显的抑制幼虫发生的作用。（ ）

35. 美洲斑潜蝇具有虫体微小、繁殖能力强、世代重叠明显、隐蔽为害、易产生抗药性等特点，给防治带来很大困难。（ ）

36. 蔬菜白粉虱的防治可以采用黄板诱杀成虫和覆银灰膜驱避的方法。（ ）

37. 线虫主要分布在 5～30 cm 深的土层，其中 95%分布在表土 20 cm 以内。（ ）

38. 农药残留的检测方法通常分为理化分析和生物测定两大类。（ ）

39. 活体生测也能定性定量地检测出农药残留量。（ ）

40. 辣椒畸形果症状表现为果实生长不正常，长得像柿饼或蟠桃，或果实扁圆形或无规则形状。（ ）

理论知识考核试卷（二）

一、单项选择题（下列每题的选项中，只有1个是正确的，请将其代号填在横线空白处；每题1分，共40分）

1. 对于防治蚜虫有特效的地膜是________。

A. 无色透明塑料地膜　B. 银灰色塑料地膜

C. 黑色塑料地膜　D. 双色塑料地膜

2. 我国特有的园艺设施类型是________。

A. 小拱棚　B. 阳畦　C. 日光温室　D. 塑料大棚

3. 花打顶现象易出现在以下________蔬菜上。

A. 黄瓜　B. 辣椒　C. 茄子　D. 番茄

4. 猝倒病一般在________情况下发生严重。

A. 高温高湿　B. 高温低湿　C. 低温高湿　D. 低温低湿

5. 以下生理性病害中，属于遗传因子引起的是________。

A. 沤根　B. 花打顶　C. 白化苗　D. 老化苗

6. 有限生长类型的番茄品种多采用________法整枝。

A. 单干整枝　B. 双干整枝

C. 一干半整枝　D. 改良单干整枝

7. 番茄的打杈工作，一般掌握在侧芽长________cm时摘除较为合适，并要在晴天进行，以利于伤口愈合。

A. 6～7　B. 10～12　C. 4～5　D. 13～15

8. 茄子再生栽培时，剪枝应从主干距离地面________cm位置处，将上部枝条剪掉。

A. 15～20　B. 10～15　C. 20～30　D. 30～40

9. 番茄发生脐腐病主要是由于缺________引起的。

A. 钾　B. 氮　C. 磷　D. 钙

10. 番茄发生早疫病时，其成株叶片病斑成圆形，椭圆形，深________，边缘具有黄绿色晕环，中部有同心轮纹，湿度大时，斑面长出霉状物。

A. 红色　B. 褐色　C. 黑色　D. 白色

试卷

11. 番茄叶霉病主要为害________。

A. 叶片　　B. 果实　　C. 花　　D. 茎

12. 番茄叶霉病主要为害叶片，初生淡黄色或黄绿色，边缘不明显的褪绿色斑。在病斑背面密生________紧密的霉层。

A. 白色　　B. 褐色　　C. 紫灰色　　D. 黑色

13. 番茄菌核病在叶片上发病多从叶缘开始，水浸状，淡绿色，潮湿时长出________色霉，后期全叶呈灰褐色枯死。

A. 褐　　B. 白　　C. 黑　　D. 黄

14. 番茄青枯病发生时，其病茎维管束变为________色，如将病茎横切面检查，略加挤压，有乳白色黏液溢出（病菌菌脓）。

A. 褐　　B. 白　　C. 黑　　D. 黄

15. 发生番茄枯萎病时，潮湿时常在茎基部生________色霉状物。

A. 褐　　B. 白　　C. 黑　　D. 粉红

16. 以下病害中属于生理性病害的是________。

A. 番茄脐腐病　　B. 番茄青枯病　　C. 番茄枯萎病　　D. 番茄晚疫病

17. 将辣椒青枯病病株的病茎的皮层剥离，直接插入盛有清水的玻璃试管中，可见________黏液自病茎下方溢出。

A. 黄色　　B. 褐色　　C. 乳白色　　D. 黑色

18. 辣椒菌核病由真菌核盘菌侵染引起，寄主范围广，主要以________在土中越冬。

A. 孢子　　B. 菌核　　C. 菌丝　　D. 子囊盘

19. 辣椒黑斑病主要侵染________。

A. 果实　　B. 叶片　　C. 茎　　D. 花

20. 辣椒白绢病主要为害________。

A. 果实　　B. 叶片　　C. 花　　D. 茎基部

21. 茄子黄萎病多在________开始发生。

A. 苗期　　B. 开花期　　C. 门茄坐果后　　D. 对茄坐果后

22. 茄子花叶病毒病主要由________病毒侵染引起。

A. 黄瓜花叶　　B. 烟草花叶　　C. 马铃薯 X　　D. 苜蓿花叶

23. 黄瓜菌核病由________侵染所致。

A. 核盘菌　　B. 尖镰孢菌　　C. 灰葡萄孢菌　　D. 疫霉菌

24. 黄瓜灰霉病在较________温度和________湿条件下容易发生。

A. 低　高　　B. 高　高　　C. 高　低　　D. 低　低

25. 黄瓜黑星病在较________温度和________湿条件下容易发生。

A. 低　高　　B. 高　高　　C. 高　低　　D. 低　低

26. 黄瓜炭疽病果实发病多发生在成熟果实上，病斑红褐色或黑褐色，凹陷，边缘明显，在高湿条件下斑面长出________色黏质物。

A. 黑　　B. 褐　　C. 白　　D. 橘红

27. 开花后________周的果实最易感染西瓜细菌性果腐病。

A. 3～4　　B. 2～3　　C. 1～2　　D. 4～5

28. 甜瓜霜霉病本病主要为害________。

A. 叶片　　B. 果实　　C. 茎蔓　　D. 花

29. 甜瓜黑斑病在较________温度和________湿条件下容易发生。

A. 低　高　　B. 高　高　　C. 高　低　　D. 低　低

30. 苦瓜疫腐病主要为害________。

A. 叶片　　B. 果实　　C. 茎蔓　　D. 花

31. 丝瓜疫病先发病在近地面的瓜上，最初出现暗绿色圆形斑，扩展后呈暗褐色，病部凹陷，并向瓜面四周呈水渍状浸润，上面长出________霉状物。

A. 黑　　B. 褐　　C. 灰白色　　D. 橘红

32. 茼蒿叶枯病主要为害叶片，湿度大时，病斑出现________色霉层。

A. 黑　　B. 褐　　C. 暗灰　　D. 白

33. 生菜灰霉病在空气相对湿度为95%以上并有水滴时有利发病，低于________时发病轻或不发病。

A. 60%　　B. 70%　　C. 80%　　D. 90%

34. 蕹菜白锈病的病菌以________随同病残体留在土中或种子上越冬。

A. 菌丝体　　B. 子囊盘　　C. 卵孢子　　D. 菌核

35. 用化学方法防治菜青虫，关键应把幼虫消灭在________龄以前。

A. 2　　B. 3　　C. 4　　D. 5

36. 番茄育苗时在花芽分化期，要保持昼温20～25℃，夜温13～17℃，防止出现________℃以下的低温，造成畸形花。

A. 10　　B. 6　　C. 12　　D. 8

37. 为防止番茄上层果实直接暴晒在阳光下引起日灼病，摘心时应将果穗上方的________片叶保留，遮盖果实。

A. 2　　B. 1　　C. 3　　D. 4

38. 在滴灌采用全溶肥料时，注意作物对施用肥料的浓度有一个安全要求，一般控制在________较为适宜。

A. 0.1%～0.2%　　B. 0.2%～0.3%　　C. 0.4%～0.5%　　D. 0.5%～1.0%

39. 番茄早疫病和番茄晚疫病都属于________性病害。

A. 细菌　　B. 病毒　　C. 真菌　　D. 生理

40. 以下病害中属于生理性病害的是________。

A. 辣椒脐腐病　　B. 辣椒黑斑病

C. 辣椒枯萎病　　D. 辣椒白绢病

二、多项选择题（下列每题的选项中，至少有2个是正确的，请将其代号填在横线空白处。每题1分，共20分）

1. 在苗期________情况下，猝倒病发生为害重。

A. 阴雨天多　　B. 光照不足

C. 分苗、间苗不及时　　D. 土壤湿度较低

2. 由于品种及栽培方式的不同，番茄的整枝方法也不相同，生产上采用的整枝方法主要有________。

A. 单干整枝　　B. 双干整枝　　C. 一干半整枝　　D. 改良单干整枝

3. 茄子的植株调整方式有________。

A. 整枝　　B. 打杈　　C. 打顶　　D. 平茬栽培

4. 当蔬菜缺少________元素时，叶片等组织器官上一般不产生病斑。

A. 氮　B. 钾　C. 磷　D. 钙　E. 镁

5. 在植物体内缺少________时，很容易出现顶芽枯死。

A. 钙　　B. 氮　　C. 硼　　D. 钾

6. 番茄晚疫病发病初期可喷洒的杀菌剂是________。

A. 杜邦克露　　B. 甲霜铜　　C. 普力克

D. 甲霜灵锰锌　　E. 硫酸链霉素

7. 只为害辣椒果实的病害是________。

A. 辣椒脐腐病　　B. 辣椒黑斑病

C. 辣椒细菌性疮痂病　　D. 辣椒日灼病

8. 茄子菌核病主要为害________。

A. 茎　　B. 叶片　　C. 果实　　D. 花

9. 黄瓜炭疽病由真菌葫芦科刺盘孢菌侵染引起，病菌主要以________和________随着残体留在地上越冬。

A. 菌丝体　　B. 拟菌核　　C. 孢子　　D. 子囊盘

10. 防治西瓜白粉病可用________等农药。

A. 粉锈宁　　B. 福星乳油　　C. 腈菌唑　　D. 甲基托布津

11. ________是生产健康种子，防治甜瓜细菌性果腐病蔓延最有效的措施。

A. 利用双氧水等浸泡　B. 快速干燥种子　C. 包衣　　D. 高温消毒

12. 西葫芦灰霉病主要先为害________。

A. 幼瓜　　B. 真叶　　C. 花朵　　D. 瓜蔓

13. 南瓜白粉病与栽培环境条件发生有关，________均有利于发病。

A. 种植过密　B. 植株徒长　C. 偏施氮肥　D. 大水漫灌

14. 南瓜蔓枯病为害________。

A. 瓜　B. 叶　C. 花　D. 茎蔓

15. 茼蒿病毒病可由________感染。

A. 黄瓜花叶病毒　B. 芜菁花叶病毒　C. 甜菜花叶病毒　D. 菊花 B 病毒

16. 蕹菜主要病害有________。

A. 蕹菜轮斑病　B. 蕹菜白锈病　C. 蕹菜褐斑病　D. 蕹菜病毒病

17. 防治美洲斑潜蝇可采用________等方法。

A. 农业防治　B. 物理防治　C. 生物防治　D. 药剂防治

18. 为害蔬菜的线虫主要是________等。

A. 马铃薯金线虫　B. 瓜类根线虫　C. 根瘤线虫

19. 用生化生测定方法检测农药残留，不适用________等蔬菜。

A. 萝卜　B. 韭菜　C. 茭白　D. 磨菇

20. ________类型的西瓜品种容易发生裂果。

A. 薄皮品种　B. 圆形品种　C. 厚皮品种　D. 椭圆形品种

三、判断题（下列判断正确的请打“√”，错误的打“×”。每题 1 分，共 40 分）

1. 在塑料棚膜中，透光性最好的是聚氯乙烯。（　）

2. 根腐病发生时，植株维管束变褐色，但不向上发展。（　）

3. 以主蔓结瓜为主的黄瓜品种，其整枝的原则是：根瓜以下的侧蔓应及早摘除，根瓜以上的侧蔓见瓜后进行摘心，不留叶片。（　）

4. 果实开始转色期，应适当提高棚内管理的温度，对果实的转色有利，加快成熟，提早上市。（　）

5. 在辣椒的初花期，要适当控水，避免徒长。开花、结果期的浇水，也不可过勤，水量不要过大，要做到见干见湿。（　）

6. 蔬菜植株缺钙时多表现在嫩叶上，而且多表现在生长后期。（　）

7. 番茄缺氮、磷、钾时下部叶片变黄，而上部的茎和叶仍保持绿色。（　）

8. 蔬菜缺铁，植株矮小失绿，失绿症状首先表现在下部老叶部分。（　）

9. 氮、磷、钾、镁、锌等元素，在植物体内能够再度利用，一旦缺少，它们可以从老叶转至新叶。所以，缺素症首先从下部老叶表现出来。（　）

10. 番茄菌核病在果实上发病主要为害未成熟果实，病部初呈水渍状，淡褐色，在病部表面生白色棉絮状菌丝及黑色菌核，病果软腐。（　）

11. 辣椒枯萎病发生时，剖切茎基部，内部维管束呈褐色，而且有黏稠物溢出。（　）

试卷

12. 辣椒菌核病的症状特点主要是在病部产生白色棉絮状菌丝体及菌核。（ ）

13. 茄子菌核病的症状特点是在病部产生白色棉絮状菌丝体及菌核。（ ）

14. 茄子菌核病果实发病多从花萼和果蒂部开始，后发展至果肩部，潮湿时斑面产生白色棉絮状物。（ ）

15. 茄子灰霉病一般先在凋萎的花瓣和花托等处发生，然后侵染花、果实和叶片。（ ）

16. 黄瓜白粉病一般不为害瓜条。（ ）

17. 病菌多从开败的雌花处侵入，致花瓣呈水渍状腐烂，并长出淡灰色霉层。（ ）

18. 黄瓜疫病与黄瓜枯萎病的共同点之一是维管束都变色。（ ）

19. 西瓜细菌性果腐病发病后期，果实病斑出现很多褐色点状菌斑，并开裂，有泡沫状浸出物溢出。（ ）

20. 甜瓜疫病病菌不但侵染甜瓜，还侵染茄科蔬菜。（ ）

21. 不同的甜瓜品种对甜瓜蔓枯病的抗性有明显差异，一般薄皮甜瓜较厚皮甜瓜抗病性强。（ ）

22. 甜瓜黑斑病主要为害叶片，一般从中下部叶片先发病后逐渐向上蔓延，心叶也可受害。（ ）

23. 甜瓜细菌性果腐病在植株营养生长旺盛时期发病较轻或基本不发病。（ ）

24. 南瓜病毒病主要通过蚜虫传播，也可通过机械或种子传播。（ ）

25. 人工授粉结实后3～4天，及时摘除遗留花蒂，是减少大棚立架栽培南瓜疫病感染的重要措施。（ ）

26. 丝瓜霜霉病主要为害叶片，湿度大时病斑背面长出灰黑色霉层，后期病斑连片，整叶枯死。（ ）

27. 丝瓜炭疽病病斑易破裂，或部分脱落造成叶片穿孔。（ ）

28. 芹菜软腐病是一种常见的细菌性土传病害。（ ）

29. 芹菜烧心发病原因主要是由缺钙引起的。（ ）

30. 菠菜霜霉病主要为害叶片，后期叶背病斑上产生灰白色霉层，再变为紫灰色。（ ）

31. 莴笋灰霉病在相对湿度90%以上，温度较低的情况下有利于病害的发生。（ ）

32. 生菜软腐病一般发生在生长后期，其病原物为细菌。（ ）

33. 蕹菜轮斑病严重时，一些小病斑连成大病斑，最后叶片枯死，病斑一般具有比较明显的同心轮纹。（ ）

34. 落葵常见的病害有落葵蛇眼病和落葵灰霉病。（ ）

35. 菜蛾成虫发生期，田间可设置黑光灯诱杀成虫，也可用性诱蛾剂诱杀。（　　）

36. 美洲斑潜蝇和南美斑潜蝇为害症状有明显区别，后者为害叶片的正面虫道完整，终端明显变宽。（　　）

37. 美洲斑潜蝇防治的关键应抓好“治早”和“治小”，重点抓好苗期防治，喷药宜在早晨或傍晚，注意交替用药。（　　）

38. 蔬菜线虫在不同蔬菜种类上症状不一定相同。（　　）

39. 农药残留的生物测定方法是为了适应蔬菜生产和流通，建立的一套快速、简便的蔬菜农药残留的检测方法。（　　）

40. 扁平瓜是西瓜畸形瓜的一种，主要发生在椭圆形果品种上。（　　）

理论知识考核试卷（一）答案

一、单项选择题

1. B 2. D 3. A 4. D 5. A 6. C 7. A 8. D 9. A 10. B 11. A 12. D 13. A 14. A 15. A 16. D 17. B 18. A 19. A 20. A 21. B 22. A 23. D 24. B 25. B 26. A 27. B 28. A 29. B 30. A 31. A 32. B 33. A 34. D 35. D 36. A 37. D 38. A 39. C 40. A

二、多项选择题

1. ABCD 2. ABCD 3. ABD 4. BC 5. BDE 6. ABCDE 7. BC 8. AD 9. ABCD 10. ABCD 11. ABC 12. ABCD 13. ABC 14. ABC 15. BC 16. AC 17. ABC 18. AB 19. ABCD 20. ABCD

三、判断题

1. × 2. × 3. × 4. √ 5. √ 6. × 7. √ 8. √ 9. × 10. √ 11. √ 12. × 13. √ 14. √ 15. √ 16. × 17. × 18. × 19. √ 20. √ 21. √ 22. × 23. × 24. √ 25. × 26. × 27. √ 28. × 29. √ 30. × 31. √ 32. √ 33. √ 34. √ 35. √ 36. √ 37. √ 38. √ 39. × 40. √

理论知识考核试卷（二）答案

一、单项选择题

1. B 2. C 3. A 4. C 5. C 6. C 7. A 8. A 9. D 10. C 11. A 12. C 13. B 14. A 15. D 16. A 17. C 18. B 19. A 20. D 21. C 22. A 23. A 24. A 25. A 26. D 27. B 28. A 29. B 30. B 31. C 32. C 33. A 34. C 35. B 36. A 37. A 38. B 39. A 40. A

二、多项选择题

1. ABC 2. ABCD 3. ABCD 4. AC 5. AC 6. ABCD 7. AD 8. ABC 9. AB 10. ABCD 11. AB 12. AC 13. ABCD 14. ABD 15. AD 16. ABCD 17. ABCD 18. ABC 19. ABD 20. AB

三、判断题

1. × 2. √ 3. × 4. √ 5. √ 6. √ 7. √ 8. × 9. √ 10. √ 11. × 12. √ 13. √ 14. √ 15. √ 16. √ 17. √ 18. × 19. √ 20. × 21. √ 22. × 23. √ 24. √ 25. √ 26. √ 27. √ 28. √ 29. √ 30. √ 31. √ 32. √ 33. √ 34. √ 35. √ 36. × 37. √ 38. √ 39. √ 40. ×